译本序

19 世纪末到 20 世纪初，在法国，一位昆虫学家的一本令人耳目一新的书出版了。全书共 10 卷，长达二三百万字。该书一出版，便立即成为畅销书。该书书名按照法文直译应为《昆虫学回忆录》，但被简单通俗地称之为《昆虫记》。该书出版之后，好评如潮。法国著名戏剧家埃德蒙·罗斯丹称赞该书作者时称：“这个大学者像哲学家一般地去思考，像艺术家一般地去观察，像诗人一般地去感受和表达。”法国 20 世纪初的著名作家、《约翰·克利斯朵夫》的作者罗曼·罗兰称赞道：“他观察之热情耐心、细致入微，令我钦佩，他的书堪称艺术杰作。我几年前就读过他的书，非常喜欢。”英国生物学家达尔文夸赞道：“他是无与伦比的观察家。”中国的周作人也说：“见到这位‘科学诗人’的著作，不禁引起旧事，羡慕有这种好的书看的别国少年，也希望中国有人来做这翻译编纂的事业。”鲁迅先生早在“五四”以前就已经提到过《昆虫记》这本书，想必他看的是日文版。当时法国和国际学术界称赞该书作者为“动物心理学的创始人”。总之，这是一本根据对昆虫的习性、昆虫的生活的详尽而真实的观察写成的不可多得的一本书。书中所记述的昆虫的习性、生活等各方面的情况真实可信，而且，作者描述起这些昆虫来文笔精练、清晰。因此，该书被人们冠之以“昆虫的史诗”之美称，作者也被赞誉为“昆虫的维吉尔”。

该书作者就是让—亨利·法布尔（1823—1915）。他出身贫苦，一生刻苦勤奋，锐意进取，自学成才，用 12 年的时间先后获得业士、双学士和博士学位。但是，他的这种奋发向上并未获得法国教育界、科学界的权威们的认可，以致虽一直梦想着能执大学教鞭的法布尔终不能遂其心愿，只好屈就中学的教职，以微薄的薪酬维持一家七口的生活。但法布尔并未因此而气馁消沉，除了兢兢业业地教好书，完成好本职工作以外，他还利用业余时间对各种各样的昆虫进行细心的观察研究。他的那股钻劲儿、韧劲儿、孜孜不倦劲儿，简直到了废寝忘食的程度。他对昆虫的那份好奇、那份爱，非常人所能理解。好在他的家人给予了他大力的支持，使他得以埋首于自己的观察研究之中。法布尔对昆虫的研究之深入细致，使他笔下的那些小虫子，一个个活泛起来，活灵活现，栩栩如生，充满着灵性，让人看了之后觉得它们着实可爱，就连一般人所讨厌的食粪虫，让人看了都觉得妙趣横生。

该书堪称鸿篇巨制，既可视为一部昆虫学的科普书籍，又可称之为描写昆虫的文学巨著，因而，在法布尔晚年时，也就是 1910 年，他曾获得诺贝尔文学奖的提名。《昆虫记》全集本于 1879 年到 1907 年间陆续完成、发表，最后一版发表于 1919 年到 1925 年间。后来，该书便一再地以选本的形式出版发行，冠名为《昆虫的习性》《昆虫的生活》《昆虫的漫步》等。由此可见，该书是多么受读者们的欢迎。

我这个译本基本上是独立成篇的，读者既可以从头往下看，也可以根据目录，挑选自己最感兴趣的昆虫去看。因此，我劝读者们不妨拨冗一读这本老少咸宜、国内外皆获好评的有趣的书，你一定会从中感觉到它的美妙、朴实、生动来的。它既可以让你

世界文学名著名译典藏

全译插图本

昆虫记

〔法〕法布尔◎著　陈筱卿◎译

SOUVENIRS ENTOMOLOGIQUES

长江出版传媒｜长江文艺出版社

图书在版编目（CIP）数据

昆虫记 / （法）法布尔著；陈筱卿译. -- 武汉 ：长江文艺出版社，2018.5（2018.9 重印）
（世界文学名著名译典藏）
ISBN 978-7-5702-0233-1

Ⅰ. ①昆… Ⅱ. ①法… ②陈… Ⅲ. ①昆虫学－普及读物 Ⅳ. ①Q96-49

中国版本图书馆 CIP 数据核字(2018)第 031570 号

责任编辑：沈瑞欣　　　　责任校对：陈　琪
封面设计：格林图书　　　　责任印制：邱　莉　胡丽平

出版：长江出版传媒 | 长江文艺出版社

地址：武汉市雄楚大街 268 号　　邮编：430070
发行：长江文艺出版社
电话：027—87679360
http://www.cjlap.com
印刷：长沙鸿发印务实业有限公司

开本：880 毫米×1230 毫米　1/32　　印张：9.875　插页：4 页
版次：2018 年 5 月第 1 版　　2018 年 9 月第 2 次印刷
字数：216 千字

定价：30.00 元

增加有关昆虫方面的知识，又可以让你从中了解到作者的那种似散文诗般的语言的美妙。与此同时，你也会从本书的字里行间看到作者法布尔的那种坚忍不拔，那种孜孜不倦，那种求实精神，那种不把事情弄个水落石出、明明白白绝不罢休的感人至深的科学态度和精神。

陈筱卿

目录

Contents

荒石园

那儿是我情所独钟的地方，是一块不算太大的地方，是我的“钟情宝地”，周围有围墙围着，与公路上的熙来攘往、喧闹沸扬相隔绝，虽说是偏僻荒芜的不毛之地，无人问津，又遭日头的曝晒，却是刺茎菊科植物和膜翅目昆虫们所喜爱的地方。因无人问津，我便可以在那里不受过往行人的打扰，一心一意地对砂泥蜂和石泥蜂等去进行艰难的探索。这种探索难度极大，只有通过实验才能完成。我无须在那里耗费时间，伤心劳神地跑来跑去，东寻西觅，不必慌急慌忙地赶来赶去，我只是安排好自己的周密计划，细心地设置下陷阱圈套，然后，每天不断地观察记录所获得的效果。是的，“钟情宝地”，那就是我的夙愿，我的梦想，那就是我一直苦苦追求但每每总难以实现的一个梦想。

一个每天都在为每日的生计操劳的人，想要在旷野之中为自己准备一个实验室，实属不易。我四十年如一日，凭借自己顽强的意志力，与贫困潦倒的生活苦斗着，终于有一天，我的心愿得到了满足。这是我孜孜不倦、顽强奋斗的结果，其中的艰苦繁难我在此就不赘述了，反正我的实验室算是有了，尽管它的条件并不十分理想，但是有了它，我就必须拿出点时间来侍弄它。其实，我如同一个苦役犯，身上锁着沉重的锁链，闲暇时间并不太多。但是，愿望实现了，总是好事，只是稍嫌迟了一些，我可爱的小虫子们！我真害怕，到了采摘梨桃瓜果之时，我的牙却啃不动它们了。是的，确实是来得晚了点儿：当初的那广阔的旷野，而今已变成了低矮的穹庐，令人窒息憋闷，而且还在日益地变低变矮变窄变小。对于往事，除了我已失去的东西以外，我并无丝毫的遗憾，没有任何的愧疚，甚至对我那消逝而去的光阴，而且我对一切都已不再抱有希望了。世态炎凉我已遍尝，体味甚深，我已心力交瘁，心灰意冷，我每每会禁不住要问问自己，为了活命，吃尽苦头，是否值得？我此时此刻的心情就是这样。

我放眼四周，只见一片废墟，唯有一堵断墙残垣危立其间。这个断墙残垣因为石灰沙泥浇灌凝固，所以仍然兀立在废墟的中央。它就是我对科学真理的执着追求与热爱的真实写照。啊，我的心灵手巧的膜翅目昆虫们啊，我的这份热爱能否让我有资格给你们的故事追加一些描述呀？我会不会心有余而力不足啊？我既然心存这份担忧，为何又把你们抛弃了这么长的时间呢？有一些朋友已经因此而责备我了。啊，请你们去告诉他们，告诉那些既是你们的也是我的朋友们，告诉他们我并不是因为懒惰和健忘，才抛弃了你们的；告诉他们我一直在惦记着你们；告诉他们我始终深信节腹泥蜂的秘密洞穴中还有许多尚待我们去探索的有趣的秘密；告诉他们飞蝗泥蜂的猎食活动还会向我们提供许多有趣的故事……然而，我缺少时间，又是单枪匹马，孤立无援，无人理睬，何况，我在高谈阔论、纵横捭阖之前，必须先考虑生计的问题。我请你们就这么如实地告诉他们吧，他们是会原谅我的。

还有一些人在指责我，说我用词欠妥，不够严谨，说穿了，就是缺少书卷气，没有学究味儿。他们担心，一部作品让读者谈起来容易，不费脑子，那么，该作品就没能表达出真理来。照他们的说法，只有写得晦涩难懂，让人摸不着头脑，那作品就是思想深刻的了。你们这些身上或长着螯针或披着鞘翅的朋友们，你们全都过来吧，来替我辩白，替我做证。请你们站出来说一说，我与你们的关系是多么亲密，我是多么耐心细致地观察你们，多么认真严肃地记录下你们的活动。我相信，你们会异口同声地说："是的，他写的东西没有丝毫的言之无物的空洞乏味的套话，没有丝毫不懂装懂、不求甚解的胡诌瞎扯，有的却是准确无误地记录下来的观察到的真情实况，既未胡乱添加，也未挂一漏万。"今后，但凡有人问到你们，请你们就这么回答他们吧。

另外，我亲爱的昆虫朋友们，如果因为我对你们的描述没能让人生厌，因而说服不了那帮嗓门儿很大的人的话，那我就会挺身而出，郑重地告诉他们说："你们对昆虫是开肠破肚，而我却是让它们活蹦乱跳地生活着，对它们进行观察研究；你们把它们变成了又可怕又可怜的东西，而我则是让人们更加喜爱它们；你们是在酷刑室和碎尸间里干活，而我却是在蔚蓝色的天空下，边听着蝉儿欢快的鸣唱边仔细地观察着；你们是使用试剂测试蜂房和原生质，而我则是在它们各种本能得以充分表现时探究它们的本能；你们探索的是死，而我探究的则是生。因此，我完全有资格进一步地表明我的思想：野猪把清泉的水给搅浑了，原本是青年人的一种非常好的专业——博物史，因越分越细，相互隔绝，互不关联，竟至成了一种令人心生厌恶、不愿涉猎的东西。诚然，我是在为学者们而写，是在为将来有一天或多或少地为解决"本能"这一难题做点儿贡献的哲学家们而写，但是，我也是在，而且尤其是在为青年人而写，我真切地希望他们能热爱这门被你们弄得让人恶心的博物史专业。这就是我为什么在竭力地坚持真实第一，一丝不苟，绝不采用你们的那种科学性的文字的缘故。你们的那种科学性的文字，说实在的，好像是从休伦人①所使用的土语中借来的。这种情况，并不鲜见。

然而，此时此刻，我并不想做这些事。我想说的是我长期以来一直魂牵梦绕着的那块计划之中的土地，我一心想着把它变成一座活的昆虫实验室。这块地，我终于在一个荒僻的小村子里寻觅到了。这块地被当地人称之为“阿尔玛”，意为“一块除了百里香恣意生长，其他植物几乎没有的荒芜之地”。这块地极其贫瘠，满地乱石，即使辛勤耕耘，也难见成效。春季来临，偶尔带来点雨水，乱石堆中也会长出一点草来，随即引来羊群的光顾。不过，我的阿尔玛，由于乱石之间仍夹杂着一点红土，所以还是长过一些作物的。据说从前那儿就长着一些葡萄。的确，为了种上几棵树，我就在地上挖来刨去，偶尔会挖到一些因时间太久而已部分炭化了的实属珍稀的乔本植物的根茎来。于是，我便用唯一可以刨得动这种荒地的农用三齿长柄叉来又刨又挖了。然而，每每都会感到十分遗憾，据说最早种植的葡萄树没有了，而百里香、薰衣草也没有了。一簇簇的胭脂虫栎也见不着了。这种矮小的胭脂虫栎本可以长成一片矮树林的，它们确实长不高，只要稍微抬高点腿，就可以从它们上面迈过去。这些植物，尤其是百里香和薰衣草，能够为膜翅目昆虫提供它们所需要采集的东西，所以对我十分有用，我不得不把偶尔被我的农用三齿长柄叉刨出来的又给栽了进去。

在这儿大量存在着的，而又不必我去亲手侍弄的是那些开始时随着风吹的土粒而来的，尔后又长年积存起来的植物。最主要的是犬齿草，那是十分讨厌的禾本植物，三年的炮火连天、硝烟弥漫的战争都没能让它们灭绝，真是“野火烧不尽，春风吹又生”。数量上占第二位的是矢车菊，全都是一副桀骜不驯的样子，浑身长满了刺，或者长满着棘，其中又可分为两至生矢车菊、蒺藜矢车菊、丘陵矢

① 休伦人：17世纪时的北美洲印第安人中的一支。

车菊、苦涩矢车菊，而尤以两至生矢车菊数量最多。各种各样的矢车菊相互交织，彼此纠缠，乱糟糟地簇拥在一起，其中可见一种菊科植物，形同枝形大烛台似的支棱着，凶相毕露，被称之为西班牙刺，其枝杈末梢长着很大的橘红色花朵，似同火焰一般，而其刺茎则是硬如铁钉。长得比西班牙刺要高的是伊利大刺蓟，它的茎孤零零地“独立寒秋”，笔直硬挺，高达一两米，梢头长着一个硕大的紫红色绒球，它身上所佩带的利器，与西班牙刺相比，毫不逊色。也别忘了，还有刺茎菊科类植物。首先必须提到的是恶蓟，浑身带刺，致使采集者无从下手；第二种是披针蓟，阔叶，叶脉顶端是梭镖状硬尖；最后是越长颜色越黑的染黑蓟，这种植物集缩成一个团，状如插满针刺的玫瑰花结。这些蓟类植物之间的空地上，爬着荆棘的新枝丫，结着淡蓝色的果实，枝条长长的，像是长着刺的绳条。如果想要在这杂乱丛生的荆棘中观察膜翅目昆虫采蜜，就得穿上半高筒长靴，否则腿肚子就会被划得满是条条血丝，又痒又疼。当土壤尚留下春雨所能给予的水分，墒情尚可时，角锥般的刺和大翅蓟细长的新枝丫便会从由两至生矢车菊的黄色头状花序铺就的整块的地毯上生长出来。这时候，在这荒凉贫瘠的艰苦环境下，这种极具顽强生命力的荆棘必定会展现出它们的某些娇媚来的。四下里矗立着一座座的狼牙棒似的金字塔，伊利里亚矢车菊投出它那横七竖八的标枪来。但是，等到干旱的夏日来临时，这儿呈现的是一片枯枝败叶，划根火柴，就会点着整块的土地。这就是我意欲从此永远与我的昆虫们亲密无间地生活的美丽迷人的伊甸园，或者，更确切地说，我一开始拥有这片园子时，它就是这么一座荒石园。我经过了四十年的艰苦努力，顽强奋斗，最终才获得了这块宝地。

我称它为美丽迷人的伊甸园，看来我这么说还是恰如其分的。这块没人看得上眼的荒地，可能没一个人会往上面撒一把萝卜籽的，但是，对于膜翅目昆虫来说，它可是个天堂。荒地上那茁壮成长的刺蓟类植物和矢车菊，把周围的膜翅目昆虫全都吸引了来。我以前在野外捕捉昆虫时，从未遇到过任何一个地方，像这个荒石园那样，聚集着如此之多的昆虫，可以说，各行各业的所有的膜翅目昆虫全都聚集到这里来了。它们当中，有专以捕食活物为生的“捕猎者”，有以湿土“造房筑窝者”，有梳理绒絮的“整理工”，有在花叶和花蕾中修剪材料备用的“备料工”，有以碎纸片建造纸板屋的“建筑师”，有搅拌泥土的“泥瓦工”，有为木头钻眼的“木工”，有在地下挖掘坑道的“矿工”，有加工羊肠薄膜的“技工”，还有不少干什么什么的，我也记不清了。这是个干什么的呀？它是一只黄斑蜂。它在两至生矢车菊那蛛网般的茎上刮来刮去，刮出一个小绒球来，然后，它便得意扬扬地把这个小绒球衔在大颚间，弄到地下，制造一个棉絮袋子来装它的蛋和卵。那些你争我斗、互不相让的家伙是干什么的呀？那是一些切叶蜂，腹部下方有一个花粉刷，刷子颜色各异，有的呈黑色，有的呈白色，有的则是火红火红的颜色。它们还要飞离蓟类植物丛，跑到附近的灌木丛中，从灌木的叶子上剪下一些椭圆形的小叶片，把它们组装成容器，来装它们的收获物——花粉。你再看，那些一身黑绒衣服的，都是干什么的呀？它们是石泥蜂，专门加工水泥和卵石的。我们可以在荒石园中的石头上，很容易地看到它们所建造起来的房屋。还有那些突然飞起，左冲右突，大声嗡鸣的，是干什么的呀？它们是砂泥蜂，它们把自己的家安在破旧墙壁和附近向阳物体的斜面上。

现在，我们看到的是壁蜂。有的在蜗牛空壳的螺旋壁上建造自己的窝；有的在忙着啄一段荆条，吸去其汁液，以便为自己的幼虫做成一个圆柱形的房屋，而且，房屋中用隔板隔开，隔成一层一层的，俨然一幢楼房；有的还在设法将一个折断了的芦苇那天然通道派上用场；还有的，干脆就乐享其成地免费使用高墙石蜂空闲着的走廊。让我们再来看看：那是大头蜂和长须蜂，其雄蜂都长着高高翘起的长触角；那是毛斑蜂，它的后爪上长着一个粗大的毛钳，是它的采蜜器官；那些是种类繁多的土蜂；此外，还有一些隧蜂，腰腹纤细。我就先这么简要地提上一句，不一一赘述，否则我得把采花蜜的昆虫全都记录下来了。我曾经把我新发现的昆虫呈送给波尔多①的昆虫学家佩雷教授，他问我是否有什么特别的捕捉方法，怎么会捕捉到这么多既稀罕鲜见而又全新的昆虫品种？我并不是什么捕捉昆虫的专家学者，更不是一心一意地在寻找昆虫、捕捉昆虫、制作标本的专家学者，我只是对研究昆虫的生活习性颇感兴趣的昆虫学爱好者。我所有的昆虫全都是我在长着茂密的蓟类植物和矢车菊的草地上捉到的，也是我喂养着它们。真是天缘巧合，与这个采集花蜜的大家庭在一起的还有一群群的捕食采蜜者的猎食者。泥瓦匠们在我的荒石园中垒造园子围墙时，遗留下来不少的沙子和石头，这儿那儿地随意堆放着。由于工程进展缓慢，拖了又拖，一开始就运到荒石园来的这些建筑材料便这么遗弃着。渐渐地，石蜂们选中石头之间的空隙投宿过夜，一堆一堆地挤在一起。粗壮的斑纹蜂遇到袭击时，会向你迎面扑来，不管侵袭者是人还是狗，它们往往选择洞穴较深的地方过夜，以防金龟子的侵袭。白袍黑翅的脊令鸟，宛如身着多明我会②服装的修士，栖息在最高的石头上，唱着它那并不动听的小曲短调。离它所栖息的石头不远，必定有它的窝巢，大概就在某个石头堆中，窝巢内藏着它的那些天蓝色的小蛋蛋。不一会儿，这位“多明我会修士”便不见了踪影，消失在石头堆中了。我对这个脊令鸟却是颇有点怀念，而对于那长耳斑纹蜂，我却并不因它的消失而感到遗憾。

---

① 波尔多：法国西南部的一个中心城市。

② 多明我会：又称布道兄弟会，俗称黑衣兄弟会，是天主教四大托钵修会之一。

沙堆却是另一类昆虫的幽居之所。泥蜂在那儿清扫门庭，用后腿把细沙往后蹬踢，形成一个抛物形；朗格多克飞蝗泥蜂用触角把无翅螽斯咬住，拖入洞中；大唇泥蜂正在把它的储备食物——叶蝉藏入窖中。让我心疼不已的是，泥瓦匠终于把那儿的猎手们全都给撵走了，不过，一旦有这么一天，我想让它们回来的话，我只需再堆起一些沙堆来，它们很快也就归来了。

居无定所的各种砂泥蜂倒是没有消失。我在春季里可看见某些品种的砂泥蜂，在秋季里又可看见另一些品种的砂泥蜂，飞到荒石园的小径草地上，跳来飞去，寻找毛虫。各种蛛蜂也留在了园中，它们正拍打着翅膀，警惕地飞行着，朝着隐蔽的角落，去捕捉蜘蛛。个头儿大的蛛蜂则窥伺着狼蛛①，而狼蛛的洞穴在荒石园中则有的是。这种蜘蛛的洞穴呈竖井状，井口由禾本植物的茎秆中间夹着蛛丝做成的护栏保护着。往洞穴底部看去，大多数的狼蛛个头儿很大，眼睛闪烁发亮，让人看了直起鸡皮疙瘩。对于蛛蜂来说，捕捉这种猎物可是非同小可的事啊！好吧，让我们观观战吧。

在这盛夏午后的酷热之中，蚂蚁大队爬出了“兵营”，排成一个长蛇阵，到远处去捕捉奴隶。让我们不妨忙里偷闲，随着这蚂蚁大军前行，看看它们是如何围捕猎物的吧。那儿，在一堆已经变成了腐殖质的杂草周围，只见一群长约一点五法寸②的土蜂正没精打采、懒洋洋地飞动着，它们被金龟子、蛀犀金龟子和金匠花金龟子的幼虫吸引住了，那可是它们的丰盛的美餐啊，所以便一头钻进那堆杂草中去了。

值得观察研究的对象简直是太多太多了，而且光是这里，也只

---

① 狼蛛：又称纳博讷蛛。纳博讷是法国南部海岸一城市名。这种蛛后面将会介绍。

② 法寸：法国长度单位，一法寸约为 27. 07 毫米。

是提到了一部分而已！这座荒石园，人去楼空，房屋闲置，遗弃，地也撂荒了。没有人住的这座荒石园，成了动物的天堂，没有人会伤害它们了，它们也就占据了这儿的角角落落。黄莺在丁香树丛中筑巢搭窝；翠鸟在柏树那繁茂的枝叶间落户安家；麻雀把碎皮头和稻草麦秆衔到屋瓦下；南方的金丝雀在它们那建在梧桐树梢的没有半个黄杏大的小安乐窝里鸣叫；红角鸮习惯了这儿的环境，晚间飞来唱它那单调歌曲，声似笛音；被人称之为雅典娜鸟的猫头鹰也飞临此地，发出它那刺耳的咕咕声响。这座废弃的房屋前有一个大池塘。向村子里输送泉水的渡槽，顺带着也把清清的流水送到这个大池塘中。动物发情的季节，两栖动物便从方圆一千米处往池塘边爬来。灯芯草蟾蜍——有的个头儿大如盘子——背上披着窄小细长的黄绶带，在池塘里幽会、沐浴；日暮黄昏时，“助产士”雄蟾蜍的后腿上挂着一串胡椒粒似的雌蟾蜍的卵；这位宽厚温情的父亲，带着它的珍贵的卵袋从远方蹦跳而来，要把这卵袋没入池塘中，然后再躲到一块石板下面，发出铃铛般的声响。成群的雨蛙躲在树丛间，不想在此时此刻哇哇乱叫，而是以优美动人的姿势在跳水嬉戏。五月里，夜幕降临之后，这个大池塘就变成了一个大乐池，各种鸣声交织，震耳欲聋，以致你若是在吃饭，就甭想在饭桌上交谈，即使躺在床上，也难以成眠。为了让园内保持安静，必须采取严厉的措施。不然又怎么办？想睡而又被吵得无法入睡的人，当然心就会变硬的。

膜翅目昆虫简直无法无天，竟然把我的隐居之所也给侵占了。白边飞蝗泥蜂在我屋门槛前的瓦砾堆里做窝；为了踏进家门，我不得不加倍小心，否则，一不留神，就会把它的窝给踩坏，正在忙活的“矿工们”将会遭灭顶之灾。我已经有整整二十五年没有看到过这种捕捉蝗虫的高手了。记得我第一次看见它时，是我走了好几里地去寻找的；其后，每次去寻访它时，都是顶着那八月的火热的骄阳前去的，忍受着那艰难的长途跋涉。可是，今天，我却在自家门前见到了它们，它们竟然成了我的好芳邻了。关闭的窗户框为长腹蜂提供了温度适宜的套房；它那泥筑的蜂巢，建在了规整石材砌成的内墙壁上；这些捕食蜘蛛的好猎手归来时，穿过窗框上本来就有的一个现成的小洞孔，钻入房内。百叶窗的线脚上，几只孤身的石蜂建起了它们的蜂房群落；略微开启着的防风窗板内侧，一只黑胡蜂为自己建造了一个小土圆顶，圆顶上面有一个大口短细颈脖。胡蜂和马蜂经常光顾我家；它们飞到饭桌上，尝尝桌上放着的葡萄是否熟透了。

这儿的昆虫确实是又多又全，而我所见到的只不过是一小部分。如果我能与它们交谈的话，那么，我就会忘掉孤苦寂寥，情趣盎然。这些昆虫，有些是我的新朋有的则是我的旧友，它们全都在我这里，挤在这方小天地之中，忙着捕食，采蜜，筑窝搭巢。另外，若是想要改变一下观察环境，这也不难，因为几百步开外便是一座山，山上满是野草莓丛、岩蔷薇丛、欧石南树丛；山上有泥蜂们所偏爱的沙质土层，有各种膜翅目昆虫喜欢开发利用的泥灰质坡面。我正是因为早已认准了这块风水宝地，这笔宝贵财富，才逃避开城市，躲到这乡间里来的，来到塞里尼昂①这儿，给萝卜地锄草，给莴苣地浇水。人们花费大量资金，在大西洋沿岸和地中海边建起许许多多的实验室，以便解剖对我们来说并无多大意义的海洋中的小动物；人们耗费大量钱财，购置显微镜、精密的解剖器械、捕捞设备、船只，雇用捕捞人员，建造水族馆，为的是了解某些环节运动的卵黄是如何分裂的。我直到如今都没弄明白，这些人搞这些有什么用处？为什么他们偏偏就对陆地上的小昆虫瞧不上眼、不屑一顾？这些小昆虫可是与我们息息相关的，它们向普通生理学提供着难能可贵的资

① 塞里尼昂：法国埃罗省的一个小镇。

料。它们中有一些在疯狂地吞食我们的农作物，肆无忌惮地在破坏着公共利益。我们迫切地需要一座昆虫学实验室，一座不是研究三六酒①里的死昆虫，而是研究活蹦乱跳的活昆虫的实验室，一座以研究这个小小的昆虫世界的动物之本能、习性、生活方式、劳作、争斗和生息繁衍为目的的昆虫实验室，而我们的农业和哲学又必须对之予以高度的重视。彻底掌握对我的葡萄树进行吞食、蹂躏的那些昆虫，可能要比了解一种蔓足纲动物的某一根神经末梢结尾是个什么状态更加重要。通过实验来划分清楚智力与本能的界线，通过比较动物系列的各种事实，以揭示人的理性是不是一种可以改变的特性等，这一切，应该比了解一个甲壳动物的触须有多少要重要得多。为了解决这些大的问题，必须动用大批的工作人员，可是，就目前来说，我只是孤军一人在奋战。当下，人们的注意力放在了软体动物和植虫动物的身上了。人们花费大量的资金购置许许多多的拖网去探索海底世界，可是，对自己脚下的土地却漠然处之，不甚了了。我在等待着人们改变态度的同时，开辟了我的荒石园这座昆虫实验室，而这座实验室却用不着花纳税人的一分钱。

① 三六酒：旧时一种85度以上的烧酒，取三份烧酒，兑三份水，即成六份普通烧酒。

毛刺砂泥蜂

五月里的某一天，我在巡视我那荒石园实验室，想看看能否获得新的发现。法维埃正在不远处的菜地上干活。法维埃是何许人也？大家马上就会知晓的，因为他将在下面的故事中出现。

法维埃行伍出身。他曾经在非洲荒原的角豆树下搭建自己的茅草屋，在君士坦丁堡捕捞过海胆，在没有军事行动时，他还在克里木捕捉过椋鸟。他经历十分丰富，见多识广。冬季里，不到下午四点，地里的活儿便收工了。冬季的漫漫长夜，无所事事，绿橡树圆木在厨房间的炉子里烧得正旺，火光熊熊，他把耙子、叉子、双轮小车收拾停当之后，便坐在炉边的高大的石头上，掏出烟斗，用大拇指沾上点口水，技术娴熟地往烟斗里塞满、压实烟丝，美滋滋地吞云吐雾开来。其实，他得把烟闷在肚里，久久地不吐出来，他几个小时之前烟瘾便上来了，只是舍不得抽，因为烟草价格昂贵，憋到现在才抽上一口。

大家便在这个时候，围着炉火闲扯瞎聊。法维埃兴致颇高，海阔天空，纵横捭阖。因为他的故事精彩动听，所以他就像是古代的说书人似的，被安排坐在最佳的位置上，成了中心人物。只不过我们的这位说书人是在兵营里练就的说书本领的。这倒无伤大雅，反正一家老小，无论大人孩子，都在聚精会神地听他讲述。即使他说的故事纯属杜撰编造的，却总是编得合情合理，顺理成章。所以，当他干完活儿后，如果不在炉边歇上一会儿的话，我们大家全都感到有一种说不出的惆怅。他到底跟我们讲了些什么，让我们这么如痴如醉、倾心入迷？他给我们讲述了他亲身经历的一场推翻一个专制帝国的政变中的所见所闻。他说道，他们先是把烧酒分喝光了，然后便向人群开枪射击。他信誓旦旦地对我说，他自己则只是对着墙开枪的。我对他的话十分相信，因为我感到，他是纯属无奈而参加了这场疯狂大屠杀的，而他一直在痛悔自己的这一经历，感到十分地悲哀、羞耻。

他还向我们讲述了他在塞巴斯托波尔①城外战壕中的不眠之夜。他讲述道，他曾在冰天雪地的黑夜里，孤立无援地蜷缩在雪堆旁，眼看着被他称之为“花瓶”的玩意儿落在了他的近旁，他惊恐万状，不能自已。那只“花瓶”在燃烧，在喷射，在发光，把周围照得如同白昼。那些可恶而吓人的东西随时随地地在爆炸，令人胆战心惊、毛骨悚然。他的战友们死去了，而他却侥幸地活下来。“花瓶”熄灭了。那所谓的“花瓶”，其实就是照明弹，在黑暗中发射，用以侦察围城敌军的动静与活动情况。

在讲述了残酷激烈的战斗故事之后，法维埃又给我们讲了不少兵营中的趣闻乐事。他告诉我们军队里是如何烧菜做饭的，士兵们的饭盒里都藏了些什么秘密，以及土堡里的一些可笑可乐的琐碎事情。他肚子里真的是装着说不完的故事，而且讲述起来又眉飞色舞，生动活泼，引人入胜，不知不觉地便到了吃晚饭的时间了。

---

① 塞巴斯托波尔：乌克兰黑海边的一座城市，在克里木西南边，系一重要海港和军火库。

法维埃还有一手令我叹服。我的一位朋友从马赛给我捎来两只大螃蟹，那是一种被渔民们称之为“海上蜘蛛”的蜘蛛蟹。当工人们——忙于修缮破房屋的油漆工、泥瓦匠、粉刷工等——吃完晚饭回来时，我便把捆绑着那两只大螃蟹的绳子给解开来了。工人们一看，吓得直往后缩。这两只怪模怪样的动物，从甲壳四周呈辐射状地伸出它们的螯针，而且竖立在细长的腿上爪上，状如蜘蛛，看着瘆人。可法维埃却根本不把它们当一回事，只见他手这么一伸，便一把按住了那个可怕的“横行霸道”的“蜘蛛”，然后说道：“我知道这家伙，我在瓦尔拉吃过，味道鲜美极了。”他边说，边用嘲讽的目光看着他周围的人，那意思像是在说：“你们这帮人啊，简直是孤陋寡闻，从来就没有走出自己的窝。”

最后，再举一个他见多识广的例子。他的一位芳邻遵照医生的嘱咐，前往塞特去泡海水浴，归来时，带回来一个稀罕的东西，像是一个奇异的果实，她觉得这个果实种上后，一定会有收获的。拿起这个果实放在耳边摇动，可以听见响声，说明壳内有种子。这个果实呈圆形，壳上多刺，一端像是一朵小白花的未曾开放的花蕾，另一端则略有些凹陷，上面有几个洞孔。这位女邻居便跑到法维埃那儿去，把自己如获至宝的东西拿出来给他看，并让他转告于我。后来她把这果实给了我，并说将来必定会长出非常漂亮的小灌木的，可以为我的花园增添一景。她指着这个果实的两端对法维埃说：“这儿是花，这儿是尾巴。”

法维埃听她这么一说，不禁放声大笑起来，随即便告诉她说：“这是一只海胆，我在君士坦丁堡吃过。”然后，他便详尽地解释给她听，海胆是什么，是怎么回事。女邻居始终未能听明白他说的是些什么，仍抱着那是“果实”的顽固看法。而且，她心里还在想，法维埃一定是因为这么宝贵的种子不是由他，而是由别人送给了我，因而心生嫉妒，才编出这么一套说法来欺骗她的。他俩因无法说服对方，便跑到我家里来。那位热心肠的女邻居对我又说了一遍：“这儿是花，这儿是尾巴。”我看了之后，便跟她解释道，她所说的那“花”，其实是海胆的五颗聚在一起的白牙齿，而那“尾巴”则是跟海胆的嘴相对应的部位。她仍旧心存疑惑地走了。也许她的那些“种子”，那些在空壳中摇动起来发出响声的沙粒，现在正放在一个破旧的土瓮里“发芽”哩。

从这一点，我们不难看出，法维埃确实了解不少的东西，而且他是因为亲口吃过尝过才认识的。他知道獾的里脊肉非常好吃；他知道狐狸的后臀尖肉很香；他了解荆棘鳗鱼——游蛇的哪个部位的肉最佳；他曾把臭名昭著的“南方玻璃珠”——单眼蜥蜴用油煎炸而食；他曾经考虑用油来炸蚱蜢，做成一道美味。他跑遍了全世界，这种生活让他长足了见识，能够做出一般人想象不出来的菜肴来，让我看了真的是惊叹不已，自叹弗如。

我对他的仔细观察的鉴别力以及对事物的记忆力也十分地钦佩。不管我告诉他一种什么植物，只要我仔细地向他描述清楚，哪怕是一种毫不起眼的小花杂草，只要我们周围的树林里有这种植物的话，他都能替我找了回来，并且告诉我是在什么地方、什么方位寻找到的。再细小难辨的植物，他都能分辨得一清二楚。为了对我已发表的关于沃克吕兹的球菌的文章加以增添补充，在气候恶劣的季节里，昆虫们都躲起来了，我不得不拿起放大镜，采集植物标本。这时候，由于严寒使得土地变得又实又硬，或者由于大雨使得地上满是泥浆，法维埃便无法侍弄园子，我就带着他一起跑到树林里去，在荆棘丛生的杂草堆中寻找我所需要的那些又细又小的植物。球菌的一个个小黑点，使得遍地蔓生的荆棘枝枝杈杈长满了黑色斑点。我把那些最大的黑斑点称之为“黑色火药”。这些球菌中的某一种正是被植物学家们冠之以这一名称的。法维埃在寻找过程中，比我发现的要多，他对此感到颇为自豪。玫瑰茄像一团黑色的乳头，乳头上包着一层透红颜色的棉絮状绒毛，这是一种绝佳的植物，如果法维埃发现了一枝这样的植物，会高兴得什么似的，立即掏出烟斗，抽上一袋，以示庆贺。

在采集过程中，总会引来一些不识相的瞧热闹的人，而法维埃则很善于把他们打发开去。这些人都是附近的农民，出于好奇，总爱提一些像小孩子们提的问题，而且，他们的好奇中还掺杂着鄙夷和嘲讽，凡是他们不懂的东西，他们都得嘲笑几句。有什么能比一位绅士模样的人在研究捕捉来放在玻璃瓶中的一只苍蝇，或者翻来覆去地琢磨一块捡到的烂木头，更让他们觉得滑稽可笑的呢？然而，法维埃只要一句话，就能噎住他们的那些并非善意的探询。

我们弓着身弯着腰，一步一步地前行，寻找着史前时期的遗留物，什么蛇形斧啦，黑陶器碎片、燧石制箭镞和矛头啦，碎片、刮削器、燧石块啦，等等。这些东西在山的南坡多得很。一个农民见状，突然问道："您的主人要这些破玩意儿干什么呀？"法维埃便立即顶他一句："给配门窗玻璃的人做填料。"

我收集了一把兔子粪，在放大镜下一看，可以见到粪上有一种隐花植物，值得带回去加以研究。正在这时候，又来了一个好奇而饶舌的乡下人，他见我这么小心仔细地把发现的"宝物"装进一只纸袋里去，心想，那一定是很值钱的东西，定能卖个好价钱。在乡下人的眼里，一切之一切，最终都归之为一个"钱"字。在他们看来，我一定是靠着这些兔子粪发了大财。于是，他便狡猾诡谲地向法维埃打听："您的主人弄这些 pétourle① 干什么呀？"法维埃便一本正经地回答他说："他要蒸馏这些兔子粪，好取粪汁。"那个好奇者被这个回答弄得莫名其妙，悻悻地走开了。

我们先打住吧，就别在这位脑子灵活、巧于应对、喜欢打趣的

① 当地土语，意为"兔粪"。

军人身上花费太多的笔墨了。我们还是回到我那荒石园昆虫实验室里引起我关注的东西上来。几只砂泥蜂用脚在扒拉着，搜寻着，不一会儿又向前飞上一小段路，时而落在有草的地方，时而又飞到寸草不生之处。时已五月中旬。一天，风和日丽，我看见那几只砂泥蜂落在满地尘土的小路上，懒洋洋地沐浴在温暖的阳光中。它们全都是毛刺砂泥蜂。我曾经叙述过这种砂泥蜂是如何冬眠的，以及春天到来时，当其他的猎食膜翅目昆虫仍旧躲在它们的茧里的时候，它们就已经开始飞来飞去地寻觅食物了。我还描述了它们是如何肢解毛虫，以便利于自己的幼虫嚼食。我还叙述了它们把自己的螫针多次地刺到毛虫的神经中枢里去。我还是头一回看到这种如此精巧的“活体解剖”，而且也就看过一次，所以我希望有机会能再亲眼见识一下这种外科手术。那头一次的观察，十分地浮皮潦草，很不仔细，因为上次我有事在身，长途奔波，人很疲惫，很可能有很多的细节被我忽略掉了。而且，就算我真的全都看得一清二楚，我也很有必要再仔细地观察一番，使自己的观察结果更加臻于完善、真实可靠、无可置疑。我还要补充一句，即使我看过这种场面上百次，我想再看一看，读者们也不会觉得我多此一举，令人生厌的。

因此，当毛刺砂泥蜂一出现，我便开始跟踪监视；而现在，它们既然来到了我的家门前，离大门只有几步路的地方，我只要稍微留意一点，就一定能够找到它们的。三月末和四月份已经过去了，我一直留心观察着，却一无所获，这也许是尚未到毛刺砂泥蜂筑巢做窝的时间，或者，更可能是我观察监视的方法欠妥。直到五月十七日，我终于有了幸运之机了。

只见几只砂泥蜂突然出现在我的眼前，它们飞来飞去，十分地忙碌。我们就先来观察其中那只最最活跃的砂泥蜂吧。我是在被踩得结结实实的小径的土里发现它们的，我当时正在对砂泥蜂耙最后的那几耙。这时候，这些捕食者把已经被它们麻醉了的毛虫暂时地弃置在离它们的窝几米远处，尚未把自己的猎获物弄进窝里去。当砂泥蜂确定洞穴很合适，洞口较宽，足以把一个体积庞大的猎物弄进洞中去时，它便飞过去寻找刚被自己麻醉了的那个猎物。那条被麻醉了的毛虫僵直地躺在那儿。身上爬满了蚂蚁。捕食者砂泥蜂对这条爬满了蚂蚁的毛虫已不感兴趣。许多捕食性膜翅目昆虫总是先把猎获物弃置在一边，以便先把自己的窝巢加以完善，或者是刚刚开始做窝，一时顾不上被自己麻醉了的猎物。不过，通常，它们总是把自己的猎获物置于高处，放在草丛中，免得遭受其他的昆虫的侵扰或掠夺。砂泥蜂是精于此道的，但这一次，不知是疏忽大意、掉以轻心了呢，还是因为这个猎物太大太重，搬运时掉落下去，反正，猎物已经成了群蚁争抢撕咬的美味了。即使想要把这帮强徒赶跑，那也是不可能的，因为你赶跑了一只，马上又有十来只攻了上来。砂泥蜂大概正是这么考虑的，因为它看到自己的猎物被蚂蚁侵占了之后，并没有上前去驱赶，而是飞到别处再寻猎物去了。

砂泥蜂寻找猎物都是在自己的窝巢周围十来米范围内进行的。它用脚在土里一点一点地、不紧不慢地探查着，再用弯成弓状的触角不停地拍击着土地。无论是光秃秃的地，满是碎石的地，还是杂草丛生的地，它都要仔细地搜索个遍。烈日当空，天气闷热，预示第二天将要下雨，甚至当晚就会有雨落下。而我却在这样的闷热天气里，眼睛始终盯着寻找猎物的砂泥蜂，足足盯了有三个钟头。可见，对于急需觅食的这只膜翅目昆虫来说，要寻找到一只灰毛虫该有多么困难啊。

即使对于我这么个大活人来说，要找到一只毛虫也同样是颇费周折的。读者们知道，我曾经采取了什么办法去观察一只捕食的膜翅目昆虫的，也知道膜翅目昆虫为了给自己的幼虫提供一块动弹不了却并未死的活物，是如何对它的猎物进行外科手术的：我把那膜翅目昆虫的猎物拿走，偷梁换柱，给了它一块一模一样的活肉。为了观察砂泥蜂，我仍旧如法炮制，为了让它重复它的那种外科手术，必须尽快找到几只灰毛虫，让它见到之后，用自己的螫针去麻醉它。

这时候，法维埃正在园子里忙碌着，我便冲他喊道："快点来，法维埃，我需要几只灰毛虫。"我已经给他介绍过这种虫子，而且，近一段时间以来，他对这种"外科手术"已经有所了解了。我便告诉他我的砂泥蜂以及它们需要觅食灰毛虫的情况。他基本上算是较为了解我所关心的昆虫的生活习性。他对我的要求十分理解。于是，他便开始寻找开来。他在莴苣叶下翻找，在鸢尾旁边查看。我对他的眼尖手快是深有体会的，我相信他一定能够替我找到的。可是，时间一分一秒地过去了，始终未听到他报捷的佳音。"怎么样，法维埃，有灰毛虫吗?""我还没有发现，先生。""唉！那么就让克莱尔、阿格拉艾和其他的人，全都齐上阵，分头去找，非要找到不可！"全家人全都聚在了一起，人人都像是准备奔赴战场似的，严阵以待，积极地行动起来。我本人则是坚守在岗位上，一直盯着那只砂泥蜂捕食者。我一只眼睛在盯着它，而另一只眼睛也没忘记在寻找灰毛虫。但是，天不遂我愿，三个小时都过去了，仍旧是一无所获，谁都未能发现灰毛虫。

砂泥蜂也没能挖到灰毛虫。只见它仍在毫不懈怠地在一些有裂隙的地方寻找着。砂泥蜂继续在清扫地面。它已经是精疲力竭，气力全无。它把一块杏核般大小的土给刨了开来，但它很快便把这地方给撇下了。我顿有所悟，不禁猜想：虽然我们几个大活人没能找到一只灰毛虫，但这并不能说砂泥蜂也同我们四五个人一样地又蠢又笨。人办不到的事，昆虫有时却是能大功告成的。昆虫具有极其敏锐的感觉，它们是不会连续几个小时，迷失方向，瞎找一通的。也许是毛虫们预感到大雨将至，全都躲到更深的洞穴中去了。砂泥蜂一定知道毛虫躲在哪儿，只不过它无法从很深的地方把毛虫给挖出来。如果它在一处地方刨挖了几次之后，把这地方放弃了，那并不说明它缺乏敏锐的洞察力，而是它没有能力往深处挖下去。凡是砂泥蜂挖过的地方，都可能有一条灰毛虫存在；而它之所以放弃了这个地方，那只是它不得不承认自己力量有限，无法完成这项挖掘工程。我真是愚不可及，竟然未能早一点悟出这番道理来。像砂泥蜂这样的猎食灰毛虫的高手，会在没有灰毛虫的地方浪费气力，乱挖一气吗？绝对不会的！

于是，我便决定去帮它一把。此时此刻，砂泥蜂正在一处翻耕过的光秃秃的土地上搜寻着。它最终又像在其他地方那样，把这个地方也给放弃了。我便握住一把刀，往它挖过的地方继续向下挖去。我同样是一无所获，不得不放弃，走了开去。这时候，砂泥蜂却飞了回来，在我清查过的地方又刮又耙开来。我觉得这个膜翅目昆虫像是在对我说道："你滚一边去吧，你这蠢笨的人，让我来指给你看灰毛虫藏在什么地方吧。"我按照它指示的地方，用刀又挖了起来，终于挖出来一条灰毛虫。啊！我没猜错，你是不会在没有灰毛虫的地方无端地去又挖又耙的！

从这时起，我便采取了"狗鼻子捕猎法"：狗嗅出猎物的藏身地，人就去那儿找，一定能找到猎物的。因此，我就按照砂泥蜂所指示的地点，把洞穴深处的猎物挖出来。就这样，我获得了第二只，然后，又弄到了第三只、第四只，而且全都是在数日前用铁锨翻动过的光秃秃的地方挖到的。从外表上看，地面无任何迹象表明地下藏有灰毛虫。法维埃、克莱尔、阿格拉艾，还有其他人，你们觉得怎么样？你们服不服气呀？你们花了三个小时连一只灰毛虫也没见着，可我，想到助砂泥蜂一臂之力，竟然，要多少只，它就会帮我指点出多少只来。

现在，我已经拥有充足的替代品了，但我还想让砂泥蜂帮我找到第五只。下面，我将分段、按照编号顺序来叙述我眼前所发生的这出精彩的戏剧的各个场次。我是在最有利的条件下进行观察研究的。我趴在地上，与砂泥蜂离得很近，所以任何一点细节都未能逃过我的眼睛。

（1）砂泥蜂用它那大颚上的弯钩钳子抓住毛虫的脖颈。那毛虫在拼命地挣扎，臀部扭曲着，扭过来转过去。膜翅目昆虫无动于衷，不予理会，紧守在猎物身旁，谨慎小心，不让对方碰着自己。它用螯针刺入猎物位于腹部中线的皮肤最细嫩处——把头部第一个环节分开来的那个关节中。螯针在那关节中停留了片刻。不用说，毛虫的致命部分就在那儿，砂泥蜂完全可以制服毛虫了，使之听任它的摆布。

（2）接着，砂泥蜂放开猎物，匍匐在地，侧身转动，肢体明显地在抽搐着，翅膀在颤抖着。我十分地担心，以为捕食者砂泥蜂在搏斗中受到了致命的攻击，就这么英勇地牺牲了，以致我期盼了那么长时间想要进行的一次实验就这么功败垂成了。但是，不一会儿，砂泥蜂便平静了下来，抖抖翅膀，弯弯触角，又敏捷地奔向那被麻醉了的毛虫。我一开始所认为的它那预示死亡将至的痉挛，实际上只不过是它捕猎成功的欣喜若狂的举动。膜翅目昆虫这是在以自己那独特的方式庆贺扑杀敌人的成功。

（3）外科手术施行者砂泥蜂咬住猎物背部的皮层，然后，把螯针刺入比第一针稍低一点的第二个环节，仍旧是腹部的那一面。只见它在灰毛虫身上逐渐地往后退着，每次都咬住毛虫背部稍低一点的位置。它的大颚上的弯把儿阔钳子咬住猎物，然后，再把螯针刺入猎物腹部的下一个环节。它的动作有板有眼，有条不紊，十分精确，先后退，再咬住猎物背部稍低点的地方，像是用尺子量过似的那么准确无误。它每后退一步，螯针就刺入毛虫的下一个环节，就这样，逐一地把毛虫真腿上的那三个胸部环节、后面的两个无足的环节以及假腿上的四个环节，全都刺了一遍，一共刺了九针。

不过，毛虫身上的那最后的四个节段，砂泥蜂并没有刺。那四个节段上有三个无足环节和最后一个带假腿的环节，或者说第十三环节。施行外科手术者在手术过程中没有遇到什么大的麻烦，比较顺利，因为毛虫被刺了第一针之后，就已经麻木了，丧失了任何的反抗能力。

（4）最后，砂泥蜂把自己大颚上的那只锐利无比的钳子完全张开，夹住毛虫的脑袋，谨慎小心地咬住它，压它，但又不把它给压伤。它一下接一下地，不慌不忙，慢条斯理地压挤猎物，仿佛是想要了解每一次的压挤所产生的后果似的。它停下来，等了一下，然后再进行压挤。为了达到它所预期的目的，对毛虫头部的操作要慎之又慎，要掌握好分寸，操作不能过度，否则便会把毛虫弄死。毛虫一死，尸体很快就会腐烂的。因此，捕食者砂泥蜂使用大颚上的那把锐利的钳子时，用力很有节制，而大钳压挤的次数较多，大约二十来下。

砂泥蜂的外科手术做完了。灰毛虫侧着身子，呈半蜷缩状地躺在地上，一动不动，没有一点生气了。它的捕食者正在挖洞造屋，将把它运进窝巢中去，对此，它无可奈何，无一丝一毫的反抗或挣扎的能力，它也根本不可能再对将以它为食的砂泥蜂的幼虫造成任何的伤害。胜券在握的捕食者把灰毛虫撇在它对它动过手术的地方，自己回到窝里去了。我的眼睛一直在紧盯着它。它在对自己的窝巢进行修缮，以便储存食物。它那窝巢的拱顶上有一块卵石凸了出来，有碍它把那庞大的猎物运进其地下食物储存室，于是，它便想方设法地把那块卵石给弄下来。它在拼命地工作着，翅膀摩擦，发出吱吱嘎嘎的声响。窝巢中，卧室不够宽敞，它又在努力地把它加宽加大。它在继续努力地劳动着，我因为害怕漏掉这膜翅目昆虫劳作中的一点一滴，所以没有去照看那只毛虫。不一会儿，蚂蚁们便蜂拥而至。当砂泥峰（还有我）回到毛虫那儿的时候，只见毛虫身上黑乎乎的一片，爬满了这些撕咬扯拉的掠食者。对我而言，此情此景，让人好不遗憾，而对于砂泥蜂来说，真让它叫苦不迭，恼火不已，因为这种倒霉的事已经发生过两次了，到嘴的食物竟变成了他人的美味佳肴了。

砂泥蜂看上去非常沮丧，泄气。我便立即用一只备用的毛虫来替换，但没能奏效，砂泥蜂对这只备用毛虫连看都不看一眼。随后，夜幕降临，天阴沉沉的，还下了几滴雨。在这种情况之下，再观察砂泥蜂的捕猎活动已经是不可能的了，整个实验只好宣告结束。我真的很遗憾，准备好的几只毛虫竟然未能派上用场。我可是从午后一点一直观察到傍晚六点的呀，整整五个钟头，眼睛都不敢多眨一眨。

隧蜂

你了解隧蜂吗？你大概是不了解。这无伤大雅，即使不了解隧蜂，照样可以品尝人生的种种温馨甜蜜。然而，只要努力地去了解，这些不起眼的昆虫却会告诉我们许多奇闻趣事，而且，如果我们对这个纷繁的世界拓宽一点我们的知识面的话，同隧蜂打打交道并不是什么让人鄙夷不屑的事。既然我们现在有空闲的时间，那就了解了解它们吧。它们是值得我们去了解的。

怎么识别它们呢？它们是一些酿蜜工匠，体形一般较为纤细，比我们蜂箱中养的蜜蜂更加修长。它们成群地生活在一起，身材和体色又多种多样。有的比一般的胡蜂个头儿要大，有的与家养的蜜蜂大小相同，甚至还要小一些。这么多种多样，会让没经验的人束手无策，但是，有一个特征是永远不会改变的。任何隧蜂都清晰可辨地烙有本品种的印记。

你看看隧蜂肚腹背面腹尖上那最后一道腹环。如果你抓住的是一只隧蜂，那么其腹环则有一道光滑明亮的细沟。当隧蜂处于防卫状态时，细沟则忽上忽下地滑动。这条似出鞘兵器的滑动槽沟证明它就是隧蜂家族之一员，不必再去辨别它的体形、体色。在针管昆虫属中，其他任何蜂类都没有这种新颖独特的滑动槽沟。这是隧蜂的明显标记，是隧蜂家族的族徽。

四月份，工程谨慎小心地开始了，不是一些新土小包的话，外面是一点也看不出来的。外面工地上没有一点动静。工匠们极少跑到地面上来，因为它们在井下的活计十分地繁忙。有时候，这儿那儿，有这么一个小土包的顶端晃动起来，随即便顺着圆锥体的坡面滑落下去，这是一个工匠造成的，它把清理的杂物抱出来，往土包上推，但它自己并没露出地面。眼下，隧蜂只忙活这种事。

五月带着鲜花和阳光来到了。四月里的挖土方的工人现在变成了采花工。我无论何时都能够看见它们待在开了天窗的小土包顶上，个个都浑身沾满黄花粉。个头儿最大的是斑纹蜂，我经常看见它们在我家花园小径上筑巢建窝。我们仔细地观察一下斑纹蜂。每当储存食物的活计干起来的时候，总会不知从何处突然来了这么一位吃白食者。它将让我们目睹强取豪夺是怎么回事。

五月里，上午十点钟左右，当储备粮食的工作正干得欢时，我每天都要去察看一番我那人口稠密的昆虫小镇。我在太阳地里，坐在一把矮椅子上，弓着腰，双臂支膝，一动不动地观察着，直到吃午饭时为止。引起我注意的是一个吃白食者，是一种叫不上名字的小飞虫，但它却是隧蜂的凶狠的暴君。

这歹徒有名字没有？我想应该是有的，但我却并不太想浪费时间去查询这种对读者来说并没多大意义的事情。花时间去弄清枯燥的昆虫分类词典上的解说，倒不如把清楚明白地叙述的事实提供给读者为好。我只需简略描绘一下这个罪犯的体貌特征就可以了。它是一种身长五毫米的双翅目昆虫，眼睛暗红，面色白净，胸廓深灰，上有五行细小黑点，黑点上长着后倾的纤毛，腹部呈浅灰色，腹下苍白，爪子系黑色。

在我所观察的隧蜂中，它的数量很多。它常常蜷缩在一个地穴附近的阳光下静候着。一旦隧蜂收获归来，爪上沾满黄色花粉，它便冲上前去，尾随隧蜂，前后左右飞来转去，紧追不舍。最后，隧蜂突然钻入自家洞中，这双翅目食客也随即迅疾落在洞穴入口附近。它一动不动地，头冲着洞门，等待着隧蜂干完自己的活计。隧蜂终于又露面了，头和胸廓探出洞穴，在自家门前停留片刻。那吃白食者仍旧纹丝不动。它们常常是面对面，间隔不到一指宽。双方都声色不动。隧蜂没有戒备伺机偷食的食客，至少，其外表之平静让人作如是想；而食客也丝毫没有担心自己的大胆行为会受到惩罚。面对一根指头就能把它压扁的巨人，这个侏儒却仍旧岿然不动。

我本想看到双方有哪一方表现出胆怯来，却未能如愿：没有任何迹象表明隧蜂已知自己家里有遭到打劫之虞；而食客也没有流露出任何因会遭到严厉惩处的担心。打劫者与受害者双方只是互相对视了片刻而已。

巨大的宽宏大量的隧蜂只要自己愿意，就可以用其利爪把这个毁其家园的小强盗给开膛破肚了，可以用其大颚压碎它，用其螯针扎透它，但隧蜂压根儿就没这么干，却任由那个小强盗血红着眼睛盯住自己的宅门，一动不动地待在旁边。隧蜂表现出这种愚蠢的宽厚到底是为什么呢？隧蜂飞走了。小飞蝇立刻飞进洞去，像进自己家门似的大大方方。现在，它可以随意地在储藏室里挑选了，因为所有的储藏室都是敞开着的；它还趁机建造了自己的产卵室。在隧蜂归来之前，没有谁会打扰它。让爪子沾满花粉，胃囊中饱含糖汁，是件颇费时间的活计，而私闯民宅者要干坏事也必须有充裕的时间。但罪犯的计时器非常精确，能准确地计算出隧蜂在外面的时间。当隧蜂从野外返回时，小飞蝇已经逃走了。它飞落在离洞穴不远的地方，待在一个有利位置，瞅准机会再次打劫。

万一小飞蝇正在打劫时，被隧蜂突然撞见，会怎么样呢？出不了大事的。我看见一些大胆的小飞蝇跟随隧蜂钻入洞内，并待上一段时间，而隧蜂则正在调制花粉和蜜糖。当隧蜂掺兑甜面团时，小飞蝇尚无法享用，于是它便飞出洞外，在门口等待着。小飞蝇回到太阳地里，并无惧色，步履平稳，这就明显地表明它在隧蜂工作的洞穴深处并未遇到什么麻烦事。

如果小飞蝇太性急，太讨厌，围着糕点转个不停，后颈上准会挨上一巴掌，这是糕点主人会有的举动，但也就仅此而已。盗贼与被偷盗者之间没有严重的打斗。这一点，从侏儒步履平稳、安然无恙地从忙着干活儿的巨人洞穴出来的样子就可以看得出来。

当隧蜂无论满载而归或一无所获地回到自己家中时，总要迟疑片刻；它迅速地贴着地面前后左右地飞上一阵。它的这种胡乱飞行让我首先想到的是，它在试图以这种凌乱的轨迹迷惑歹徒。它这么做确实是必要的，但它似乎并没有那么高的智商。

它所担心的并非敌人，而是寻找自家宅门时的困难，因为附近小土包一个又一个，相互重叠，昆虫小镇又街小巷窄，再加上每天都有新的杂物清理出来，小镇面貌日日有变。它的犹豫不决明显可见，因为它经常摸错了门，闯到别人家中。一看到门口的细微差异，它立刻知道自己走错门了。

于是，它重又努力地开始弯来绕去地探查，有时突然飞得稍远一点。最后终于摸到自家宅穴。它喜不自胜地钻了进去，但是，不管它钻得有多快，小飞蝇还是待在其宅门附近，脸冲着其门口，等待着隧蜂飞出来后好进去偷蜜。

当屋主又出了洞门时，小飞蝇则稍稍退后一点，正好留出让对方通过的地方，仅此而已。它干吗要多挪地方呀？二者相遇是如此的相安无事，所以如果不知道一些其他情况的话，你是想不到这是窃贼与屋主间的狭路相逢。

小飞蝇对隧蜂的突然出现并没有惊慌失措，它只是稍加小心了点而已。同样，隧蜂也没在意这个打劫它的强盗，除非后者跟着它飞，纠缠于它。这时，隧蜂一个急转弯就飞远了。

吃白食者此刻也处于两难境地。隧蜂回来时甜汁在其嗉囊中，花粉沾在爪钳里，甜汁盗贼吃不着，花粉尚无定型，是粉末状的，也进不了口。再者，这一点点花粉也不够塞牙缝的。为了集腋成裘制成圆面包，隧蜂要多次外出去采集花粉。必需材料采集齐备之后，隧蜂便用大颚尖掺和搅拌，再用爪子将和好的面团制成小丸。如果小飞蝇把卵产在做小丸的材料上，经这么一番揉捏，那肯定是完蛋了。

所以，小飞蝇的卵将是产在做好的面包上面的，因为面包的制作是在地下完成的，吃白食者就必须进入隧蜂的洞宅之中。小飞蝇贼胆包天，果真钻下去了，即使隧蜂身在洞中也全然不顾。失主要么是胆小怕事，要么是愚蠢的宽容，竟然任窃贼自行其是。

小飞蝇悉心窥探、私闯民宅的目的并不是想损人利己，不劳而获；它自己就可以在花朵上找到吃的，而且并不费事，比这么去偷去抢要省劲儿得多。我在想，它跑到隧蜂洞中也就是想简单地品尝一下食物，知道一下食物的质量如何，仅此而已。它的宏大的、唯一的要事就是建立自己的家庭。它窃取财富并非为了自己，而是为了自己的后代。

我们把花粉面包挖出来看看。我们将会发现这些花粉面包经常是被糟蹋成碎末状，白白地浪费了。散落在储藏室地板上的黄色粉末里，我们会看见有两三条尖嘴蛆虫蠕动着。那是双翅目昆虫的后代。有时与蛆虫在一起的还有真正的主人——隧蜂的幼虫，却因吃不饱而孱弱不堪。蛆虫尽管不虐待隧蜂幼虫，却抢食了后者最好的食物。隧蜂幼虫可怜兮兮，食不果腹，身体每况愈下，很快便一命呜呼了。其尸体变成了微小颗粒，与剩下的食物混在一起，成了蛆虫的口中之物。

可隧蜂妈妈在孩子遭难之时在干什么呢？它随时都有空去看看

自己的宝宝的，它只要探头进洞，便可清楚地知晓孩子们的惨状。圆面包糟蹋一地，蛆虫在钻来钻去，稍看一眼就全清楚是怎么回事了。那它非把窃贼子孙弄个肚破肠流不可！用大颚把它们咬碎，扔出洞外，简直是轻而易举的事。可是愚蠢的妈妈竟然没有想到这么做，反而任由鸠占鹊巢者逍遥法外。

随后，隧蜂妈妈干的事还要愚蠢。成蛹期来到之后，隧蜂妈妈竟然像封堵其他各室一样把被洗劫一空的储藏室用泥盖封堵严实。这最后的壁垒对于正在变形期的隧蜂幼虫来说是绝妙的防护措施，但是当小飞蝇来过之后，你这么一堵，那可是荒唐透顶了。隧蜂妈妈对这种荒唐之举却毫不犹豫，这纯粹是本能使然，它竟然还把这个空房给贴上封条。我之所以说是空房，是因为狡猾的蛆虫吃光了食物之后，立即抽身潜逃了，仿佛预见到日后的小飞蝇会遇到一道无法逾越的屏障似的。在隧蜂妈妈封门之前，它们就已经离开了储藏室。吃白食者既卑鄙狡诈，又小心谨慎。所有的蛆虫都会放弃那些黏土小屋，因为这些小屋一旦堵上，那它们就会葬身其间的。黏土小屋的内壁有波状防水涂层，以防返潮，小飞蝇的幼虫表皮很敏感娇嫩，似乎对这种小屋倍感舒适，是其理想的栖身之地，然而蛆虫却并不喜欢。它们担心一旦变成小飞蝇，却被困在其中，所以便匆匆离去，分散在升降井附近。

我挖到的小飞蝇确实都在小屋外面，从未在小屋里面见到过它们。我发现它们一个一个都挤在黏土里的一个窄小的窝儿内，那是它们还是蛆虫时移居到此后营建的。来年春天，出土期来临时，成虫只需从碎土中挤出去就能到达地面了，这一点儿也不困难。

吃白食者的这种迫不得已的搬迁还有另一个也是十分重要的原因。七月里，隧蜂要第二次生育。而双翅目的小飞蝇则只生育一次，其后代此时尚处于蛹的状态，只等来年变为成虫。采蜜的隧蜂妈妈正又开始在家乡小镇忙着采蜜；它直接利用春天建筑的竖井和小屋，这可大大地节约了时间！精心构筑的竖井房舍全都完好如初，只需稍加修缮便可交付使用。

如果生就喜欢干净的隧蜂在打扫屋子时发现一只蝇蛹，会怎么样呢？它会把这个碍事的玩意儿当作建筑废料似的给处理掉。它会把这玩意儿用大颚夹起，也许把它夹碎，搬到洞外，扔进废物堆中。蝇蛹被扔到洞外，任随风吹日晒，必死无疑。

我很钦佩蛆虫的明智的预见，不求一时之欢快，而谋未来的安然无恙。有两个危险在威胁着它：一是被堵在死牢中，即使变成飞蝇也无法飞出去；二是在隧蜂修缮宅子后清扫垃圾时把它一块儿扔到洞外，任随风吹雨打，抛尸野外。为了逃避这双重的灾难，在屋门封堵之前，在七月里隧蜂清扫洞宅之前，它便先行逃离险境。

我们现在来看一看吃白食者后来的情况。在整个六月里，当隧蜂休闲的时候，我对我那昆虫众多的昆虫小镇进行了全面的搜索，总共有五十来个洞穴。地下发生的惨案没有一件逃过我的眼睛。我们一共四个人，用手把洞里挖出的土过筛，让土从手指缝中慢慢地筛下去。一个人检查完了，另一个人再重新检查一遍，然后第三个人、第四个人再进行两次复检。检查的结果令人心酸。我们竟然没有发现一只隧蜂的虫蛹，一只也没有。这隧蜂密集于此的街区，居民全部丧生，被双翅目昆虫取而代之。后者呈蛹状，多得无以计数，我把它们收集起来，以便观察其进化过程。

昆虫的生活季结束了，原先的蛆虫已经在蛹壳内缩小，变硬，而那些棕红色的圆筒却保持静止不动状态。它们是一些具有潜在生命力的种子。七月的似火骄阳无法把它们从沉睡中烤醒。在这个隧蜂第二代出生期的月份中，好像上帝颁发了一道休战圣谕：吃白食者停工休整，隧蜂和平地劳作。如果敌对行动接二连三，夏天同春天时一样大开杀戒，那么受害太深的隧蜂也许就要灭种了。第二代隧蜂有这么大一段休养生息期，生态的平衡也就得以保持了。

四月里，当斑纹隧蜂在围墙内的小径上飞来飞去，寻找一个理想地点挖洞建巢时，吃白食者也在忙着化蛹成虫。啊！迫害者与受迫害者的历法是多么的精确，多么的令人难以置信呀！隧蜂开始建巢之时，小飞蝇也已准备就绪：它那以饥饿之法消灭对方的故伎又重新开始了。

如果这只是一个孤立的情况，我们就不用去注意它了：多一只隧蜂少一只隧蜂对生态平衡并不重要。可是，不然！以各种各样的方式进行杀戮抢掠已经在芸芸众生中横行无度了。从最低等的生物到最高等的生物，凡是生产者都受到非生产者的盘剥。以其特殊地位本应超然于这些灾难之外的人类本身，却是这类弱肉强食的残忍表现的最佳诠释者。人在心中想："做生意就是弄别人的钱。"正如小飞蝇心里所想："干活就是弄隧蜂的蜜。"为了更好地抢掠，人类创造了战争这种大规模屠杀和以绞刑这种小型屠杀为荣的艺术。人们每个星期日在村中小教堂里唱诵的那个崇高的梦想："荣耀归于至高无上的上帝，和平归于凡世人间的善良百姓！"① 我们将永远也看不到它会实现。如果战争关系到的只是人类本身，那么未来也许还会为我们保存和平，因为那些慷慨大度的人在致力于和平。但是，这灾祸在动物界也极其肆虐，而动物是冥顽不化的，是永远不会讲道理的。既然这种灾祸是普遍现象，那也许就是无法治愈的绝症了。未来的生活令人不寒而栗，将会如同今日之生活一样，是一场永无休止的屠杀。

于是，人们便挖空心思，终于想象出来一个巨人，能把各个星球把玩于股掌之中。他是无坚不摧的力量的化身，他也是正义和权力的代表。他知晓我们在打仗，在杀戮，在放火，野蛮人在获得胜利；他知晓我们拥有炸药、炮弹、鱼雷艇、装甲车以及各种各样的

① 原文为拉丁文。

高级杀人武器；他还知晓包括草民百姓在内的因贪婪而引起的可怕的竞争。那么，这位正义者，这位强有力的巨人，如果他用拇指按住地球的话，他会犹豫着不把地球按碎吗？

他不会犹豫的，但他会让事物顺其自然地发展下去的。他心中也许会想：“古代的信仰是有道理的；地球是一个长了虫的核桃，被邪恶这只蛀虫在啃咬。这是一种野蛮的雏形，是朝着更加宽容的命运发展的一个艰难阶段。我们随其自然吧，因为秩序和正义总是排在最后的。”

舒氏西绪福斯蜣螂与蜣螂父亲之本能

似乎只有在高级动物中，雄性才必须尽自己那为人夫为人父的义务。鸟类在这方面表现得非常出色，而毛皮动物也做得毫不逊色。然而，较低级的动物对一家之父就没有什么意识了，表现得十分淡漠，漠不关心。昆虫中的雄性对生儿育女热情十分高涨，但性欲一旦得到满足，热情锐减，断绝夫妇和情人的关系，抛妻别女，远离家庭，对幼小的孩子是否能生存下去不闻不问。只有少数的昆虫不在此例之中。

在娇弱的幼虫需要长期抚育的那类昆虫中，这种父性观念的淡薄是为人所不齿的。但是，这些昆虫父亲们却振振有词地说，自己的孩子天生皮实，只要生活在条件适宜的环境之中，即使形单影只，孤苦伶仃，也照样能够健康成长。就以粉蝶为例，它只要把卵产在甘蓝的叶子上，就足以使之繁衍生息，绝不了后的。因此，做父亲的，又何必去费心劳神呢？而作为母亲的昆虫，是具有植物学本能的，她不需要昆虫父亲的帮助。母亲在产卵期间，反而会觉得昆虫父亲很讨厌，宁可让他去别处寻花问柳，也不愿让他在自己身边纠缠，反而把生儿育女的大事给搅和乱了。

大多数的昆虫都在实行这种粗放式的育儿法。大人要做的只是，幼儿一旦孵出，就得为他们事先找好安全而又有充足食粮的居所，或者找好能够使幼仔自己觉得可口食物的合适场所。而这种工作，并不需要昆虫父亲去做，昆虫母亲自己就能承担起来。夫妻完婚之后，昆虫父亲便成了一个游手好闲之徒，再熬上几天，便一命呜呼了。

但是，事情也并不全都是这么冷酷无情的。有一些种类的昆虫，也是要为自己的家庭准备好一份财产的，要为自己的孩子们准备好食宿条件。这类昆虫中，尤以膜翅目昆虫表现得十分突出。它们是能工巧匠，是制作贮藏室、瓮坛以及为幼虫盛蜜的囊袋的行家里手，在修建堆放野味肉食和幼虫食品的洞穴方面，简直是技术一流，登峰造极。

然而，这样的一项意义重大的工程，多数又都是昆虫母亲们来完成的。昆虫母亲全身心地投入到这项工作中去，弄得自己日夜操劳，精疲力竭，而昆虫父亲此时此刻却是在工地上溜达，晒晒太阳，看着自己的妻子在忙碌着，甚至还找机会与邻家女子勾勾搭搭，更有理由不去干活了。

昆虫父亲为什么这么游手好闲，不跑上前去帮上一把？这可是讨好妻子的好机会呀！可他就是不这么做。我真不懂，他为什么就不能学学燕子丈夫呢？燕子夫妻俩真是夫唱妇随，共同劳动，甜甜蜜蜜。夫妻双双一起叼草，衔泥筑窝，争相为雏燕喂食。可昆虫丈夫却不学这个样儿，他也许以妻子比自己强作为托词。可这种托词真是难成其为理由的：扯一片小圆叶，把多绒植株上的绒毛刮耙干净，从污泥地上弄一小块胶结物，这并非什么难事。他完全能够同自己的妻子相互帮衬的，至少可以替她打打下手嘛，帮能干的妻子递块砖送片瓦什么的。可他就是不干，纯粹是个好吃懒做的混账丈夫。

奇怪的是，灵巧的昆虫中最具有天赋才能的膜翅目昆虫竟然不知道有属于父亲应做的工作。幼虫的需要本应该促进练就一身本领的父亲发挥自己卓越的才能，但他却能力低下得连蛾蝶都不如。我们很有把握地预见到的他的天赋才能却未见他发挥出来。

膜翅目雄性昆虫没有表现出父性的雄风来，这就更加使得我们对那些很善于摆弄粪球的昆虫刮目相看了。各种食粪虫都会夫妻相帮相助，共同完成安家置业的任务的。这种家庭风尚真的是应该大加崇尚，大加颂扬的。在众多昆虫家庭中，都是妻子独当一面，所以食粪虫家庭的这种风尚真的是让人大发感慨呀。让我们来看看舒氏西绪福斯蜣螂。它是推滚粪球的昆虫中，个头儿最小、但热情最高的昆虫。它手脚麻利，摔起跤来让人替它捏一把汗，但它却总是跌倒了爬起来，继续奋勇地滚动着大粪球。它的那种奋不顾身的顽强拼搏的劲头简直无与伦比。为了让大家记住这位“体操名将”的动作，拉特雷伊把它命名为“西绪福斯”。西绪福斯乃古代阴曹地府中的一个有名之人。这个不幸的人以顽强的毅力服着苦役，拼死拼活，吭哧吭哧地把一块大岩石往山上推去。每当他快要推到山顶上时，那大石头便突然从他手中滑脱，滚下山去，他不得不又从山下往山上推着，但他怎么也推不到山顶，每次都是在接近山头时，又滚落了下来。他就这么推呀推的，周而复始，永无尽头。可怜的西绪福斯啊，你就顽固地推吧，只有当大石头推到山顶，稳稳地停住，你的苦役才能宣告终止。

我很喜欢这个神话。它讲述的几乎就是我们活在人间的人的事。他们并非刁民，经受得住今生来世的艰难困苦，而且他们还具有良好的品质，他们顽强拼搏，坚韧不拔，为他人的幸福在贡献自己的力量。他们也有一个罪过，必须以身相赎，那就是“穷”。就拿我本人来说吧，半个世纪以来，我一直在那漫漫斜坡上攀爬着，留下了多少件被路面石块棱角划破且染有血迹的破衣片啊；我耗尽了心血，熬干了骨髓，把自己的全部体能气力全都毫不吝惜地奉献出去了，只求能把我要推的那个重负推上山顶，让它稳稳当当地立在上面，而这重负就是维持我一家老小生命的面包；可谁知道，这个大圆面包刚刚在山上放好，却见它在晃动，转瞬之间，它就急速地向山下滚落，坠入深谷。从头再来，西绪福斯，从头推起，一直推到这块大石头最后一次滚落下来，砸碎你的脑壳，让你最终获得解脱。

而博物学家所喂养的“西绪福斯”则压根儿并不知晓世间尚有如此辛酸苦痛之事。它只知道快快活活地往前推着，无论什么斜面陡坡，它都不屑一顾，一心一意地向前推动，时而为自己准备点食粮，时而又为自己的孩子们储备食物。我们这一带很少能见得到这种昆虫，要不是有一个助手帮了一把，我可能永远也捉不到一只活泛的来满足我制图之所需的。我想顺便提一下我的这位助手，他以后还会出现在我的描绘之中的。

这位助手就是我的儿子小保尔，当年只有七岁。我每次外出捕捉昆虫时，他都像个小跟屁虫似的跟在我的身后，简直可以说是形影不离，所以他知道的东西之多，完全不像是个七岁的小男孩。他了解蝉、蝗虫、蟋蟀和食粪虫的秘密。而他见到食粪虫时则特别地开心快乐。离二十步远处，有一堆堆不大的土堆儿，他的眼睛很尖，能立刻看出其中哪一堆是真正的昆虫出没的地洞口；他的耳朵也尖，远处一点点蝗虫的唧唧声，他都能立即听出来，而我竖起耳朵却没有听见。他就是我的眼睛和耳朵，而我则是他的参谋，给他出出主意。每当我告诉他如何去捉昆虫的时候，他总是神情专注，认认真真地在听，两只蓝眼睛探询似的盯着我。

为了开发他的智力，让他那想探知一切的天真的好奇心得到很好的发展，我送给我的小保尔一只鸟笼，圣甲虫在笼子里为他制作梨形粪球；他还在园子里拥有了一块方头巾那么大的土地，地里种着几粒花生，已经发芽，他时不时地要把它们挖了出来，看看它们的胚根是不是长长了；另外，他还有一片森林植物园，里面长着像衣服下摆那么高的四棵橡树，树上还长着乳头似的滋养橡栗。这比学习枯燥乏味的法语语法有趣得多，而且，反过来还会促进法语语法的学习，是一种很好的休闲益智的活动。我的小保尔，咱们就在乡村里待着吧，置身于迷迭香和野草莓丛中，尽可能地学习这些活生生的知识，这样，我们的身体和智力都会得到很好的发育。在这里，我们一定会比在故纸堆中和死板的教科书里更能发现什么是美什么是真。

那一天，我们摆脱了学校的黑板，真是大喜的日子。我们一大清早便匆匆忙忙地起了床，准备去进行一次计划好了的远足。因为起得太早，没有准备做早餐，空着肚子就出发了。但我的那个旧背囊中已经装上了干粮——苹果和面包。时值四月末，眼看就到五月了，西绪福斯蜣螂按理说已经出现了。于是，我们便到山脚下，畜群已经踩踏过的稀疏草地上去搜寻一番；我们得用手把羊粪蛋一个个地掰开来。羊粪蛋虽然已经被太阳晒过，但干壳里面还是湿软的。西绪福斯蜣螂虫肯定就躲在那湿软的内层里。我们会看见它蜷缩在里面，一动不动，静待牧人傍晚那次放牧可能带来的新鲜羊粪蛋。

我已经发现过的这种秘密，我都讲给小保尔听了，现在该他亲手实践了。他热情很高地在掰羊粪蛋，还先闻闻看那羊粪蛋是否符合藏虫的标准。他很快就大有所获，比我预先估计的收获大得多。现在，我已经拥有六对西绪福斯蜣螂虫，这真是一大笔财富啊，我以前连想都没有想到过。

喂养它们用不着鸟笼。只需一个金属网的钟形罩足矣，里面铺上一层沙子做底，再在沙层面上放一些它们喜爱的食物。它们的个头儿小极了，顶多就是樱桃核儿那么大！尽管个头儿很小，但它们的模样却很有特色，身材短粗，尾部缩成子弹头形，腿很长，像蜘蛛腿似的伸展开来，两条后腿尤其出奇，呈一对弧形，非常适合把小粪丸紧紧地搂抱住。一到五月，交尾开始。它们就在拼命美餐过的畜粪蛋糕之间，找块平一点儿的地方进入鱼水交欢之中。很快，就得动手建家立业了。夫妻以同样的热情，一块儿兴高采烈地为自己的孩子们准备着面包。它们揉好面团，运回家中，放入烤炉。它们用前爪上的小刀用力一划，一块大小合适的粪面团便切了下来，准备加工。然后，夫妻二人齐心协力地对小粪面团轻轻地拍打，用力地按压，最后做成如大豌豆粒一般大小的小粪丸。这小粪丸在移动之前，甚至在原地晃动之前，就已经被加工成一个球体了，这是适合于长期保存的食品的最佳外形，足见它们在几何学方面还是十分精通的。

小粪球制成之后，必须尽快地滚动，使其外表形成一层包皮，以防止湿软食物的水分过快地被蒸发掉。从其粗壮的身材一看便可认出是母亲的蜣螂虫，立刻爬到了这部球形车子的正座上去。它用它的两条后腿支在地上，用两条前腿搭在粪球上，倒退着把小粪球向自己这边拉拽。而蜣螂父亲则在后边推，其姿势与蜣螂母亲正好相反，是头朝下。这正是圣甲虫所使用的双人运粪球法，只不过二者的目的却不尽相同。圣甲虫赶的是大型粪球车，运载的是为老相好日后偶然相逢时所摆的地下酒宴的食品；而西绪福斯蜣螂赶的却是小粪球车，运的是为自己的幼虫所必需的食粮。

现在，这对西绪福斯蜣螂出发了。它们并无确定的目的地，而且，无论遇上什么样的坑坑洼洼的路面，它们都得往前推。因为是倒退着行进，不可能避开任何的障碍。再说，障碍本身就是一种显示自己勇敢的大无畏精神的机会，它们大概也并不想要绕开。它们决心爬上那钟形罩金属网，以证明自己的坚韧不拔的坚强意志。

这是一种十分艰巨的攀登，可以说是根本无法成功。只见蜣螂母亲在用后爪钩住金属网眼，用前爪使劲地又拉又拽的，而蜣螂父亲则脚下无根，干脆就顺势爬上粪球，用爪尖抠住球体，几乎把自

已给嵌进其中去了。但它们的这种顽强拼搏并未奏效。很快，这粪球与其镶嵌物合成的大球块便滚落下来。蜣螂母亲在高处张望着，十分惊讶，但她随即便出溜下来，重新攀住粪球，再次开始那无法成功的攀登。夫妻二人一而再再而三地这么试着，最后，还是放弃了这登山计划。

即使是在平地上赶车，也并非易事。只要途中偶然遇到一颗石头子儿，货物就会被扛得倾斜，随即车辕翻转，六脚朝天，一阵踢蹬。夫妻二人并不气馁，立即爬起，各就各位，又开始赶起车来，而且仍旧是那么开心，那么快活。它们心里甚至在想，越这么摔越好，粪球这么摔来掼去，反而更加瓷实，何乐而不为呀？这种热情高涨的推拉拖拽式的运输一连持续了好几个钟头。

最后，蜣螂母亲看到粪球已经制作得完美无缺了，于是，她便抽身离去，要物色一处理想的地点。而蜣螂父亲则是踮起两条后腿，紧紧搂抱住财宝，生怕遭人打劫。见妻子久久未归，他有点心烦，便用后腿抱住粪球迅速翻转，动作娴熟，十分得意。毋庸置疑，他心里一定在想：这个喧腾溜圆的大面包是我这个一家之长动手制成的，是我为儿女们准备的。这可以说是他勤劳勇敢的证书。

这时候，蜣螂母亲已经完成了选址工作，并且还挖了一个小坑。这仅仅是计划中的洞穴的奠基工程。粪球被推拉到坑边上。蜣螂父亲警惕地守卫着，抓住粪球不放；而蜣螂母亲则用爪子和头罩又挖又拱。不多一会儿，小坑已经够大的了，能够放下小半个粪球。这时候，夫妻二人把粪球视为圣物，时刻接触着它，用背顶着它，感觉得到它在自己身后不停在颤动着，证明没有其他食客在啃啮它，因此才开始继续向下挖去。它们担心，在洞穴完工之前，圣物就这么放着很不安全。而且，确实如此，腻虫蝇子可不在少数，它们肯定会跑来攫取自己的劳动果实的。小心无大错，细心看管为上，切莫掉以轻心。

小粪球在往洞穴里滑落，已经有大半个身子落进盆形的坑里了。蜣螂母亲在下方抱住它往下拽；蜣螂父亲则趴在粪球上面，不让它滚动，而且，减少了震动，也可减少塌方的危险。一切进行得很顺利。挖掘工作在继续，粪球在继续往下落。夫妻二人仍旧是那么谨慎小心。他们二人一个在拖拽，另一个在控制下落运动，并清除可能阻碍粪球下落的障碍物。又经过一番努力之后，粪球同这两位辛勤劳作的矿工一起在地下消失了。等了好半天，也未见他俩出来，只能再等上半天左右的时间，看看会是个什么情况。

只要我们坚持不懈，毫不懈怠，专心致志地观察，就会见到结果的。丈夫终于独自一人出了洞穴。他走到离洞穴不远处，蜷缩在沙土里歇息着。妻子仍留在洞中，她在忙自己的事情，而丈夫此刻是一点忙也帮不上的。妻子因大事缠身，无法离开洞穴，通常要到第二天才会走出洞来。最后，妻子终于出现了。丈夫从打盹儿的隐蔽处出来，向妻子迎上去。夫妻重逢之后，又回到食物堆旁，先把自己的肚子喂饱，然后再切下一小块原料，二人又再次通力合作，共同加工，共同装运，共同贮藏，就这么周而复始，一趟趟地跑着干着。

他们夫妻间的这种忠贞，这种默契，让我非常感动。我并不敢肯定地说，这种夫妻之间的忠贞不贰已经成为西绪福斯蜣螂的行为准则。在这种夫妻关系之中，总会有一些朝秦暮楚的雄性，一旦身在粪堆大蛋糕的杂处环境中，就会把曾经与自己同甘共苦、风雨同舟、共同奋斗的结发妻子忘到了脑后，转而去效忠于萍水相逢的一个雌性蜣螂；也有的会结为临时夫妻，做完一个小粪球之后，便分道扬镳，各奔前程了。不过，这种情况并不多见，所以我仍旧坚持自己的看法：西绪福斯蜣螂的夫妻生活、家庭习俗是纯美的。

在介绍洞穴中的情况之前，我们还是先回顾一下西绪福斯蜣螂的生活习性。蜣螂父亲与蜣螂母亲同样卖力地为自己的孩子们准备食物，共同运输，一起挖洞或担任警戒。作为父亲的蜣螂还帮忙把母亲推出来的泥土清理到洞口外边，而集种种优秀品质于一身的父亲可以说在很大程度上做到了忠实于自己的妻子。

现在让我们来观察一下他们建造的洞穴吧。洞穴既浅又窄，刚够蜣螂母亲围着自己的杰作转过身子的。一看便知，这么个小小洞穴，蜣螂父亲是根本进不去的。工作间已经造好，他就该抽身退去，让继续修饰粪球的妻子自由行动。我们在前面已经看到了，他确实是比自己的妻子先爬到洞外好长时间。

洞穴里容纳的只有那一件佳作。那的确是一件小巧玲珑的作品，由于体积小，在表面光洁度和曲线之优美方面，都要比圣甲虫所制作的梨形粪球要强得多。这种微小的球体，直径通常在十二至十八毫米之间。食粪虫的艺术在这儿创造出了最精制的作品。然而，这种外观甚美的状态并不能维持多久。很快，光洁的表面便有了污痕，一条黑乎乎的多节状的附着物，围着它粘了一圈，不久，原先那光洁优美的状况便消失殆尽了。我一开始并没弄明白为何会出现这么一圈有碍观瞻的结瘤，我还以为上面长了什么隐花植物或链球状菌类，因为它们看上去是结成的一层黑色的、疙里疙瘩的硬皮。后来我才顿有所悟，原来是蜣螂幼虫干的好事。

其实，这是一种常见现象。幼虫弓身呈钩子状，后背如同一只大口袋，状似驼背。这种姿势说明它们是急性排便者。它们如同金龟子的幼虫一样，利用立即喷射出的含有粪汁的胶结物来堵塞偶然出现在蛋形小屋内壁上的坑洼洞眼。这种“水泥材料”就储存在自己的大口袋里，随用随取，十分方便。另外，幼虫还能实际运用一门成虫所不懂的艺术，即粉条加工术。

各种食粪虫的幼虫都会利用自己消化后的残余作为灰泥，来涂抹居室内壁。内壁面积很大，足够幼虫安放废弃物，从而免去了临时开窗倒垃圾的烦恼。但是，西绪福斯蜣螂的幼虫却另有一招，或者是由于活动空间狭小，或者是出于什么我尚不知晓的原因，反正它们在按规定抹过涂层之后，便把所有的剩余排泄物都排出居室外。

当小居室内的隔间里的隐居者开始长大了的时候，我们便可以近距离地观察它们的梨形小屋了。说不定什么时候，你会发现梨形粪球表面的某一个点变湿变软变薄了；接着，一股墨绿色的喷射物喷了出来，四下散开，歪七扭八地附着在表面上。又一片污迹出现了。等干了之后，污迹变成了黑色。

这到底是怎么回事？原来，幼虫在外壳的内壁上开了一临时性的通风口。通风口外一侧暂时保留着一层薄薄的窗纱，然后，幼虫通过这个通风口，把不用了的剩余物抛出去。它这是在透过墙壁撒尿排便呀。这种想凿开就凿开的天窗对幼虫不会构成任何的危险，不会危及幼虫的安全，因为它几乎是随开随封的。幼虫采用的是封闭作业法，过后只要用抹子在内口上喷射物的根茎部分抹一下就可以了。口子这么迅速地就能堵上，小小梨形粪球的鼓肚上即使开多少天窗也无伤大雅，食品一样可以保持新鲜度，干燥的空气根本无法进入居室内。

西绪福斯蜣螂虫大概也很明白，再过些日子，该是盛夏酷暑季节了，自己的这种体积非常之小，深度又谈不上的梨形居室将会遇到很大的灾难的。它们动手很早，四五月份便着手忙碌开来，这时的气候条件很适宜。七月上旬，在酷热到来的前夕，幼虫们便纷纷摧毁自己隐居室的外墙，破墙而出，开始去寻找畜粪堆，那里是它们盛夏季节的食宿场所。炎热的夏季过去之后，随之而来的是秋高气爽的日子里那短暂的尽情欢乐的时光，然后便不得不忍受在地下僵直地待着的日月。等到熬过了冬日，春暖花开，大地复苏，忙碌的日子又开始了，制作粪球，推运粪球那热火朝天的热闹场面又展现在人们的面前。

还有一个关于西绪福斯蜣螂虫的观察结果值得在此写上一笔。

我的金属网钟形罩里的六对夫妻，一共为我提供了五十七个粪球，每个里面都有隐居者。

照这个数字计算下来，每对夫妻平均生出九个左右的孩子，这个数量是很大的，圣甲虫可远远达不到这一指标。为什么西绪福斯蜣螂的生育能力这么强？出生率这么高？我认为，这与蜣螂父亲和蜣螂母亲同样在劳动，携手共建家园大有关系。独自一人承受不了的家务劳动，夫妻双方共同承担起来，就不会觉得那么不堪重负了。

月形蜣螂与野牛宽胸蜣螂

月形蜣螂的身体较西班牙蜣螂为小，对气候是否温和的要求也没有后者那么高。月形蜣螂前额有角，前胸中央有双重小圆齿状的骶岬，肩部有戈戟矛头和新月形深槽口。普罗旺斯的气候条件和食物奇缺的百里香常绿灌木丛，并不适合它们的生存。它需要的是比较湿润而有牧场的生存环境。这种地方牛羊成群，牛的硬粪饼可向它们提供丰富的食物。

为了实验的需要，我不得不求助于身在图尔农的女儿阿拉格艾，她给我送来了不少外地弄到的昆虫，把我那做实验用的笼子都住满了。我女儿真的是热情很高，竟然敢于用小阳伞顶端撬起一摊摊的牛粪，再用她那纤细的手指把那牧场里的圆面包状牛粪饼弄碎，为我的实验提供了必需的实验对象。我想以科学的名义在此对这个勇敢的女孩表示感谢。

我现在已有六对月形蜣螂夫妇了。我把它们安置在一只鸟笼里。我的芳邻家的一头母牛为它们提供了充足的牛粪饼。笼中的远离故乡的蜣螂们没有表现出思乡厌食，它们在牛粪饼这个神秘的隐蔽所中勤奋地忙碌着。

六月中旬，我第一次对它们加以观察研究。我用刀一点一点地把泥土切成薄片，剖露出来的东西令我兴奋至极。每对月形蜣螂都在沙土地里为自己建造了一个漂亮的厅堂。无论是埃及圣甲虫还是西班牙蜣螂，都没有向我展示过如此宽敞、拱顶跨度如此之大的厅堂。直径长有十五厘米多，但天花板却很扁平，尖顶只有五六厘米。

内部的陈设与住宅的夸张外形相得益彰。这是一个可与加马奇的婚房①相媲美。巴掌大小的圆面包，不太厚，轮廓变化不定。我发现了一些卵形物，样子像肾脏那样地弯曲着，像手指那样地叉开着，像猫舌头似的伸长着。这些小东西全都是我们那地下面包铺里的小伙计心血来潮时的产物。我发现，永恒不变的基本点是：在我那金属网罩里的各个面包铺里，夫妻二人始终守在一个面团堆旁。这个面团堆被按正常制作法拌和揉搓软了之后，正在发酵备用。

它们的家庭生活维持了这么久，证明了什么呢？证明了蜣螂父亲参加了挖掘地下洞穴，参加了一趟一趟地收集食物，参加了把小粪饼揉捏成一个大面包等劳动。游手好闲、好吃懒做的家伙是不会久留在这种地方的，它会回到地面上去寻欢作乐。因此，可以说，月形蜣螂父亲是一个十分勤劳忠实的合作者，它协助妻子干活的行动将会延长。

由于我的干扰，它们的家庭生活受到了极大的影响。但是，我深信这对坚贞不渝的夫妇会重整旗鼓、重建家园的。一个月后，到了七月中旬，我进行了第二次探查，只见食物贮藏室已经更新，与先前的一样宽敞。另外，房间的天花板和房间内壁已用牛粪制莫列顿双面起绒呢给装填起来。夫妻二人都在里面，它们要等到抚育儿女的工作完了之后才会分手。做父亲的在家庭生活中的慈爱和柔情

① 加马奇系西班牙著名作家塞万提斯（1547—1616）的名篇《堂吉诃德》中的一位富裕农民，其婚礼奢侈而粗俗，奇异而怪诞。

方面表现得有所欠缺，也许是胆小造成的，因此，随着光线透进其围墙遭到破坏的住宅里来，父亲便企图到走廊里去避一避。而做母亲的则一动不动地待在她所钟爱的小球上。这些小球如同西班牙蜣螂的卵形李子干，但个头儿要略微小一些。

我在同一个小房间里清点了一下，有七八个卵形李子干，比西班牙蜣螂的要多得多。它们一个挨着一个，其乳头状突起的顶端朝上竖着。厅堂虽说很宽敞，但毕竟也塞得满满当当的，只勉强地留下点空间，仅供两个监护者使用。这就像是一个装满了鸟蛋的鸟巢，几无空隙。

蜣螂的这些小球究竟是些什么呀？是另外的一种卵。在这种卵中，蛋白的和卵黄的营养团被一种食品罐头所代替。食粪虫与鸟类不同，它不是通过生物构造的单一的神秘作用，在营养团中汲取供给幼虫晚期发育所必需的东西，而是展现技巧，并且使用极其奇妙的方法供给幼虫食物。幼虫在没有其他援助的情况之下，发育成成虫形态。食粪虫不经受孵化的长期疲劳，而是依靠太阳来为自己孵卵。它不会为一口食物而操心劳神，它事先便准备好了这所需之食物，而且是一次性分配完毕。它从不离开自己的窝，它时刻在监护着。父亲和母亲的警惕性都非常高，都是非常警觉的守护者，只是在家庭成员适合外出的时候，它们才会离开自己的寓所。

月形蜣螂父亲很会用爪子那把菜刀把牛粪饼切成小块，按幼虫所需的分量分开来，但它会不会把分开的一小份揉捏成小圆球？它具有堵塞裂隙、修补缺口、粘接裂痕、弄干净小球并除去有害的赘生物的技艺吗？它会像西班牙蜣螂洞穴中的孤独的母亲那样，毫不吝惜地把自己全部的关怀与爱给予自己的幼虫吗？它会同自己的妻子一道，一门心思地抚育子女吗？

为了寻求这些问题的答案，我便把一对月形蜣螂放进一个用纸盒子罩住的短颈大口瓶里。我在光亮处或是黑暗处都能观察到瓶中的情况。雄蜣螂一遇点惊扰，便像雌蜣螂一样爬到小球上。但是，当蜣螂母亲用爪子的扁平部分磨光小球，对小球进行听诊，一再地在做她那细心的抚育工作的时候，蜣螂父亲则是更加小心翼翼，显得十分胆小，神情很不专注，一见亮光，立即溜下小球，爬到土堆里的一个隐蔽角落去躲藏起来。

这种时候，我就无法观察到他在干活，因为他总是非常迅速地躲开亮光。这位父亲虽然不肯向我展示他的种种才能，但是，它在卵球顶上的出现就把其才能全都表现出来了。对于一个游手好闲者来说，待在那上面的姿势是很不舒服的，所以他保持那种姿势并非是没有缘故的。他像他的妻子一样地在监护自己的宝贝。他在修补损坏的地方；他在通过卵壳内壁细听幼虫发育生长状况。我所见到的他的那点滴情况在告诉我，父亲在与母亲争相照看婴儿，照料家庭，直到家庭的最后解体为止。

父亲的这种奉献精神促使这个种族在数量上的日益增加。在只有母亲居住的西班牙蜣螂庄园里，最多只有四只幼虫，往往是两三只，有时甚至只有一只。而在父母亲共住的月形蜣螂的庄园里，有多达八只的幼虫，比前者的数量多了一倍。从这一点来看，勤劳忠贞的月形蜣螂对家庭所起的作用非同小可。

但是，除了上面这一点之外，家族的兴旺发达还必须有一个条件。没有这个条件，光凭夫妻二人的共同努力是不够的。首先，要保持家庭的兴旺发达，就必须拥有养儿育女所必需的东西。月形蜣螂与一般的食粪虫不一样，它是在另外的一种环境之中生产劳动的。它所居住的地区使它能够获得牛粪圆面包。这种面包比羊粪小面包大得多，可以说是一个取之不尽用之不竭的大粮仓，足以满足其子孙后代繁衍兴旺之所需。而且，它的住所比较宽敞，为人丁兴旺创造了条件。而西班牙蜣螂的住所与之相比，就是小巫见大巫了。

另外一种向我揭示父亲本能的食粪虫，也是一种外地的昆虫。

它是从我国南蒙彼利埃来到我这儿的。它叫野牛宽胸蜣螂，或者按照另一些人的说法，叫巴斯蜣螂。我不想区分这两个名称谁优谁劣，我只记住了“野牛”这个词，因为它听上去形象而动听。

从前，我在阿雅克修的郊外结识过它。那是在春暖花开的季节里，在藏红花和仙客来花丛之间，在爱神木掩映下的绚丽多彩的百花盛开的环境之中。我很高兴这种昆虫来到我的荒石园昆虫实验园地，我想再一次地观赏它。它使我回想起我青春年少时，在那贝壳俯拾皆是的美丽的海边上的兴奋和激动。当年，我并没有想到日后会来歌颂赞美这种昆虫。自青春年少时在海边遇到它之后，我这还是第一次与它重逢。我的兴奋之情是不言而喻的，我想向它请教我尚不知晓的一些知识。

野牛宽胸蜣螂矮壮，腿短，像厚实的矩形，一看便知它身强力壮。它的头上长着两个短小的触角，像阉割过的小牛头上的月牙形角。它的前胸伸长着，状如变钝了的船头。左右各有一个漂亮的浅窝，伴随着那钝船头。它那副外貌，那副雄赳赳气昂昂的雄性打扮，接近金龟子系列。实际上，昆虫学家在分类时，也是把它列在紧随粪金龟身后的。它的技艺与系统分类学所给予它的地位相符合吗？它都有些什么专长呀？

我同别人一样地钦佩分类学家。他们研究死了的昆虫的口、爪、触角，有时还做出很好的比较，并且善于把外形毫不相同、习性却完全一致的金龟子、西绪福斯蜣螂归于一个族群里。但是，这种研究方法忽略了生命的高级表现形式，而去探索昆虫尸体的细枝末节，从而在昆虫的真正才能方面把我们引入歧途。野牛宽胸蜣螂就在提醒我们，这种危险确实存在着。它在身体结构方面确实是同金龟子很相近，但在技能方面，它却是更像粪金龟。它像粪金龟那样在圆柱形的模型中挤压灌肠形大面包，它也像粪金龟一样竭力地在尽它作为父亲的本能。六月中旬左右，我开始在探究我所拥有的唯一的一对野牛宽胸蜣螂。

在绵羊留下的一堆羊粪蛋下面，有一条垂直通道微微敞开着。这条通道的直径有一根手指那么粗，深度有衣服下摆那么长，自由畅通。它的形状犹如一口水井，底部有五个支道呈辐射状延伸，每一个支道都有一个类似粪金龟的猪血香肠的圆柱面包占据着。这个略呈圆形的食物，表面有节，是从位于下端的孵卵室里挖掘出来的。孵卵室是个圆形小屋，涂着一层半流质的渗出液体。卵呈椭圆形，白色，全都一般大小，与食粪虫的卵一模一样。

总而言之，野牛宽胸蜣螂那粗俗的劳动成果，几乎与粪金龟的劳动产品如出一辙。我对此颇为失望，我原指望它的劳动产品应该高级一点的。

我纯属偶然地在一个交叉路口发现了一对野牛宽胸蜣螂。那儿敞开着五个有猪血香肠的凹陷点。由于光线的射入，它们都停住了手脚，不再干活。在我进行挖掘之前，这对忠实的夫妻、配合默契的伙伴，在里面干什么呢？它们是在监视那五间小屋，在压实最后一个粮食圆柱体，在用带来的新材料增加这根圆柱的长度。材料从上面弄到下面，是从一个盖住井口的物体上取下来的。它们也许准备建造第六个小居室，并且像其他居室一样，也在为这新的居室置办家具。

我经过仔细的探查发现，从井底上到地面那粮食满仓的仓库的活动在紧张繁忙地进行着。卵上的一只虫子正在有条不紊地压紧夯实装着材料的袋子，而另一只虫子则用爪子抱着袋子从地面往洞穴中降下去。

实际上，这整个如同水井似的通道从上到下都是空的。另外，为了防止因爬上爬下、来来往往而造成坍塌，通道的内壁都经过了涂抹，使土不致散落。这个覆盖内壁的涂层是用制作猪血香肠的那种材料制作的，厚约一毫米。深层均匀平滑，耗费材料和精力不多，但效果却是非常不错。它把内壁的泥土固定在原处，不致散落，即使挖下较大的一块碎片，碎片也不会变形。阿尔卑斯山里的小村庄里，房屋南墙上都涂抹上了牛粪，经太阳一晒，逐渐变成干硬的牛粪饼，冬季里可用它们作为燃料，生火取暖做饭。野牛宽胸蜣螂知道牧人们的这种巧妙办法，也常习用之，但它们的目的则与牧人们不尽相同：它们用牛粪涂抹住所，防止坍塌。

我出于好奇，欲探个究竟，所以把这对野牛宽胸蜣螂的财宝给掠夺了，于是，它们只好又从头干起。七月中旬，它们又提供给了我三个猪血香肠，我现在一共有八个了。这时候，我发现我的那两个囚徒夫妇死了。一个死在地面上，另一个死于地面下。是意外造成的死亡吗？或者更确切地说，在各类长寿的金龟子和其他昆虫里，野牛宽胸蜣螂是个例外，是短命的？金龟子和蜣螂在第二个春天里可以见到自己的后代，甚至会举行第二次婚礼。

我倾向于认为，这是在向昆虫的总规律的一种回归，不愿照管家庭者，其生命必然会是短暂的。我仔细地检查过，笼子里并未发生过什么令人不快的事情。如果我的判断无误的话，那么，为什么已近老当益壮的野牛宽胸蜣螂一旦家庭建立起来，也会像其他无所作为的昆虫一样地立即便会死掉呢？这又是一个我没有找到答案的谜。

八月里，当猪血香肠的中段已被啃噬得差不多了，只剩下一个破破烂烂的空盒罩时，幼虫便会向猪血香肠的下端缩去，并在下端用一道球形围墙把自己同洞穴的其他部分隔离开来。一种有砂浆的袋子在供给它修筑这道围墙所必需的材料。

劳动的产物同一粒大樱桃的大小相同，是个形状优美的小圆球。这是粪质建筑的杰作，与牛粪蜣螂所展示的杰作不相上下。一些轻柔的小结节形成同心圆，一圈一圈的，像屋顶上的瓦片似的交替地覆盖着。每个小结节大概都是对其镘刀涂抹一下后的回应，镘刀每涂抹一次，就把上面的砂浆抹在了应抹的地方。

如果一个不知就里的人猛地一看，还会错以为那是用果实核雕刻的一件艺术品哩。其上有一种粗糙的果皮，更可以以假乱真，让人深信不疑。这层果皮实际上是围着中央那小巧玲珑的猪血香肠的皮壳。如同青果皮与果核相脱离一样，这层皮壳是可以轻易地就揭掉的。去皮之后，我们就会惊奇地发现，那不很雅致的外壳里面，竟然是一个很美的核。

这就是野牛宽胸蜣螂为虫卵身体变态所修建的居所。幼虫待在居所里，在麻木的状态中度过冬季。我希望春天一到，马上就能看到其成虫。让我大为惊诧的是，其幼虫状态竟然一直延续至七月末。蛹的出现需要一年左右的时间。

我确实对这么缓慢的成熟过程感到惊奇。这是不是在野地里那自由空间中的规律？我看是的。因为在笼子里的囚禁状态中，我并未发现有任何引起这种延迟成熟的事情。因此，我在确信无误之后，便把自己进行巧妙实验的结果记录了下来。野牛宽胸蜣螂在它那又漂亮又坚固的小匣子里，死气沉沉，麻木，无生气，花了十二个月的时间使自己成熟，变成蛹，而其他的食粪虫的幼虫只用了几个星期的时间，就让身体变态了。是什么原因造成这种“长寿”的呢？这我也没弄清楚。

粪质外壳直到九月里仍然坚硬得很，但一到九月，骤雨猛袭，外壳泡软，隐居者从里往外撞击拱动，外壳便破碎了。成年昆虫于是便爬到地面上来，以便在秋末那温和的气候条件之下，欢欢快快地生活着。天气转凉时，它便回到地下那冬季营地，然后，待到春暖花开时节，它再度出现，生命的周而复始又开始了。

圣甲虫

做窝筑巢、维护家庭，表现的是种种本能特性的最崇高的一种。鸟儿这灵巧的建筑师告诉了我们这一点；在本领方面更加多样化的昆虫也让我们见识了这一点。昆虫对我们说：“母爱是本能的崇高灵感。”母爱旨在维护族类长期繁衍，这是远胜于保护个体的更加利害相关的大事，因此母爱在唤醒最迟钝的智力，使之高瞻远瞩。母爱远远高于神圣的源泉，不可思议的心智灵光便孕育其中，并会突然迸射而出，使我们顿悟一种避免失误的理性。母爱愈坚，本能愈优。

在这一方面最值得我们关注的是膜翅目昆虫，它们身上凝聚着最充分的母爱。它们所有的本能才干都倾注于为自己的子孙后代觅食谋屋。为了其复眼将永远也看不到而其母爱之预见性深深知晓的家族繁衍，它们是种种天赋才能的行家里手。有的是棉织品和许多絮状物品的编织能手；有的是细叶片篓筐的能工巧匠；有的是泥瓦匠，建造水泥房间、砖石屋顶；有的是陶瓷行家，用黏土制作高档的尖底瓮、坛罐和大肚瓶；有的擅长挖掘，在湿热的地下建造神秘的地宫。它们掌握着成百上千种技艺，与我们人类所掌握的相仿，甚至有些还不为我们所知，而它们却在用于住房的建设。随即便得考虑将来的食物：一堆堆的蜜，一块块的花粉糕，精心制作的野味罐头……这类的工程是专以家庭的未来为目的的，其中闪烁着在母爱的激励之下的本能的种种最高表现。

昆虫学范围内的其他一些昆虫，母爱一般来说都很浮皮潦草，敷衍塞责。几乎大多数的昆虫，只是把卵产在合适的地方就不管了，任由幼虫冒着危险和死亡去寻觅居所和食物。抚养如此马虎，才干有没有也就无所谓了。莱库古①把各种艺术统统从其共和国驱逐出去，他指责这些艺术是使人们萎靡不振、意志消沉的玩意儿。就这样，在以斯巴达方式养育的昆虫中，这些本能的高级灵感也就被去除掉了。母亲从温柔甜蜜的育婴中摆脱出来，那么一切特性中最最优秀的智能特性也就逐渐减弱，直至泯灭，因为的确是对于动物也好对于人类也好，家庭是尽善尽美的源泉。

如果说对子孙后代关怀备至、体贴入微的膜翅目昆虫令我们赞叹不已，那么不顾后代死活、任其听天由命的其他昆虫相比之下就显得很不像话了。而所谓的其他昆虫则几乎是昆虫之全部，起码就我所知，在各地的动物志中，只见过第二个例子，这种昆虫为自己的家人准备食物和住所，比如采蜜的昆虫和埋野味篓的昆虫。

而奇怪的是，这类在细腻的母爱方面可与以花为食的蜂类相媲美的昆虫，竟然是以垃圾为对象，以净化被牲畜污染的草地为己任的食粪虫类。要想再找到不忘母亲职责又有丰富的母性本能的昆虫母亲，就必须离开芬芳四溢的花坛，转向大马路上被骡马拉下的粪堆。大自然中类似的两个极端比比皆是。对于大自然来说，我们的丑和美，我们的龌龊与干净算个什么？大自然以污秽创造出鲜花；用一点点粪肥就能给我们创造出优质的麦粒。

各种食粪虫尽管成天与粪便打交道，却享有一种美誉。它们的

① 莱库古：古代斯巴达共和国的著名立法者。

身材一般都小巧玲珑，穿戴庄重而且无可挑剔的光鲜，身子胖乎乎的，呈短壮体形，额头和胸廓上都佩戴着奇异饰物，因此在收藏家的标本盒里显得光彩照人，尤其是法国的那些品种，乌黑油亮，外加一些热带的品种，金光闪烁，黑紫油亮。

它们是畜群的挥之不去的客人，但它们身上散发出一种苯甲酸的微微香气，可以净化一下羊圈里的空气。它们那田园诗般的习性令昆虫分类词典的编纂者们大为震惊，因此他们这些以前不怎么关心其痛痒的学者们，这一回却改变了看法，对它们进行简介时也用上了一些听起来好听顺耳的名字：梅丽贝、迪蒂尔、阿曼达、科利冬、阿莱克西丝、莫普絮斯等。这些名字都是古代田园诗人们常用且叫响了的名字，维吉尔式的田园诗中的词汇被用来赞颂食粪虫了。

一堆牛粪堆儿上，瞧那个你争我夺的劲头儿呀！从全球各地蜂拥到加利福尼亚的淘金者们也没有它们的那股狂热劲儿。在太阳太毒之前，它们成百成百地奔来，大大小小，形状各异，体形有长有短，品种齐全，全都乱糟糟地爬来滚去，意欲在这个大蛋糕上为自己分上一份儿。有的在露天干活儿，在表层搜刮；有的钻进厚实的牛粪堆里，挖出地道，寻找优质矿脉；有的开凿底层，立即把财宝埋进地里；那些个头儿小又无力气的则待在一旁捡拾其身强力壮的合作者们掉下的渣渣屑屑什么的。有几个新来的想必是饿得不行，在原地就吃上了，但大多数则是想大捞一把，藏于安全之处，以备不时之需。当你想置身于百里香遍地的原野时，一点新鲜牛粪都见不到，突然来到这里，见到这么大堆大堆的宝物，那真是天赐之物呀，只有有福分的才有这么幸运。因此，它们便把今天这宝贵财富小心谨慎地收藏起来。粪香四溢，方圆一公里都能闻到，食粪虫们闻讯纷纷赶来，抢夺、瓜分这些美味食品。有几个落在后面的又跑又飞地正忙着往前赶。

那个生怕到得太晚而向着粪堆一溜儿小跑的是哪一位？它那长

长的爪子僵硬笨拙地倒腾着，仿佛其肚腹下面有一个机械在推动着似的；它的那对棕红色小触角大张开来，透着垂涎欲滴的焦急不安。它在拼命地赶，它赶到了，还撞倒了几位食客。它就是圣甲虫，一身墨黑，是食粪虫中个头儿最大又最有名气的一种。古埃及对它尊崇备至，把它视作长生不老的象征。它已入席，与其同桌的食友并肩战斗，其食友们正在用自己宽大的前爪心轻轻地拍打粪球，进行最后的加工，或者再往粪球上加上最后一层，然后抽身而去，回家安安心心地享用自己的劳动成果。我们来看一看那有名的粪球的一道道制作工序。

圣甲虫头部边缘是个帽子，宽大扁平，上有六个细尖齿，排成半圆。这就是它的挖掘和切割工具，是它的叉耙，可以用来撬起和抛撒无养分的植物纤维，把好东西耙在一起积聚起来。挑选食物就是这样进行的，因为对于这些精细的行家来说，什么好什么差它们是十分清楚的。如果圣甲虫是为自己寻找食物的，它们选个差不离儿就行了，但如果是为了自己的孩子考虑的，那它们则会严格挑选，一丝不苟。

为解决自己的食物问题，圣甲虫并不挑剔，粗略地选一选就行了。它用带齿的头盔拱一拱，挑一挑，去除不需要的，然后把其他的归拢一下就得了。两条前腿一起用力地忙活，其前腿是扁平的，弯成弓形，上有粗壮的纹脉，外侧配备着五个硬齿。假如需要用力，推开障碍物，在粪堆中的最厚实的部分清出一条道来，圣甲虫便用肘力，也就是说用其带齿的前腿左扫右拨，再用齿耙用力一耙，便清出一个半圆形的空地来。场地清好之后，前腿还有另一种工作要做：把顶耙耙到的东西归拢在一起，弄到自己的肚腹下面的后面四只爪子之间去。这后面四只爪子是生就为了做旋工工作的。这些足爪，尤其是那最后的一对，又细又长，微微弯曲成弓形，顶端长有一个很锋利的尖爪。稍许看上一眼就会知道它们酷似圆规，在其弧形支脚之间，环成一种球形，可测量球面，加工球形。它们的功用确实是加工粪球的。

食物一耙一耙地被耙到肚腹下面的四条腿中间，后腿再稍一用力，就把粪球的雏形按腿部曲线给挤压成了。然后，这雏形粪球不时地被四条后腿形成的两副圆规摇动、挤压，逐渐变小变实，再由肚腹加工，粪球的形状臻于完善。如果粪球表面层太硬，有剥落的危险的话，如果某一部分纤维太多，无法旋的话，前腿就对不合适的地方进行再加工，它们用宽大的拍子轻轻拍打粪球，使得新添加的东西与原先的拍得很实地合二为一，并把那些不易粘贴的东西拍实在粪球上。

烈日当空，加工工作在紧张地进行着，你可以看到活儿干得多么利索，让你肃然起敬。那活计如此这般地飞快地进行着：一开始是个小弹丸，现在变成了一粒核桃，不一会儿就有苹果一般大小了。我曾见过食量大的圣甲虫竟然旋出一个拳头大小的粪球，这肯定得花好几天的工夫。

储备的食物制作完毕，现在就得撤出混乱的战场，把食物运到合适的地方。这时候圣甲虫最令人惊奇的习性开始展现出来了。圣甲虫迫不及待地上路了；它用两条长后腿搂住粪球，而后腿尖端利爪则插入球体中去，当作旋转轴；它以中间的两条腿作为支撑，而以前腿带护臂甲的齿足作为杠杆，双足轮流着按压、弓身、低头、翘臀，倒退着运送粪球。后腿是这部机器的主要部件，它们在不停地运作；它们一来一回，变换着足爪，以调整轴心，让负载物保持平衡，并在其一左一右地交替推动之下，把粪球往前滚动。这样一来，粪球表面各点都轮流地接触地面，使之不停地碾压，形状更加完美，而球面硬度因均匀地受压而趋于一致。

使劲儿呀！行了，它滚动了，它一定会被运到家的，当然少不了遇上困难。这一个困难说来就来，但还不算严重：圣甲虫碰到了

一个斜坡，沉重的粪球要顺着斜坡滚下去的，但是圣甲虫认准了自己的理儿，偏要横穿这条天然道，这可够大胆儿的，稍一失足，稍踩到一点碍事的沙子，就会失去平衡，就前功尽弃了。果不其然，它脚下一出溜儿，粪球便滚到沟里去了；圣甲虫被滑落的粪球一带，弄了个仰面朝天，手脚乱蹬乱踢的。它终于翻转身来，追赶粪球。它的机器更加卖力地工作起来。——该当心点儿了，傻蛋儿；沿着沟底走，既省力又保险；沟底路好走，特别平坦；你不用太用力，粪球就能滚动向前的。——可是圣甲虫就是不听，它偏要再往那个对它来说是不祥之物的斜坡。也许再登高处对它来说是合适的。对此我无话可说，因为就身居高处的优越性而言，圣甲虫的看法比我的看法更有远见。——可你至少该走这条道呀，那是个缓坡，你很容易从那儿爬到顶上的。——它根本就不听，如果有什么很陡的、无法攀登的斜坡，那个顽固的家伙就偏偏选中它。于是，西绪福斯①的工作开始了。它小心翼翼地，一步一步地，艰难万分地往上滚动那巨大的粪球。它一直是倒退着在推动。我在寻思，它是运用何种稳定神功把这么个庞然大物稳定在斜坡上的。啊！稍一协调不好，它便白忙活半天了：粪球滚落下去，把它也连带着摔下去了。然后，它又开始往上爬，不一会儿又摔了下去。它随即又往上爬，这一次走得挺好，艰难路段总算通过了，原来是一个禾本植物的根在作怪，让它摔下去好几次，这一次它谨慎地绕开了这个该死的根。再使一把力就到顶了，但要小心再小心啊。坡陡道艰，稍有不慎便前功尽弃。你瞧，脚踩在光滑的卵石上，一滑，粪球和圣甲虫一起连滚带翻地又滑掉下去了。可圣甲虫又开始往上爬，仍旧坚忍不拔，没有

① 在本书《舒氏西绪福斯蜣螂与蜣螂父亲之本能》一章中已有描述。西绪福斯是希腊神话中的一个暴君，死后受到惩罚，在地狱中把巨石往山上推，快到山顶时，巨石又滑下来，他只好永无休止地推着。

什么能使它气馁的。十次、二十次地试着这老也爬不上去的攀登，最后，它或者是以顽强的意志战胜了千难万险，或者是经过更加缜密的思考，承认自己先前所做的无谓的努力，它选择了平坦的路径，终于如愿以偿，完成了任务。

圣甲虫并非总是单独地运送那珍贵的粪球，它经常要找一位同伴相帮，或者说得更确切一些，是同伴主动跑来帮忙。一般情况下是这么干的：一个圣甲虫制成了粪球之后，便爬出纷乱熙攘的群体，倒退着推动自己的战利品离开工地，最晚赶来的那些圣甲虫有一个在它的身旁，刚开始在制作自己的粪球，便突然放下手中的活计，奔向滚动着的粪球，助那个幸运的拥有者一臂之力，后者似乎很乐意接受这种帮助。这之后，这两个同伴便联手干起活儿来。它俩争先恐后地努力把粪球往安全的地方运去。在工地上是否果真有过协议，双方默许平分这块蛋糕？一个在揉制粪球时，另一个是否在挖掘富矿脉以提取原料，添加到共同的财富上去呢？我从未看到这种合作，我一直看到的只是每只圣甲虫都独自地在开采地点忙活着自己的活计。因此，后来者是没有任何既定权益的。

那么，是否是异性间的一种合作，是一对圣甲虫在忙着成家立业？有一段时间，我确实这么想过。两只圣甲虫，一前一后，激情满怀地在一起推动着那沉重的粪球，这让我想起了以前有人手摇风琴唱着的歌子：为了布置家什，咱们怎么办呀？——我们一起推酒桶，你在前来我在后。通过解剖，我便丢掉了这种恩爱夫妻的场景。圣甲虫从外表上看去是分不出雌雄来的。因此我把两只一起运送粪球的圣甲虫拿来解剖，我发现它们往往是同一个性别的。

既无家庭共同体，也无劳动共同体。那么这种表面上的合伙儿存在的理由是什么呢？理由很简单，纯粹是想打劫。那个热心的同伴假借着帮一把手，其实是心怀叵测，一有机会便抢走粪球。把粪粒制成球既累人又要有耐心；如果能抢个现成，或者至少强行入席，那可就合算得多了。如果主人没有警惕，帮忙者就可抢了粪球逃之夭夭；如果主人的警惕性很高，那就以自己也出了一份力而二人同席。这一手怎么都可获益，因此抢掠就成了收效最好的一种手段。有的就阴险狡猾地这么去干了，正如我刚才所说的那样；它们兴冲冲地去帮一位同伴，其实后者根本用不着它们帮忙，而且它们装着好心好意，实际上心里暗藏杀机。还有一些圣甲虫，也许更加大胆，更加相信自己的实力，干脆直奔主题，强行抢走他人的粪球。

这种抢劫行径无处不在。一只圣甲虫独自推动着自己通过努力劳动所获得的合法收益安静地离去了。另外一只，也不知是从哪里冒出来的，飞来抢夺，身子重重地落下，把被烟熏了似的翅膀收在鞘翅下面，然后挥起带锯齿的臂甲的背面扇倒粪球的主人，后者正在忙着推动粪球，根本就无招架之力。当受袭者拼命挣扎，重新站稳脚跟时，攻击者已经立于粪球高处，那是击退对手的最有利的位置。它把臂甲收回胸前，准备迎敌，以防不测。失窃者围着粪球转来转去，寻找有利的出击点；盗窃者则立于城堡顶上不停地转动，始终面对着失窃者。如果失窃者立起身来攀登，盗窃者便朝前者的背部猛地一击。如果进攻者不改变策略来收回失物的话，那防守者因占据城堡高处，必将一次次地挫败对手的进攻。这时，进攻者企图把城堡及其守卫一并推翻。粪球底部受到摇晃，开始缓缓滚动起来，盗窃者也随着滚动，但它想尽办法始终立于粪球顶上。它做到了，但并非始终如此。它在不停地急速跟着转动，使自己保持平衡。万一脚下一滑，优势没了，那就只好与对手短兵相接，双方身体对身体，胸部对胸部，你顶我撞开来。它们的爪子绞在一起，节肢缠绕，角盔相撞，发出金属锉磨的尖厉之声。然后，把对手掀翻，挣脱开来的那一位便匆忙爬上粪球顶端，抢占有利地形。围困又开始了，忽而抢掠者被包围，忽而被抢者受包围，这全由肉搏时的胜败来决定。抢劫者无疑贼胆包天且敢于冒险，往往总是占据上风。因此，被抢劫者经过两次失败之后，便失去斗志，明智地回到粪堆去重新制作一个粪球。而那个抢劫得手者非常害怕已解除的险情会重新出现，便把抢掠来的粪球，赶忙往自己觉得保险的地方推去。有时候，我还看见有第二个抢劫者突然飞临，抢掠前一个窃贼的赃物。说心里话，我对它并不反感。

我徒劳无益地在寻思，那个把“财产即赃物”这个大胆的谬语狂言运用到圣甲虫的习俗中的普鲁东是何许人也？那个把“武力胜过权力”的野蛮法则在食粪虫中加以发扬光大的外交家是谁？由于手头缺少资料，我无法追本溯源地探清这些习以为常的抢劫行径，无法搞明白这种为了抢夺粪团而滥用武力的缘由，我所能肯定的只是抢劫骗取是圣甲虫的一种惯用伎俩。这些运送粪球的昆虫相互间你抢我夺，毫无顾忌，我还真没有见过其他昆虫这么厚颜无耻地干过。干脆，我把这种昆虫心理方面的问题留给未来的观察者们去探索吧，我还是回过头来谈谈那两个合伙运送粪球的家伙。

尽管用词不甚贴切，我还是称那两个合作者为合伙运送者。它们中一个是强行入伙，而另一个则也许是无可奈何地接受的，生怕会遇到更大的不测。它俩的相逢倒还算和气。合伙者到来之时，物主正一门心思在干自己的活儿；新来者似乎怀着最大的善意，立即投入工作。二人一推一拉，相互配合。物主占着主导位置，担当主角：它从粪球后面往前推，后腿朝上脑袋冲下。那个帮手则在前面，姿势与前者相反，脑袋朝上，带齿的双臂按在粪球上，长长的后腿撑着地。它俩一前一后把粪球夹在当中，粪球就这么滚动着。

它俩的配合并非总是很协调的，尤其是因为帮手背对路径，而物主的视线又被粪球遮挡住了。因此，事故频仍，摔个大马趴是常有的事，好在它们也泰然处之，摔倒了立即爬起来，仍旧是各就各位，各司其职。即使是在平地上，这种运输方式也是事倍功半的，因为二人的配合无法天衣无缝，其实只要在粪球后面的一个圣甲虫干，也照样会干得很快，而且干得更利索。那个帮手虽然差点儿弄得无法运送，但在表现出自己的善良意愿之后，决定稍事休息，当然，它是不会放弃它已视作是自己的财产的那个宝贝粪球。摸过的粪球就是自己的粪球。但它也不会掉以轻心贸然从事的，否则对方会把它给晾在那儿。

它把腿收回到肚腹下面，身子贴在（可以说是嵌在）粪球上，与之浑然一体。粪球和这个贴在其表面的帮手在合法主人的推动下一起往前滚动着。粪球在它的身下，随着粪球的滚动，它忽而在上，忽而在下，忽而在左，忽而在右，它毫不在乎。它就是要帮忙帮到底，而且是默默无闻的。这种帮手真少见，让别人用车推着自己，还要得一份儿酬劳！这时，前方遇到一个大斜坡，它只好帮一把手了。行到陡坡上时，它当上了排头兵，只见它用自己那带齿的双臂猛拽住笨重的大粪球，而其同伴，那个物主则在下方拼命抵住，一点点地往上顶着。我看见这两个合伙者，就这样一个在上方拽着，一个在下方顶扛着，配合十分默契地往坡上爬着，如果没二人的通力合作，光靠一个人是怎么也无法把粪球推上去的。但是，并非所有的人在这一艰难时刻都会表现出同样热情的。有一些圣甲虫在攀爬斜坡这种必须通力合作才行的时刻，似乎根本没有看见有困难要克服似的。当倒霉的西绪福斯在拼了小命试图越过障碍时，另一位则高高在上，稳坐钓鱼台，与粪球一起滚下，一起滚上。

我们假定那只圣甲虫很幸运，找到了一个忠实的合伙者，或者更好一些，假定它在途中没有碰上不请自来的同类，那么，一切就绪，可以进行下一步了。地窖已挖好，是一个在松土地上挖的洞，通常是在沙地上挖，洞不深，有拳头般大小，有一条细道与外界相通，细道大小正好够让粪球进入。粮食一入地窖，圣甲虫便躲在家里，用藏于角落里的杂物把地窖入口堵住。大门一关，外面根本看不出这里下面有个宴会厅。大功告成，它高兴万分；宴会厅里全都登峰造极！餐桌上摆满了奢华食物；天花板遮挡住当空烈日，只让一丝温馨湿润的热气透进来；心平气静，环境幽暗，外面的蟋蟀合唱声阵阵，这一切都有助于肠胃功能的发挥。我神思恍惚，突然觉得自己在俯身于地窖门口，只觉得有海洋女神伽拉忒亚的歌剧中的那段著名唱段隐约传来："啊！周围的一切都在忙忙碌碌时，无所事事是多么美妙。"

谁敢去打扰这样的一个宴席上的那种怡然自得呀？但是，想探个究竟的欲望是什么都干得出来的，而这种胆量，我就有过。我把我私闯民宅的情况记录在此。我看到光一个粪球几乎就把宴会厅塞满了；这奢华的食物下抵地板上顶天花板。一条狭小的通道把粪球与墙体隔开。食者就在通道上用餐，顶多是两位，经常是独自一人，肚子贴在餐桌上，背顶着墙壁。座位一旦选好，就不再挪动了，然后便放开嘴吃起来，没有一点小的争吵，那样会少吃上一口的；也不挑挑拣拣的，否则就会浪费食物。一切都得按先后次序，一丝不苟地穿肠过肚。看到它们如此虔诚尽心地围着粪球在吃，你会以为它们意识到自己在完成大地净化的工作，它们知道自己投身的是那种以粪肥培育鲜花的精细化学工程，鲜花让人赏心悦目，圣甲虫的鞘翅能点缀春意盎然的草坪。马牛羊尽管消化系统很完美，但它们的排泄物中仍留有未消化的残留东西，而圣甲虫则把它们留下的那些残留物质加以利用，为此，圣甲虫就必须具备一套完整的工具。果然，通过解剖我惊叹地发现它的肠道出奇地长，盘来绕去，使得进入的食物可以慢慢地被吸收，直至最后一个可以利用的颗粒被消化掉为止。因此，食草动物未能吸收的东西，食粪虫类昆虫的高效蒸馏器却可从中提取一些财富，而这些财富稍加处理，就变成了圣甲虫的墨黑的铠甲和其他食粪虫类昆虫的金黄色的和赤红色的胸甲。

不过，这种令人赞叹不已的垃圾处理工作得在最短的时间内完成，这是环境卫生所限定的。而圣甲虫就具有这种也许其他昆虫所没有的很强的消化能力。一旦食物进入地窖里，圣甲虫便日夜不停地吃着，直到把食物消灭干净为止。当你有了一定的实践经验，把圣甲虫关在笼子里养是很容易的。我就是采用了这种办法获得了这些资料，这对著名的圣甲虫的高效消化功能的了解大有裨益。

整个粪球就这么一点一点地依次通过消化道，然后，圣甲虫隐士便爬出地面，寻找机遇，找到后，便再做粪球，一切就又重新开始了。

有一天，天气很热，闷热无风，这种氛围很适合我喂养的圣甲虫们大快朵颐。于是，我手里拿着表，守在一个露天进食者的面前仔细观察着，从早上八点一直盯到晚上八点。这只圣甲虫似乎遇上了一块颇对胃口的食物，整整十二个小时，它都没停止过咀嚼，始终待在餐桌前的同一个地点一动不动地吃个没完。晚上八点钟时，我最后看了它一次。只见它的胃口始终未减，那样子像刚开始吃时一样地起劲儿。这宴席还持续了一段时间，直到整个食物全部消灭干净为止。第二天，那只圣甲虫确实没再在那儿了，头一天大嚼个没完的那块食物只剩下点渣渣末末了。

时针转了一圈还要多，这么长的一幕就是进餐，狼吞虎咽，精彩至极，但是，那消化的一幕则更是妙不可言。圣甲虫前头不停地吃，后头则不断地排泄，那已不再含营养成分的排泄物连成一条黑色细线，如同鞋匠的细蜡绳。它是边吃边排泄，足见其消化之神速。刚一开始咀嚼，它那拔丝机便运转起来，直到最后几口吃完之后，这机器才停止运转。那根细蜡绳从头到尾没有出现断头，始终挂在排泄口上，下面的则已盘成一堆，只要没有干透，则可以轻易展开来成为一条细长绳。

排泄的过程如同秒表一般精确。每隔一分钟，更精确地说是四十五秒，一小节排泄物便出来了，细绳则增长三四毫米。等细绳长到一定程度，我便把它截断，放在刻度尺上量量其长度。我测量的结果，总长度为十二小时两米八八。晚上八点，我是提着灯最后一次去查看的，这之后，圣甲虫又继续吃，所以进餐与制绳工作又持续了一段时间，所以圣甲虫拉成的那根没有断头的细长绳总长约为三米。

知道了绳长及其直径，排泄物的体积很容易便能测算出来。而要测出圣甲虫的精确体积，同样也不难，只要把它放入有水的量筒，查看一下水位线即可。所获得的数据并非没有意义：这些数据告诉我们，圣甲虫一次连续十二个小时的进食竟消化掉几乎与自己的体积相等的食物。多么好的胃呀，而且消化又是这么强，消化速度又这么快！一开始咀嚼，排泄物便立即被消化成细绳状，不停地拉长，直到进餐结束。在这台也许从不失业（除非加工的原料出现短缺）的蒸馏器里，原料一进入，立即由胃囊进行加工，吸收殆尽，然后排出。这使我不由得想到，这么一座如此高效地清除垃圾的实验室在环境卫生方面是可以起点作用的。

西班牙蜣螂

为了虫卵，昆虫由本能所做的正是人通过经验和研究之所得的理性会让昆虫去做的，这一点可不是哲学的微不足道的道理所产生的结果。因此，受到科学之严谨的启迪，我凡事都要谨慎对待之。我这并不是要给科学一副令人憎恶的面孔，因为我相信人们不使用一些粗俗的词汇也可以讲出一些绝妙的事情来。清晰明白是要笔杆子的人的高尚手段。我要尽可能地做到这一点。因此，使我停笔思考的那种谨慎是属于另一个范畴的。

我在问自己，我这是不是受到一种幻想的欺骗。我心中在想："圣甲虫和其他一些甲虫是粪球制作工匠。那是它们的行当，不知它们是从哪儿学的这门手艺，也许是机体结构导致的，特别是因为它们有长长的爪子，而且有的爪子还稍微弯曲。如果它们在为卵而忙碌的话，那它们在地下继续发挥自己那制作粪球的特长又有什么可大惊小怪的呢？"

如果先不谈那些很难讲细致讲清楚的梨颈和蛋形粪球突出的一端的话，剩下的就是最大的食物团，也就是昆虫在洞外制作的食物球团；还剩下的是圣甲虫在太阳地里把玩的而并不作他用的小粪球。

那么，这种在夏季酷热中被认为是最有效防止干燥的球形物是做什么用的呢？就物理学而言，粪球及其相似形状粪蛋的这种特性是毋庸置疑的，但是，这两种形状同已克服的困难只有一种偶然的联系。机体结构导致在田野里制作粪球的这种昆虫在地下仍在制作粪球。如果说幼虫直到最后都有软嫩的食物放在嘴边而悠然自得的话，那我们也别因此就对其母之本能大加赞扬。

为了最终说服自己，我得找一只仪表堂堂的食粪虫，它在日常生活中根本就不懂得粪球制作工艺，但产卵时刻到来时，它又会一反常态，把收集到的材料制作成粪球。我家附近有这样的食粪虫吗？有。它甚至是除圣甲虫之外最美最大的一种，那就是西班牙蜣螂，它前胸截成一个陡坡，头上也长着一个怪角，极其引人注目。

西班牙蜣螂身子矮胖，缩成一团，又圆又厚，行动迟缓，肯定对圣甲虫的体操技能一窍不通。它的爪子极短，稍有一点动静，爪子就缩回肚腹下面，与粪球制作工们的长腿简直无法相比。只要看看它那五短身材、笨拙的样子，就很容易猜想得到它是根本不喜欢推着一个大粪球去长途跋涉的。

西班牙蜣螂确实是喜静不喜动。一旦找够了食物，夜间或者日暮黄昏时分，它就在粪堆下挖洞。挖的是个粗糙的洞，能放得下一只大苹果。然后，它三下两下地一扒拉，粪料便成了屋顶，或者至少挡在其门口；体积颇大的食物没有一个准形状地落入洞中，这也正是它贪馋好吃的明证。只要宝贝食物没有吃完，西班牙蜣螂就不再回到地面，一门心思地大快朵颐。直到饭尽粮绝，这种隐居生活才会结束。于是，晚间，它就又开始寻觅、收获、挖洞，另建一个临时居所。

有了这种无须事先准备就可吞食垃圾的本领，很明显眼下西班牙蜣螂根本就不去了解揉捏粪球的工艺。再者，它爪子短小，笨拙，似乎根本干不了这种工艺活儿。

五月里，最迟六月份，产卵期到了。西班牙蜣螂已习惯了用最肮脏的粪料填饱自己的肚子，这下要考虑自己的子女了，这就让它犯难了。如同圣甲虫一样，这时候它也必须弄到绵羊的软软的排泄物做成一个软面包。而且还得同圣甲虫一样，这个软面包必须营养丰富，就地整个儿地埋入地下，地面上不留任何残渣碎末，因为必须勤俭节约，一点也不能浪费。只见它没有远行，没有运送，没有任何的准备工作，那个软面包就被划拉到洞里去，就在它自己栖身之地。为了自己的孩子们，它在重复做着原先为自己所做的事情。至于地洞，足有一个鼹鼠洞大，是个宽大的洞穴，离地有二十厘米左右深。我发现它比西班牙蜣螂大快朵颐时住的那种临时住宅要宽敞得多，精致得多。

不过，我们还是让西班牙蜣螂自由地干活儿吧。偶然发现的情况所提供的资料可能是不全面的，是片断的，内在关系也不明显。笼中的喂养就非常利于观察，而且蜣螂也十分配合。我们还是先看看它是怎么储存食物的吧。

在黄昏那朦胧的光线下，我看见它出现在洞门口。它是从地下深处爬上来收集食物的。它没花什么工夫就找到了：洞口附近就有很多的食物，是我放的，而且我还精心地常常更换。它天生胆小，一有动静就随时准备缩回去，所以它步子很缓慢，不灵活。它用头盔划拉、翻找，用前爪拖拽，很小的一抱食物就给弄出来了，却被拖散开来，掉成碎末。蜣螂把食物倒退着拖着，消失在地下。不到两分钟的工夫，它又爬到地面上来了。它仍旧小心翼翼地用展开的触角瓣探查周围，然后才跨出门槛。粪堆与它之间相隔两三寸。闯到粪堆那儿，对它来说可是一件了不得的大事。它宁愿食物正好位于其洞宅门旁，构成其住宅的屋顶。这样它就用不着出门，免得提心吊胆的。可我却另有打算。为了观察方便起见，我把食物放在门口，但离洞口并不远。慢慢地，胆小的蜣螂心里踏实了，来到露天地里，到了我的面前，但我还是尽可能地不让它发现。它又没完没了地在一趟一趟地搬运食物了，但它搬运的总是一些不成形的碎块、碎屑，就像是用小镊子夹住的那样。

我对它储存食物的方法已经颇有了解，所以任由它自己继续这么干了大半夜。天亮时，地面上什么都没有了，蜣螂也就没再出来。只一夜工夫，足够的宝藏便堆积起来了。我们先等上一段时间，让它有余暇把自己的收获随其心愿地整理存放好。在这个周末之前，我在笼子里翻挖，把我曾看见它存放一部分粮食的那个洞挖开来。

如同在野外的洞中一样，那是个屋顶不平的宽敞大厅，屋顶低矮，但地面几乎是平坦的。在大厅一角，有一个圆洞张开着，像是一个瓶口。那是太平门，通向一条地道，往上直达地面。这个新土上挖成的住宅四壁都精心压紧、压实，我挖掘时虽有震动，却没有坍塌。看得出来，蜣螂为了未来，施展了全身本领，费尽了全部挖掘工的力气，建造了坚固耐用的住宅。如果说那个只是为了在其中填饱肚子的陋室是匆匆挖成的，既无样式又不坚固的话，那么现在的这座房屋则是面积又大建筑又精美的地宫。

我怀疑雌雄蜣螂同心协力地完成了这项大的工程；至少，我经常看到一对蜣螂待在用于产卵的地洞里。这宽敞而豪华的屋子想必曾经是婚礼的彩厅；婚礼就是在这个大拱顶下举行的，而新郎想必帮着盖了这座大厅，以此来表达自己那不一般的爱情。我还猜想新郎也帮着新娘收集和存放粮食。在我看来，新郎是那么强壮，也一抱一抱地把粮食运往地宫。两人齐心协力，这份儿细致的活计就干得快了。但是，一旦屋内存粮已满，新郎就悄悄地退去，回返地面，去别处安家立命，让蜣螂妈妈独自去完成母亲的职责。雄蜣螂在这个家里的作用也就完成了。

在这个我们看见有那么多的小粒粮食运进来的地宫中能发现什么呢？一大堆乱七八糟的散乱颗粒吗？绝对不是的。我在里面发现的始终都是一个整块的大圆面包，占满了整个屋子，只在四周留下一条狭小的过道，只能容得下蜣螂妈妈来回走动。

这块巨大的蛋糕没有固定的形状。我见到过蛋形的大小如火鸡的蛋；我也见到过扁平椭圆形的，状如一个普通的洋葱头；我还见到过几乎浑圆形的，如同荷兰奶酪一般；我也曾见到过朝上的一面圆圆的，微微鼓起，就像是普罗旺斯的乡村面包，或者更像是复活节时食用的蒙古包状的烤饼。不管是什么形状的，表面都很光滑，曲线也很均匀。

这下子我明白了：蜣螂妈妈把先后搬运进洞的无数散碎食物聚集起来，揉成一整块；然后，它把这一整块食物搅拌、混合、压实成为颗粒均匀的食物。我多次看到这位女面包师站在那个大面包上；与之相比，圣甲虫做的那个小粪球简直是小巫见大巫了。在这个有时有一厘米宽的粪球凸面上，西班牙蜣螂走动着，踱着步；它轻轻地拍打这个大面包，让它变得瓷实、均匀。我只能偷偷地瞥上一眼这个滑稽场景，因为一看见有人，女面包师便顺着弯曲的斜坡滑下来，藏于面包下面。

为了深入观察，研究细枝末节，就必须要点花招。这可以说是并不困难。也许是因为我长期与圣甲虫打交道使我在研究方法上变得更加机灵了，也许是西班牙蜣螂心并不太细，更能忍受狭窄囚室的烦闷，所以我得以毫无阻碍、随心所欲地观察筑巢的各个阶段的情况。我使用了两种方法，每个方法都告诉了我某些特殊的东西。

在笼子里有了几个雌蜣螂做成的大面包之后，我便把蜣螂妈妈与这几个大面包一起搬出来，放到我的实验室里去。容器分两种，按我的愿望让它们或明或暗。如果我希望容器里面光亮，我就用大口玻璃瓶，直径差不多与蜣螂洞一般大小，也就是十二厘米左右。每只瓶子底部铺了一层薄薄的新沙子，薄得蜣螂无法钻进去，却足以让它不致在玻璃地上滑来滑去，而且还让它以为是与我刚让它搬离的地方一样的沙地。我把蜣螂妈妈及其大面包就放在这层沙子上。

无须指出，即使在光线极其微弱的状况下，蜣螂因惊吓而不会做什么的。它需要完全无光亮，于是我便用一个硬纸板盒把大口瓶给罩起来了。我只要小心翼翼地稍稍掀起一点这个硬纸板盒，就可以在我认为合适的时间随时借着室内的弱光，偷窥女囚正在干什么，甚至能观察上好一段时间。大家都看到了，这个方法比我当时想观察圣甲虫制作梨形粪球时所使用的方法简便得多。西班牙蜣螂性格更温驯一些，适合使用这种方法，换了圣甲虫可能就行不通了。因此，我在实验室的大桌子上放了一打这样的可明可暗的容器。谁要是见到这一溜瓶子，可能会误以为灰纸盒套下面盖着的是异邦的食品调料哩。

如果要全不透光的，我就用花盆，里面堆上新沙子。花盆下面弄成一个窝，用硬纸板搭个屋顶，挡住上面的沙子，蜣螂妈妈和它的大面包就放在窝里。或者干脆我就把它和它的大面包放在沙子上面。它会自己挖洞做窝，把面包藏进去，如同平常一样。无论采用哪种方法，都得用一块玻璃片盖住，免得让俘虏逃逸。我期待着这些不同的不透亮的容器能为我澄清一个棘手的问题，这个问题我以后会阐明的。

这些用不透亮的纸盒罩住的大口瓶能告诉我们一些什么呢？能告诉我们许多东西，非常有趣的东西。它们让我们知道，这个大面包尽管形状多变，但它始终是规则的，它的曲线并非是因为滚动导致的。我们在检查天然洞穴时已经很清楚，这么大的一个圆球几乎占满了整个屋子，所以是无法滚动的。再者，蜣螂也没有这么大的力气去推动这么大的一个粪球。不时地查看大口瓶都会得知同一个结论。我看见蜣螂妈妈立于面包上，这儿摸摸那儿敲敲，轻轻地拍打，抹平突出的地方，把粪球修整得臻于完善；我还从未见到过它试图把那个大家伙翻转过来。这就十分清楚了：圆面包并非滚动而成的。

蜣螂妈妈的勤奋与耐心细致让我想到我以前从未想到的一个问题：制作的时间之长。为什么要对这块大东西翻来覆去地修修补补？为什么在吃它之前要等待那么长的时间？确实，要经过一个星期甚至更多的时间之后，蜣螂在面包打磨，变得光鲜之后才决心享用它。

当面包师把面团和好搅匀之后，它就把它拢成一堆，放到和面槽的一个角落里。在体积大的块团内，面包发酵的温度调节得更好。蜣螂深谙面包制作的这一诀窍。它把收集到的食物堆在一起，精心揉制，做成粗坯，然后再让它有时间去进行内部发酵，让粪团味道变美，并让它有一定的硬度，以利日后的加工。只要这道化学程序没有完成，女面包师及其小伙计就会等待。对蜣螂来说，这个等待时间很长，至少得一个星期。

发酵成功了。小伙计把大面团分成小面团。女面包师也在这么干。它用头盔上的大刀和前爪上的锯齿切开一个圆槽口，并切下一小块体积规则的面团来。这切割动作干净利落，一刀成形，无须再修修补补，完全符合要求。

现在就要加工这个小面团了。于是，蜣螂使用它那似乎并不适于这种工作的短小的爪子尽量地抱住小面团，使用其唯一可以使用的挤压方法加以挤压。它非常认真执着地在尚未定型的粪球上移动着，上上下下，左转右绕，有板有眼地这儿多压几下那儿少压几下，然后又始终耐心地细致地加以修饰。如此这般地干了二十四小时之后，凹凸不平的粪团就变成了有如梨子般大小的完美的球形面包了。在它那拥挤狭小的车间的一角，矮胖的艺术家几乎待在原地不能动弹地完成了自己的杰作，而且一次也没挪动过那个面团。经过耐心细致的长时间工作之后，它终于制作成了那个十分浑圆的球形，而它那笨拙的工具以及狭小的空间让人觉得这是根本不可能完成的事。

它还得花较长的时间去仔细完善、抹光那个球形，用爪子温情地翻来覆去地抹，直到把一点点突兀都给抹掉为止。看上去它那细心的涂抹永无止境似的。但是，将近第二天的傍晚时分，它认为这个圆球已经合适了。蜣螂妈妈爬上其建筑物的圆顶，一直在压挤，在上面压出一个不怎么深的火山口来。它把卵产在这个小盆里了。

然后，它用极其粗糙的工具，以极大的谨慎与惊人的细致，把火山口边缘聚拢，做成一个拱顶，盖在卵的上方。蜣螂妈妈慢慢地转动，把粪料一点点地耙拢，推向高处，把顶封上。这是各个工序中最棘手的活儿。稍稍压重一些，扒拉得不到位，都可能危及薄薄的天花板下的虫卵。封顶的工作不时地要停一停。蜣螂妈妈低着头，一动不动，似乎在屏息聆听，看看洞内有何异常。

看来安然无恙，于是，耐心的女工又开始干起来：从两侧一点点往屋顶耙粪料，屋顶逐渐变尖，变长。一个顶端很小的蛋形就这样代替了球形。在多少有点凹凸的蛋形下面的就是虫卵的孵化室。这项细致的活计还得花上二十四小时。加工粪球，在粪球上挖出个小盆，在盆内产卵，把圆盆封顶盖住虫卵，这些工序加在一起需要四十八小时，有时还要更长一些。

蜣螂妈妈又回到了那个切去一块的大面包旁。它又切下了一小块，用同样的操作法把它变成一个蛋形粪球，在又一个小盆中产下卵。余下的粪球面包还可以做第三个，甚至还常常可以做第四个蛋形粪球。蜣螂妈妈在洞穴只堆积了唯一的一个粪料堆，据我所见，顶多也就够做四个蛋形粪球的。

卵产下后，蜣螂妈妈便待在自己那小窝里，里面差不多满满当当地挤放着三四只摇篮，一个一个紧挨在一起，尖的一头冲上。它现在要干什么呢？想必是要出去转转，这么久没有进食，得恢复一下体力了吧？谁要是这么想那就大错特错了。它仍旧待在窝里，自从它下到洞中，它什么都没有吃过，绝对没有去碰那个大面包；大面包已经分成几等份，将是它的子女们的食粮。在疼爱子女方面，西班牙蜣螂克制自己的精神确实非常感人，宁可自己挨饿也绝不让子女缺少吃喝。

它这么忍受饥饿还有第二个原因：守护在摇篮边上。自六月底开始，地洞就难以弄成了，因为雷雨大风以及行人的踩踏，洞都消失了。我所看到的几个洞穴里，蜣螂妈妈总是在一堆粪球边上打盹儿；每个粪球里都有一条已发育完全的胖嘟嘟的幼虫在大吃大喝着。

我的那些装满新沙子的花盆做的不透亮的容器里的情况证实了我从田野上所看到的情况。蜣螂妈妈们于五月上旬被连同食物埋进沙里，它们就没有再在玻璃罩下的地面上露过面。产完卵后，它们便在洞中隐居了；它们同它们的那些粪球一起度过闷热的伏天，毫无疑问，它们是在守护着那些摇篮，我把大口玻璃瓶盖子揭开看到的就是这种情况。

直到九月份头几场秋雨过后，它们才爬到外面来。而这时候，新的一代已经完全成形了。蜣螂妈妈在地下很高兴地看到子女们长大了，这在昆虫界是极其少有的天伦之乐。它听见自己的孩子们刮擦着茧子要破茧而出；它看见它如此精心地加工的保险箱被打破；如果地面的湿气没能让囚室变得软一些的话，它也许会走上前去帮自己的那些精疲力竭还出不来的孩子。妈妈及其孩子们一起离开地洞，一起上来迎接秋高气爽的时节，太阳暖洋洋的，路上绵羊的天赐美食比比皆是。

昆虫的“自杀”

人们不会去模仿自己根本就不认识的人，也不会假扮成自己所不了解的人，这一点是显而易见的。所以说，要想装死，就必须对死亡多少有点了解。

昆虫，或者更确切地说，动物，它们对有限的生命会有预感吗？它们会在自己那极其简单的脑子里思考生命终止这一可怕的问题吗？这种对生命的最后时刻所感到的惊恐不安，既是人所感到的最大痛苦，也是人之所以伟大的一个证明。命运卑微的动物就不存在这种不安。它们与意识模糊的小孩子一样，只享受现在，不考虑未来。它们摆脱了“人生苦短”的忧虑，生活在一种蒙昧无知的甜美的宁静之中。

少年时期，中学时代，我也是个淘气包。我常常与几个同学，放学之后，在回家的路上，到河边去摸那种很小的花鳅。鱼儿被我们抓到之后，拼命地挣扎，没有装死的样子。我们也常去抓鸟，鸟被抓到之后，吓得浑身哆嗦，但也没见它装死。可有一次，我看到火鸡（我们附近养火鸡的人家很多），我便突发奇想。我要折腾折腾火鸡。圣诞将至，它将成为大家节日的盘中餐了。我便把家中的一只火鸡的脑袋别在它的翅膀下面，一边用手摁住它，不让它动弹，一边从上往下慢慢地摇晃它两三分钟。奇怪的结果出现了。我的实验对象变成了一堆没有了生气的东西，它侧着身子倒在地上，任由我摆弄它。如果它那时而膨胀起来，时而瘪了下去的羽毛没有在显露出它仍然在呼吸着的话，我还真的以为它已经死了。它确实像只死鸟。它把自己那变得凉冰冰、足趾蜷缩起来的爪子缩到肚腹下面，让人看着十分可怜。圣诞节，平安夜，尚有几天才到，它就这么死了，那可就太早了点。但是，我白担心了。它醒了，站立起来，只是身子有点摇晃，站立不稳，而且尾巴耷拉着，没精打采的样子。但这种状况并未持续多久。不一会儿，它又恢复了常态，欢蹦乱跳起来。

这种迷迷糊糊、昏昏沉沉、麻木迟钝的状态介于熟睡与死亡之间，持续的时间有长有短。我又多次用火鸡做过实验，每一次都出现这种适当间隔的静止状态，有时持续半个小时，有时则只持续几分钟工夫。同昆虫一样，想要弄清楚原因，并非易事。后来，我又用珠鸡做了相同的实验。做得非常成功。它那昏昏沉沉、迷迷糊糊、麻木迟钝的状态持续了很长时间，以致我当时都有点忐忑不安了。它的羽毛不像火鸡那样，没有起伏，无一点生命的迹象，我真的以为它已经给憋死了。我用脚轻轻地把它挪动了一下，但它却一点反应也没有。我又把它挪动了一下，只见它把脑袋从翅膀底下扭出来，站立住，平衡了一下身体，立刻便飞跳着逃走了。它那麻木状态维持了半个钟头。

我后来又对母鸡、鸭子、鸽子、雏鸟、翠鸟进行了实验。母鸡、鸭子、鸽子麻木状态保持得较短，只有两分钟左右，而雏鸟和翠鸟则更加顽固，半睡半醒状态只有几秒钟。

我们还是关注我们的昆虫吧。昆虫从静止不动状态恢复到活动状态，呈现出十分值得注意的特点。我们曾用乙醚对试验对象进行过实验，它们确实是被催眠了，一动不动。它们并不是在耍花招，这一点是毫无疑问的。它们真的是处于死亡的边缘。如果我不及时地把它们从散发着乙醚气味的大口瓶里弄出来，那它们永远不会从麻木状态中苏醒过来，最后，必死无疑。

它们身上究竟是什么在预示它们生命的恢复了呢？那就是：它们脚上的跗节在微微颤动，触须在微微颤抖，触角在摇晃摆动。这就像是人一样，从酣睡中醒转来时，伸伸胳膊腿儿，打打哈欠揉揉眼睛。昆虫也是先摇动自己的那些细小的趾肢节和最活动的器官，以示其知觉的恢复。

如果昆虫真的是在耍花招施诡计的话，它又有什么必要去做这些细致的苏醒准备动作呢？危险一旦消除，或者被认为已经消除，它为什么不迅速站立起来，尽快逃脱，何必慢慢腾腾地做那些很不合适的假动作呢？它难道会狡猾到在最小的细节上也要假装复活不成！绝对不是这么一回事。这种看法是毫无道理的。脚上跗节的颤动，触须和触角的晃动，都明显地说明存在着一种真正的、即将消失的昏沉迷糊的状态，这种状态与乙醚麻醉所造成的后果相似，只是程度较轻而已。脚上跗节的颤动表明，被我折腾得动弹不了的实验对象，并不是民间传说或流行的理论所坚持的那样，说昆虫是在装死。它确确实实是被施行了催眠术。

经敲击物体引起的震动的影响，或者突然间遭受惊吓，昆虫便陷入一种迷迷糊糊、昏昏沉沉的麻木状态。这种状态就像是鸟儿把头埋在翅膀下面，原地晃晃悠悠地站立一会儿一样。对于我们人来说，突然看见恐怖的事情，我们会被惊呆，茫然不知所措，有时甚至因此而丧命。作为高等动物的人尚且如此，那么，反应极其敏锐的昆虫，其生理机能在遇到可怕事物的震慑惊吓时，叫它怎能承受得住，怎能不暂时就范呢？如果惊恐程度不太严重，昆虫在片刻的痉挛之后，很快就会恢复常态，惊恐症状也就随之得以缓解；如果惊恐程度很严重，它就会突然进入催眠状态，好长时间僵直不动。

昆虫根本就不知道死亡是怎么回事，它又怎么会装死呢？当然是不可能的。昆虫同样也不知道自杀是怎么回事，根本不知道自杀是用来立刻中止极其痛苦的状况的一种手段。据我所知，我还没见到过有什么动物自动剥夺自己生命的名副其实的自杀实例。感情色彩较浓的昆虫，有时会任凭苦恼去折磨自己，直至神形憔悴，这件事情倒是有的；但是，用匕首刺死自己，用小刀割断自己的喉咙等这种事，却从未见到过。

说到这儿，我倒是想起了蝎子自杀的事来。对于蝎子是否会自杀，众说纷纭，有人认为确有其事，有人则持否定态度。有人说，蝎子被一圈火围住之后，用带毒的螯针扎自己，直到自杀成功为止。这故事究竟有多少真实的成分？我们亲自来做个实验看看。

我所住的环境为我提供了便利的条件。我在几只大泥瓦罐里铺上一层沙土，再放上几片碎瓦片，养着一群怪模怪样的昆虫。我一直在企盼着它们向我提供一些有关昆虫习性方面的事实，但它们却不肯满足我的愿望。我养的是南方的那种大白蝎，一共有十二对。附近小山上阳光充足的沙质土地带，有许多扁平的石条；每块石条下面都居住着一只蝎子，孤零零的，但这个可憎可恶的丑陋家伙却无处不在，多得不得了。这种大白蝎子恶名在外。

它的毒针到底有多厉害，我未亲身经历，所以也说不清楚。可是，我书房里就关着这群可怕的囚徒，总得与它们接触。需要去查看它们时，必然会有危险，所以我加倍地小心，注意避开它们的锋芒。既然我自己没有亲自尝到过它们的厉害，我便只好向别人求教。我让曾经被蝎子蜇过的人谈谈他们被蜇的体验。这些人主要是打柴的樵夫，他们长年在山上砍柴，难免会一不注意就被蝎子蜇上一下的。其中有一位曾经告诉我说：“我吃完了午饭，靠在柴捆上打了个盹儿。突然间，一阵钻心剧痛把我给疼醒了。那滋味就好像是被烧红了的钢针给扎了一下似的。我赶紧伸手去摸，一把摁住了一个乱爬乱动的家伙。是只蝎子！它钻进了我的裤腿里去了，在我小腿肚子下边一点儿蜇了我一家伙。这只丑陋不堪的小怪物，足有人手指头那么长。喏，这么长，先生，这么长。”

这位老实忠厚的樵夫边说边比画着，还把自己那根长长的食指伸出来。手指长的蝎子我并不觉得有什么可惊奇的，因为我在野外捕捉昆虫时，时不时地也要碰到蝎子，比手指长的有的是。

“我还想继续干活儿，”那位忠厚的樵夫继续对我说道，“可我浑身直冒冷汗，眼瞅着那条腿渐渐地肿胀起来，肿得有这么粗，先生，这么粗。”

他比画着肿胀的腿。然后，又张开双手，空掐在小腿周围，比画成有一只小水桶那么粗的圈圈来。

“真的，有这么粗，先生，这么粗。我一步三挪，使出吃奶的劲儿，忍着剧痛，才回到家里，其实也只有四分之一里那么点儿路而已。小腿越肿越厉害，还在往上肿去。第二天，已经肿到这么老高的地方了。”

他用手指了指，告诉我已经肿到小腿窝儿那儿了。“真的，先生，整整三天，我下不了床，站不起来。我咬着牙关，拼命忍着，把肿腿跷到一把椅子上。敷了好几次碱末，总算把肿给消了下去，喏，才恢复到现在这个样子。先生，您看。”

说完自己被蜇的经历之后，他也跟我讲述了另一个樵夫的故事。那人也被蝎子蜇了小腿下部。那个樵夫走出老远去砍柴，被蜇了之后，没有力气走回家去，走走便倒在了路边。后来，被几个过路人发现了，抱头的抱头，抱腰的抱腰，抱腿的抱腿，总算把他给送到了家里。“他们就像在抬死尸一样，先生。真的，就像抬死尸一样！”这位讲述者带着乡下人的风格在叙述着，说话时比画个没完，但我却并不觉得他夸张。人要是被蝎子蜇了，那疼痛确实是难以描述的。

而蝎子要是被自己的同类蜇了一下，那它很快就支持不住了。对此，我有很大的发言权，因为我亲自做过多次的观察研究。

我从我的“动物园”里取出两只强壮的大蝎子，把它俩同时放进一个大口瓶的沙土底儿上。然后，我拿起一根稻草梗儿，去撩拨它们，激怒它们，并让它们住后倒退，最后，相互遭遇上。这两个受到骚扰的大家伙，本来就怒火中烧，仇人相见，分外眼红。这怒火是我给挑起来的，但看上去，它俩都把这挑衅的罪责算到了对方的头上。双方都把自己的防御武器——钳子举起，呈月牙儿形；钳口大张，顶着对方，不让对方靠近自己；两条蝎子尾巴你一下我一下地突然伸出，从背部上方向前刺去；毒囊不断地顶撞在一起，一小滴如清水般的毒汁挂在螫针的硬尖上。

格斗进行的时间并不长。其中一个被另一个的毒针刺中，只见它，没过两三分钟，便站立不住，摇摇晃晃，倒在了地上。得胜者毫不客气，走上前去，平静如常地开始撕咬战败者的头胸前端，也就是撕咬我们想找到蝎子头却看到的只是个肚腹前口的地方。它一口一口慢慢地在撕咬，时间拖得很长。一连四五天，在食同类尸体的战胜者一直没有停止过啃噬自己的同类。它要把战败者吃掉，其理由有一点是可以予以谅解的：这个行为对战胜者来说是正大光明的。

我从观察中掌握了真实的情况：蝎子的毒螫针能够使自己的同类即刻毙命。现在，我想谈一谈蝎子的自杀问题，也就是有人说过的那种自杀法。如果按人们所说，蝎子被一圈火炭围住，它便会用螫针蜇自己，最后，以自愿死亡来结束这失常的状态。如果真的是这样的话，那么，这对这种野性十足的昆虫来说，应该是一件很理想的事。现在，还是让我们来看一看吧。

我用烧红的木炭围成一个圆圈，把我养着的那只个头儿最大的蝎子置于圈中。风助火势，木炭越烧越旺。热浪滚滚，向圈中的蝎子袭去，灼热难耐，只见它一个劲地倒退着在火圈内打转。稍不注意，身体便被火苗灼了一下，它便左一闪右一躲，突然加快倒退，不顾方位地瞎冲瞎奔，免不了身体又不时地遭到火灼。它每次想逃出重围，都被狠狠地烧了一下。它变得狂躁不安。往前冲，被烧一下，往后退，又挨火灼一下，它进也不是退也不是，既绝望又愤怒。只见它怒气冲冲地挥舞着自己的长枪，再反卷成钩子，然后伸直，平放于地，接着便把长枪举起。它的动作迅疾而又章法不乱，简直让我眼花缭乱，惊叹不已。

现在，它该给自己一枪了，以便摆脱这进退维谷的境地。谁知道，它竟突然一阵抽搐，然后便一动不动了，身体直直地平躺在地上。等了一会儿，仍不见它有所动作，像是完全僵直了。它真的死了？也许在它那让人眼花缭乱的狂舞中，有一剑刺中了自己，而我却没有看到。如果它真的是用自己的短剑刺中自己的身体，以自杀术得以解脱，那它肯定是死了。

但是，我心中总是存有疑惑。于是，我便用镊子把看上去已经死了的蝎子夹起来，放在一层清凉的沙子上面。一小时之后，这个看上去已无生命迹象的蝎子却突然复活了，与放进火圈中间之前一样的活泛，虎虎有生气。我又用第二只、第三只蝎子做了同样的实验。结果同第一只蝎子的情况完全一样：因绝望而发狂，突然间一动不动，像遭雷击似的瘫软地平躺在地上；放到清凉的沙子上时，又都突然地生机勃发了。

由此可以断定，说蝎子会自杀的人，一定是被它那突然失去生命力的假象给蒙骗了；他们看见蝎子身陷火墙的高温之中，于绝望之中变得疯狂至极，浑身抽搐，猝然倒地，便以为它经过垂死挣扎，终于自杀身亡了。他们过早地得出一个错误的结论，以致让蝎子在火墙中活活地给烤焦了。如果他们不是那么轻信表面现象，早点把蝎子从火墙内取出，置于清凉的沙子上，那他们大概早就会发现，表面上看似死去了的蝎子会恢复生命活力，就会得出结论说，蝎子根本就不知道什么叫自杀。

可以说，除了高级动物——人而外，任何具有生命的生物都不具有自愿结束生命的这种视死如归的精神力量。我们人，自以为具有很大的勇气和魄力从生活的苦难中自行解脱，把这种解脱视之为人的崇高特质，视之为一种可以进入沉思境界的优势，好像这是人优于其他动物的一种标志。然而，我们一旦真的把这种精神付之于行动，实际上则是一种懦弱的表现。

谁若是想走上自杀这条道的话，最好想一想中国的一位伟大的哲人——孔子在两千五百年前所说的话。这位中国哲人有一天在树林中遇到一个陌生男子，见他正往树杈上扔绳子做套，准备上吊，他便赶紧向那陌生人说了几句话。伟大的哲人说："哀莫大于心死。哀皆可补，惟心死不能。勿以万事于子皆无可救。试以历多世而无争之理自服。此理为：活则无绝望之事。人能自至哀达至乐，自至难达至福。子其鼓勇若自今日起和生之所值。子其善用寸阴。"

这种中国式的哲思深入浅出，浅显易懂，但其寓意却十分深邃。它让人想起一位寓言作家的另一种哲学。寓言家写道：

若我被人致伤致残，
缺腿断臂，患痛风，
只要我仍活着，
我便心满意足矣。

的确，中国的伟大哲人和这位寓言家说的都很有道理。生命是一种严肃的东西，不能因遇到点艰难困苦就心烦意乱，轻易地就把生命抛弃。我们不应把生命视为一种享乐、一种磨难，而是应该把它视为一种义务，一种只要一息尚存都必须全力以赴地去尽的义务。

让生命的最后一刻提前到来者，就是懦夫，就是蠢货。我们有权凭着自己的意愿决定坠入死亡深渊的方式，但这并不意味着我们有权轻生遁世。相反，这种自由意志的权利恰恰向我们提供了动物所毫无所知的向前看的本领。

只有我们才知晓生命的欢乐会怎样结束；只有我们才能预见自己末日的到来；只有我们才对死者表示缅怀，怀有崇敬之情。凡此种种，都是一些重大的事情，这是其他动物所想不到的。当伪劣的科学在高谈阔论，在拼命让我们相信一只可怜的昆虫会要花招装死的时候，我们要求这种科学应更贴近事物去进行观察研究，切莫把昆虫因恐惧而引发的昏厥状态，误以为它能装出自己根本不知晓的状态。

只有我们人才能够清醒地认识到一种结局，只有我们人才具有想见到人世彼岸的卓越本能。地位卑微的昆虫们也在发表着自己的意见：“你们应有信心。本能是从来不会违背自己的诺言的。”

蝉和蚂蚁的寓言

声誉是由故事传说促成的，而童话则更胜故事一筹，无论是有关人类的还是有关动物的。特别是昆虫，如果说它无论是以哪种方式吸引我们，那是因为有着许许多多有关它的传说，而这种传说的真实与否则是无关紧要的。

譬如，有谁不知道蝉呢？起码也闻听其名吧。在昆虫学领域中，还能找到如它那样名声很大的昆虫吗？它那钟情于歌唱而不顾未来如何的声名，早在我们训练记忆之初便已被当作素材了。人们用易学好懂的短小诗句告诉我们，当寒风四起，严冬来临，一无所有的蝉便跑到其邻里蚂蚁那儿去喊饿求食去了。乞食者不受欢迎，遭到不堪忍受的讽刺挖苦，这反而让它名声大振。蚂蚁说了如下的两句虽简短却粗俗无情的话语：

您先前唱了又唱！我听着舒服，
好呀，您现在就跳吧。

这两句话给蝉带来的声誉远胜于它的精湛的演唱威名。这深深地印入孩子们的心灵深处，永不会磨灭。

蝉生活在油橄榄生长的地区，大多数人并不知道其歌唱本领，但它在蚂蚁面前的落魄沮丧样儿，无论大人还是孩子全都知晓。名声即源于此！一个如同自然史一样，其道德受到践踏的极具争议的故事，一个其全部好处就在于奶妈说的又短又小的故事，就是一种声誉的基础，而这种声誉将会像《小拇指》中的靴子和《小红帽》中的烙饼一样地牢牢地支配着岁月留下的残存记忆①。

儿童是极为优秀的记忆器。习惯、传统一旦存入其记忆库，就无法抹去。蝉的大名应归功于儿童，是他们在最初学着背诵时，磕磕巴巴地说出了蝉的不幸遭遇。构成寓言基本内容的那些荒谬浅薄的东西因他们而将保存下去：严寒来临时，蝉将永远挨冻受饿，尽管冬天已不再有蝉了；蝉将永远乞讨几颗麦粒，尽管它那娇嫩的吸管根本就吸不进这种食物；蝉还将讨要苍蝇和蚯蚓，尽管它从来不吃它们。

这些荒唐的错误，责任究竟在谁呢？在拉·封丹②，他的大部分寓言因观察之细微，颇让我们着迷，但有关蝉的描述却是考虑欠佳的。他的寓言里最早的那些主角，如狐狸、狼、猫、山羊、乌鸦、老鼠、黄鼠狼以及其他许许多多动物，他非常熟悉，所以他在跟我们讲述它们的事情和动作时，惟妙惟肖，入木三分。它们是一些高地的动物，是他的邻居，是他的常客。它们的公开的和私下的生活都是他天天所见的，但是，在兔子雅诺欢蹦乱跳的地方，蝉是见不到的。拉·封丹从来没有听见过它歌唱，从来没有看见过它。他以为，这个著名的歌唱家肯定是一种蚱蜢。

---

① 《小拇指》和《小红帽》系法国童话作家佩罗的作品，在法国家喻户晓。

② 拉·封丹：法国17世纪著名寓言作家，其寓言闻名于世，如《乌鸦与狐狸》等，中国读者也很喜爱。

格兰维尔①的画笔尽管与拉·封丹寓言相得益彰，但也犯了同样的错误。在他的插图里，蚂蚁一副勤劳的家庭主妇的打扮。它站在门槛上，身旁是大袋大袋的麦子，不屑地背对着伸着爪子——对不起，伸着手——的乞讨者。头戴18世纪阔边女帽，腋下夹着吉他，裙摆被凛冽寒风吹贴在小腿肚子上，这就是那第二个人物的形象，与蚱蜢一模一样。格兰维尔同拉·封丹一样，也没弄清楚蝉的真实模样，他栩栩如生地再现了那个以讹传讹的错误。

在这个内容贫乏的小故事里，拉·封丹只不过是拾了另一位寓言作家的牙慧而已。蝉备受蚂蚁的冷落的传说如同利己主义，也就是说如同我们的世界一样，历史久远了。古雅典的孩童背着满袋无花果和油橄榄去上学时，嘴里就已经像是在背书似的在嘟囔这个故事了："冬天到，蚂蚁们把自己受潮的食物搬到太阳下晒干。突然间，一只饥肠辘辘的蝉跳上前来求乞。它想讨几粒粮食。吝啬的蚂蚁们回答说：'你夏日里欢唱，那冬天你就蹦跳吧。'"尽管这个情节有点枯燥，但那正是拉·封丹的有悖常理的主题。

可这个寓言正是源自希腊，那是有名的盛产油橄榄、蝉非常多的地方。难道伊索②果真像传说所说的那样就是这则寓言的作者吗？这令人怀疑。不过，这也无关紧要，因为那位讲故事的人是希腊人，是蝉的老乡，他应该对蝉颇为了解。在我们村子里，没有那种缺少见识的农民，他会不知道冬天根本就没有蝉。冬季来临，必须为油橄榄树培土时，村子里凡是用锹铲土的人都认得蝉的初始形态——幼体。他们在小路边成百上千次地看见过它，知道夏季来临时，这个幼体是如何从自己修建的圆洞中钻出地面的，知道它如何抓挂在

---

① 格兰维尔：法国19世纪的著名画家，为《拉·封丹寓言》配过插图。

② 伊索：公元前6世纪前后古希腊的寓言作家。

细树枝上，背上裂开一道缝，蜕去比硬羊皮纸还要硬的外壳，变成浅草绿色，然后又变成了褐色，成了一只蝉。

阿蒂卡①的农民也并不傻，他们也注意到了最不开眼的人都能看出的情况，他们对我的那些乡巴佬乡邻十分清楚的东西也是知道的。这则寓言的作者，不管他是哪位文人，都是处于最有利的条件之下，对这类事情肯定是十分了解的。那么，他的故事的这种谬误是源自哪里呢？

拉·封丹情有可原，而古希腊的那位寓言作家则是不可原谅的，他只讲述书本上的蝉，而不去了解近在咫尺的像锣钹似的振翅鸣叫的真实的蝉。他不关心现实，却因袭传说。他是一位更古老的故事讲述者的应声虫。他在复述源自各种文明那可敬之母的印度的某种传说。他根本没有弄清楚印度人笔下描述的主旨是在表明一种无远见的生活会导致什么样的危险，却以为编成故事的动物场景比蝉和蚂蚁的对谈更贴近真实。印度是动物的伟大朋友，是不会犯这样的错误的。这一切似乎表明，原始故事的那个主人公不是我们的蝉，而是另一种动物——或者称之为昆虫——其习性与所编的故事颇为吻合。

这则古老的故事在许多世纪里令印度河流域的贤哲们深思，令那儿的孩子们得到乐趣，它也许像历史上某个族长第一次提出节俭持家一样年代久远，并一代一代地流传下去，内容基本上还是忠实的，但正如所有的传说一样，因为要适应当时高地的情况，细节便因岁月的无情而有所扭曲了。

希腊乡间并无印度所讲述的这种昆虫，人们便差不离儿地把蝉加进故事里去，正像在现代雅典——巴黎一样，把蝉与蚱蜢给搞混了。错已铸成。从此，谬误深印进孩子们的记忆之中，无法抹去，

① 阿蒂卡：希腊的一半岛名，首都雅典即位于岛上。

假成了真，真却成了假。

让我们试着为这个被寓言糟践的歌手正名吧。我得首先承认，它是个讨厌的邻居。每年夏天，它们被两棵枝繁叶茂的高大法国梧桐所吸引，成百成百地飞到我家门前安家落户，从日出到日落，此起彼落地叫个不停，震得我脑袋生疼。在这一片吱吱声中，你无法思考问题，思绪被打乱，头昏脑涨，没法定下心来。如果我不起早点儿干些事，那整个一天就会泡汤了。啊！该死的虫子，我本想安静地待着，可你却成了我住所的一大祸害。

竟然有人说，雅典人把你养在笼子里，好惬意地听你歌唱。吃饱饭眯瞪着，有一只蝉叫叫还凑合，但成百只一起嚷叫，震得你耳鼓疼痛，你无法集中精力，真让人活受罪呀！你振振有词，说是你先来到这儿的，有权鸣唱。在我住到这里之前，那两棵法国梧桐完全属于你，而我却成了其树荫下的不速之客。可我得先告诉你，为了照顾给你写故事的人，你得在你的响钹上装个减音器，压低你的叫声。

事实真相把寓言作家向我们讲述的东西当作肆意杜撰给摒弃了。当然，蝉和蚂蚁之间有时候是有一些关系的，这是毫无疑问的，只不过，这些关系与人们讲给我们听的正好相反。这些关系并不是出自蝉的主动，它从不需要别人的帮助活下去，而是来自蚂蚁这个贪得无厌的剥削者，它把所有可吃的东西全都搬到自己的粮仓里。无论何时，蝉都不会跑到蚂蚁门前嚷饿去，还一本正经地许诺将来连本带利一并奉还。恰恰相反，是蚂蚁实在饿得不行，跑去乞求那个歌手的。我说的是“乞求”！借和还是从来不存在于掠夺者的习性中的。蚂蚁剥削蝉，厚颜无耻地把它洗劫一空。我们要讲讲这种洗劫，这是至今尚无人知晓的历史悬案。

七月的午后酷热难耐，成群的昆虫干渴难忍，在枯萎打蔫儿的花上爬来爬去，想找点儿水解渴，而蝉却对普遍的水荒不屑一顾。

它用它那如钻头般的细嘴，在自己那永不干涸的酒窖中钻了开来。它不停地歌唱着，落在一棵小树的细枝上，钻透那坚硬平滑、被太阳晒得汁液饱满的树皮。它从钻孔中把吸管插进去之后，便一动不动地、聚精会神地、美滋滋地沉浸在汁液和歌声的甜美之中。

如果我们多盯着它看一会儿，也许会看到一些意想不到的悲惨事情。果然，许许多多渴得不行的家伙在转悠着。它们发现了这口井，因为井边渗出汁液而暴露了。它们一拥而上，一开始还有点儿小心翼翼的，只是舔舔渗出来的汁液。我看见拥挤在甜蜜的井口旁的有胡蜂、苍蝇、球螋、泥蜂、蛛蜂、金匠花金龟，最多的是蚂蚁。

最小的，为了靠近清泉，从蝉的肚腹下钻过去，宽厚仁慈的蝉便抬起爪子，让这些不速之客自由通过。个头儿大的急得直跺脚，挤上前去，飞快地嘬上一口，退了出来，跑到旁边的树枝上兜上一圈，然后又更加大胆地返回来。不速之客们贪心越来越大：刚才还谨小慎微的它们突然变成了一群乱哄哄的侵略者，一心要把掘井者从井边驱逐掉。

在这群冲锋陷阵的强盗中，最大胆最坚决的就是蚂蚁。我看见有一些蚂蚁在咬蝉爪，还看见一些蚂蚁在扯蝉翼尖，趁势爬上蝉背，挠蝉的触角。一只胆大包天的蚂蚁就在我的眼前咬着蝉的吸管，拼命地往外拽。

巨蝉被这帮小蚂蚁如此这般地搅扰得没了耐心，终于弃井而去。它在逃走时还向这帮劫匪撒了一泡尿。对于蚂蚁来说，蝉的这种高傲的蔑视无伤大雅！反正它的目的达到了。它成了这口井的主人了，但是，使井冒水的泵已不再转，井很快也就干涸了。井水虽少，却甘甜。一旦再有机会，它们还会用同样的法子再喝上几大口的。

大家都看到了，事实彻底地把寓言臆想的角色给调换过来了。毫不客气、抢劫时绝不退缩的求食者是蚂蚁，而甘愿与受苦者分享甘露的能工巧匠是蝉。还有一点也足可以把颠倒的情况调整过来。

经过五六个星期漫长的欢唱之后，歌手生命耗尽，从大树高处跌落下来。它的尸体被烈日晒干，被行人的脚踩踏。时刻在寻找战利品的蚂蚁撞见了它，蚂蚁随即把这美食扯碎、肢解、弄烂，搬到自己那丰富的食物堆中去。甚至还可以看到蝉虽已奄奄一息，但翼还在灰土中颤动，可是一小队蚂蚁便拥上去向各个方向拉扯它、撕拽它。此时的蝉伤心至极。看了这同类相残之后，就不难看出这两种昆虫之间到底是什么关系了。

古希腊罗马对蝉有着很高的评价。人称“希腊贝朗瑞”① 的阿纳克雷翁②为蝉写了一首颂歌，对蝉称颂有加。他说：“你几乎就像诸神明一样。”但诗人这么赞颂蝉，其理由却并不很恰当。他的理由是说蝉有如下三个特点：生于地下，不知疼痛，有肉无血。我们也不必指责诗人犯了这些错误，因为那是当时的普遍看法，而且在有人细致入微地进行观察之前，这种看法已流传甚久。再说，在这种讲究对仗押韵的小诗句中，人们对这一点也没有过于关注。

即使在今天，和阿纳克雷翁一样很熟悉蝉的普罗旺斯的诗人们，在赞颂他们视之为标志的这种昆虫时，也并没怎么关心真实的蝉。但是，这种指责却牵扯不到我的一个朋友，他是个痴迷的观察家和一丝不苟的务实派。他准许我从他的活页本中抽出一页普罗旺斯语的诗，他以极其严谨的科学态度着重描述了蝉和蚂蚁的关系。诗中的诗意形象及道德评价责任在他，这样娇美的花朵在我的博物学园地上是长不出来的。但是，我得肯定他的叙述的真实性，与我每年夏天在我的花园中的丁香树上所看到的情况一致。我把他的诗译成法语附在下面，但有许多地方译的意思只是相近而已，因为法语中并不是总有普罗旺斯语的对应词的。

---

① 贝朗瑞（1780—1857）：法国著名的诗人，歌词作者。
② 阿纳克雷翁（公元前6世纪）：古希腊的抒情诗人。

蝉和蚂蚁

1

上帝啊，真热呀！但正是蝉的好时光，
它乐至疯狂，欢唱昂扬。
火热七月，收割忙。
金色麦浪翻滚，收割者，
弯腰弓背，辛苦劳作不歌唱：
它口干舌燥，有歌无法唱。

这是你的好时光，你就放声唱吧，
娇小可爱的蝉呀，
敲响你的响钹，
扭动你的肚腹，亮出你的两片镜子。
农夫在挥镰，刀起秆落，
刀光在麦浪中闪亮。

小水罐挂在割麦人腰间，
罐中装满水，罐口有草堵塞。
磨刀石凉快地待在木盒里，
不停地有水浇润，
可农夫在烈日下呼哧喘息，
只觉得骨髓都快煮沸。

可你，蝉儿，你可是有清泉解渴呀：
你那尖细的小嘴钻透细枝树皮，
出现一眼清甜多汁的水井。
糖汁顺着窄细的管道涌出。
泉水汩汩流淌，
你美美地吮吸畅快。

啊！太平时光不会总这么长！
左邻右舍尽是窃贼，
外加散兵游勇流浪儿，
都看见你掘了一口甜井。
它们口渴难耐，痛苦地挪上前来，
意欲攫取你的一滴甜浆。
小心点儿呀，我的小可爱：
这帮饥渴非常的家伙，
先是谦卑恭顺，
转眼间就变成无赖疯狂。

它们先是沾沾嘴唇，
然后便不满足于你的剩饭残汤，

它们抬起头来，想把一切占光。
它们将会如愿以偿。
它们爪似耙，搔弄你的翅尖。
在你宽大的脊背上，
一阵爬上爬下地忙，
抓你的嘴，拽你的角，扯你的脚趾。

它们从这儿那儿四处扯，
让你冒火又惆怅。
你滋地一泡尿，
喷向这帮强徒，
你便离开树枝。
你远远地离开这帮无赖，
可它们抢占了你的甜水井，
狂笑不已，满心欢畅，
津津有味地舔着玉液琼浆。

而这帮不知疲倦地吮吸的流浪汉中，
尤数蚂蚁为最强。
苍蝇、黄边胡蜂、胡蜂、鳃角金龟，
等等各色无赖、骗子，
都是大太阳逼迫无奈来到你的井旁，
唯独蚂蚁是铆足劲儿地要把你损伤。
踩你的脚趾，挠你的脸，
捏你的鼻子，躲你腹下乘凉，
凡此种种，唯它最强。
这混蛋拿你的爪子当梯，

大胆地爬上你的翅膀，
趾高气扬地溜来荡去，
上下奔忙。

2

现在讲述一个不足为信的故事。
早年间，老人们对我们说，
冬季某日，你饥肠辘辘，耷拉着脑袋，
偷偷地前去
蚂蚁的地下大粮仓窥探。

富有的蚂蚁把夜间寒露打湿的麦粒
摊晒在太阳下，
准备存于地窖中。
麦粒已晒干，蚂蚁在装袋。
你眼含泪水，突然光临。
你央求它说："天寒地冻，北风
呼啸，我快饿死了。
你余粮成堆，
借我一点儿，
甜瓜成熟时节，
我定当奉还。
借我点麦粒吧。"

还是你走吧。
你要是以为它会借给你，
你就大错特错了。

那大袋大袋的粮食，
你休想弄到一星半点儿。
“滚开去，刮桶底儿去吧。
你夏天唱得来劲儿，
冬天就该饿死！”
古老的寓言就是这么说的，
它劝告我们学做吝啬鬼，
看紧钱袋偷着乐，
让那些蠢货尝尽饿肚之苦才满足！

寓言作家说的让我冒火，
竟然说你冬天去寻找
苍蝇、小虫、谷粒，
可你从来不吃这些呀。
麦粒！天呀，你要它干什么！
你自有自己的甘泉，
不求任何其他物。

冬天与你何干！你的后代子孙，
在地下酣睡，
而你也将长眠不醒。
你的尸体落下，玉碎香消。
有一天，觅食的蚂蚁，看见了它。
在你干瘪的皮肤上，
可恶的蚂蚁在争抢；
掏空了你的胸腔，把你撕成了碎片，
当作腌货贮藏，

冬天大雪纷飞，这可是美味佳粮。

3

这才是真实的故事，
与寓言所说的完全不一样。
该死的，你们作何感想！
啊，专捡便宜的家伙，
利爪带钩，挺胸腆肚，
带着保险箱统治在世上。

混账的，你们还口吐流言，
说艺术家从不干活，
蠢货就该遭殃。
闭上你们的臭嘴吧，
蝉在钻透树皮找佳酿，
你们却偷吃偷喝忙，
它玉碎身亡，你们仍揪住不放。

我的朋友用他那富于表达的普罗旺斯方言，如此这般地为被寓言作家污蔑的蝉平了反。

蝉出地洞

将近夏至时分，第一批蝉出现了。在人来人往、被太阳暴晒、被踩踏瓷实的一条条小路上，张开着一些能伸进大拇指、与地面持平的圆孔洞。这就是蝉的幼虫从地下深处爬回地面来变成蝉的出洞口。除了耕耘过的田地以外，几乎到处可见一些这样的洞。这些洞通常都在最热最干的地方，特别是在道旁路边。出洞的幼虫有锐利的工具，必要时可以穿透泥沙和干黏土，所以喜欢最硬的地方。

我家花园的一条甬道由一堵朝南的墙反射阳光，照得如同到了塞内加尔一样，那儿有许多的蝉出洞时留下的圆洞口。六月的最后几天，我检查了这些刚被遗弃的井坑。地面土很硬，我得用镐来刨。

地洞口是圆的，直径约两厘米半。在这些洞口的周围，没有一点儿浮土，没有一点儿推出洞外的土形成的小丘。事情十分清楚：蝉的洞不像粪金龟这帮挖掘工的洞，上面堆着一个小土堆。这种差异是二者的工作程序所决定的。食粪虫是从地面往地下掘进；它是先挖洞口，然后往下挖去，随即把浮土推到地面上来，堆成小丘。而蝉的幼虫则相反，它是从地下转到地上，最后才钻开洞口，而洞口是最后的一道工序，一打开就不可能用来清理浮土了。食粪虫是挖土进洞，所以在洞口留下了一个类鼹鼠丘；而蝉的幼虫是从洞中出来，无法在尚未做成的洞口边堆积任何东西。

蝉洞约深四分米。洞是圆柱形，因地势的关系而有点弯曲，但始终要靠近垂直线，这样路程是最短的。洞的上下完全畅通无阻。想在洞中找到挖掘时留下的浮土那是徒劳的，哪儿都见不着浮土。洞底是个死胡同，成为一间稍微宽敞些的小屋，四壁光洁，没有任何与延伸的什么通道相连的迹象。

根据洞的长度和直径来看，挖出的土有将近两百立方厘米。挖出的土都跑哪儿去了呢？在干燥易碎的土中挖洞，洞坑和洞底小屋的四壁应该是粉末状的，容易塌方，如果只是钻孔而未做任何其他加工的话。可我却惊奇地发现洞壁表面被粉刷过，涂了一层泥浆。洞壁实际上并不是十分光洁，差得远了，但是，粗糙的表面被一层涂料盖住了。洞壁那易碎的土料浸上黏合剂，便被粘住不脱落了。

蝉的幼虫可以在地洞中来来回回，爬到靠近地面的地方，再下到洞底小屋，而带钩的爪子却未刮擦下土来，否则会堵塞通道，上去很难，回去不能。矿工用支柱和横梁支撑坑道四壁；地铁的建设者用钢筋水泥加固隧道；蝉的幼虫这个毫不逊色的工程师用泥浆涂抹四壁，让地洞长期使用而不堵塞。

如果我惊动了从洞中出来爬到近旁的一根树枝上去，在上面蜕变成蝉的幼虫的话，它会立即谨慎地爬下树枝，毫无阻碍地爬回洞底小屋里去，这就说明即使此洞就要永远被丢弃了，洞也不会被浮土堵塞起来。

这个上行管道不是因为幼虫急于重见天日而匆忙赶制而成；这是一座货真价实的地下小城堡，是幼虫要长期居住的宅子。墙壁进行了加工粉刷就说明了这一点。如果只是钻好之后不久就要丢弃的简单出口的话，就用不着这么费事了。毫无疑问，这也是一种气象观测站，外面天气如何在洞内可以探知。幼虫成熟之后要出洞，但在深深的地下它无法判断外面的气候条件是否适宜。地下的气候变化太慢，不能向幼虫提供精确的气象资料，而这又正是幼虫一生中最重要的时刻——来到阳光下蜕变——所必须了解的。

幼虫几个星期地，也许几个月地耐心地挖土、清道、加固垂直洞壁，却不把地表挖穿，而是与外界隔着一层一指厚的土层。在洞底它比在别处更加精心地修建了一间小屋。那是它的隐蔽所、等候室，如果气象报告说要延期搬迁的话，它就在里面歇息。只要稍微预感到风和日丽的话，它就爬到高处，透过那层薄土盖子探测，看看外面的温度和湿度如何。

如果气候条件不如意，如果刮大风下大雨，那对幼虫蜕变是极其严重的威胁，那谨小慎微的小家伙就又回到洞底屋中继续静候着。相反，如果气候条件适宜，幼虫便用爪子捅几下土层盖板，便可以钻出洞来。

似乎一切都在证实，蝉洞是个等候室，是个气象观测站，幼虫长期待在里面，有时爬到地表下面去探测一下外面的天气情况，有时便潜于地洞深处更好地隐蔽起来。这就是为什么蝉在地洞深处建有一个合适的歇息所，并将洞壁涂上涂料以防止塌落的原因之所在。

但是，不好解释的是，挖出的浮土都跑到哪儿去了？一个洞平均得有两百立方厘米的浮土，怎么全都不见了踪影？洞外不见有这么多浮土；洞内也见不着它们。再说，这如炉灰一般的干燥泥土，是怎么弄成泥浆涂在洞壁上的呢？

蛀蚀木头的那些虫子的幼虫，比如天牛的和吉丁的幼虫，好像应该可以回答第一个问题。这种幼虫在树干中往里钻，一边挖洞，一边把挖出来的东西吃掉。这些东西被幼虫的颚挖出来，一点一点地被吃下，消化掉。这些东西从挖掘者的一头穿过，到达另一头，滤出那一点点的营养成分后，把剩下的排泄出来，堆积在幼虫身后，彻底堵塞了通道，幼虫也就不得再从这儿通过了。由胃或颚进行的这种最终分解，把消化过的物质压缩成比没有伤及的木质更加密实的东西，致使幼虫前边就出现一个空地儿，一个小洞穴，幼虫可以在其中干活儿。这个小洞穴很短小，仅够关在里面的这个囚徒行动的。

蝉的幼虫是不是也是用类似的方法钻掘地洞的呢？当然，挖出来的浮土是不会通过幼虫的体内的，而且，泥土，哪怕是最松软的腐殖土，也绝不会成为蝉的幼虫的食物的。但是，不管怎么说，被挖出来的浮土不是随着工程的进展在逐渐地被抛在幼虫身后了吗？

蝉在地下要待四年。这么漫长的地下生活当然不会是在我们刚才描绘的准备出洞时的小屋中度过的。幼虫是从别处来到那儿的，想必是从比较远的地方来的。它是个流浪儿，把自己的吸管从一个树根插到另一个树根。当它或因为冬天逃离太冷的上层土壤，或因为要定居于一个更好的处所而迁居时，它便为自己开出一条道来，同时把用颚这把镐挖出的土抛在身后。这一点是无可争辩的。如同天牛和吉丁的幼虫一样，这个流浪儿在移动时只要很小的空间就足够了。一些潮湿的、松软的、容易压缩的土对于它来说就等于是天牛和吉丁幼虫消化过后的木质糊糊。这种泥土很容易压缩，很容易堆积起来，留出空间。

困难来自另一个方面。蝉洞是在干燥的土中挖掘而成的，只要土始终保持干燥，那就很难压紧压实。如果幼虫开始挖通道时就把一部分浮土扔到身后的一条先前挖好现已消失的地道中去，这也是比较有可能的，尽管还没有任何迹象可以证明这一点。不过，如果考虑到洞的容量以及极难找到地方堆积这么多的浮土的话，你就又会怀疑起来，心想："这么多的浮土，必须有一个很大的空间才能存放得下，而这个空间的挖成也同样要出现许多的浮土的，要存放起来同样是困难重重。这样就又得有一个空间，同样也就又会有许多浮土，如此循环不已。"就这么转来转去，没有个头。因此，光是把压紧压实的浮土抛到身后尚无法解释这个空间的出现这一难题。为了清除掉碍事的浮土，蝉应该是有一种特殊的法子的。我们来试试解开这个谜。

我们仔细观察一只正在往洞外爬的幼虫。它或多或少总要带上点或干或湿的泥土。它的挖掘工具——前爪尖上粘了不少的泥土颗粒；其他部位像是戴上了泥手套；背部也满是泥土。它就像是一个刚通完阴沟的清洁工。这么多污泥让人看了惊讶不已，因为它是从一个很干燥的土里爬出来的。本以为会看见它满身的粉尘，却发现它是一身的泥污。

再顺着这个思路往前观察一下，蝉洞的秘密就解开了。我把一只正在对其洞穴进行挖掘的幼虫给挖了出来。我运气真好，幼虫正开始挖掘时我便有了惊人的发现。一个大拇指一样长的地洞，没有任何的阻塞物，洞底是一间休息室，眼下全部工程就是这个状况。那位辛勤的工人现在是个什么样呢？就是下面的这种状况。

这只幼虫的颜色比我在它们出洞时捉到的那些幼虫显得苍白得多。眼睛非常大，特别白，浑浊不清，看不清东西。在地下视力有什么用？而出了洞的幼虫的眼睛则是黑黑的，闪闪发亮，说明能看得见东西。未来的蝉儿出现在阳光下，就必须寻找，有时还得到离洞口挺远的地方去寻找将在其上蜕变的悬挂树枝。这时候视力就非常重要了。这种在准备蜕变期间的视力的成熟足以告诉我们幼虫并非仓促地即兴挖掘自己的上行通道的，而是干了很长的时间。

另外，苍白而眼盲的幼虫比成熟状态时体型要大。它身体内充满了液体，就像是患了水肿。用指头捏住它，尾部便会渗出清亮的液体，弄得全身湿漉漉的。这种由肠内排出来的液体是不是一种尿液？或者只是吸收液汁的胃消化后的残汁？我无法肯定，为了说起来方便，我就称它为尿吧。

喏，这个尿液就是谜底。幼虫在向前挖掘时，也随时把粉状泥土浇湿，使之成为糊状，并立即用身子把糊状泥压贴在洞壁上。这具有弹性的湿土便糊在了原先干燥的土上，形成泥浆，渗进粗糙的泥土缝隙中去。拌得最稀的泥浆渗透到最里层，剩下的则被幼虫再次挤压、堆积，涂在空余的间隙中。这样一来，坑道便畅通无阻了，一点浮土都不见了，因为已被就地和成了泥浆，比原先的没被钻透的泥土更瓷实、更匀称。

幼虫就是在这黏糊糊的泥浆中干活儿来着，所以当它从极其干燥的地下出来时便浑身泥污，让人觉得十分蹊跷。成虫虽然完全摆脱了矿工的又脏又累的活儿，但并未完全丢弃自己的尿袋；它把剩余的尿液保存起来当作自卫的手段。如果谁离得太近地观察它，它就会向这个不知趣的人射出一泡尿，然后便一下子飞走了。蝉尽管性喜干燥，但在它的两种形态中，都是一个了不起的浇灌者。

不过，尽管幼虫身上积满了液体，但它还是没有那么多的液体来把整个地洞挖出的浮土弄湿，并让这些浮土变成易于压实的泥浆。蓄水池干涸了，就得重新蓄水。从哪儿蓄水，又如何蓄水？我觉得隐约地看到问题的答案了。

我极其小心地整个儿地挖开了几个地洞，发现洞底小屋壁上嵌着一根生命力很强的树根须须，大小有的如铅笔粗细，有的如麦秸管一般。露出来可以看得见的树根须须短小，只有几毫米。根须的其余部分全都植于周围的土里。这种液汁泉是偶然遇上的呢，还是幼虫特意寻找的？我倾向于后一种答案，因为至少当我小心挖掘蝉洞时，总能见到这么一种根须。

是这样的。要挖洞筑室的蝉，在开始为未来的地道下手之前，总要在一个新鲜的小树根的近旁寻觅一番。它把一点根须刨出来，嵌于洞壁，而又不让根须突出壁外。这墙壁上的有生命的地点，我想就是液汁泉，幼虫尿袋在需要时就可以从那儿得到补充。如果由于用干土和泥而把尿袋用光了，幼虫矿工便下到自己的小屋里去，把吸管插进根须，从那取之不尽的水桶里吸足了水。尿袋灌满之后，它便重新爬上去，继续干活儿，把硬土弄湿，用爪子拍打，再把身边的泥浆拍实、压紧、抹平，畅通无阻的通道便做成了。情况大概就是这样的。虽然没法直接观察到，而且也不可能跑到地洞里去观察，但是逻辑推理和种种情况都证实了这一结论。如果没有根须那个大水桶，而幼虫体内的蓄水池又干涸了，那会怎么样呢？下面这个实验会告诉我们的。我把一只正从地下爬出来的幼虫捉住了，把它放进一个试管的底部，用松松地堆积起来的一试管干土把它埋起来。这个土柱子高一分米五十。这只幼虫刚刚离开的那个地洞比试管长出三倍，虽说是同样的土质，但洞里的土要比试管里的土密实得多。幼虫现在被埋在我那短小的粉状土柱子里，它能重新爬到外面来吗？如果它努力挖的话，肯定是能爬出来的。对于一个刚从硬土地中挖洞的幼虫来说，一个不坚固的障碍能在话下吗？

然而我却有所怀疑。为了最后顶开把它与外界隔开的那道屏障，幼虫已经把最后储备的液体消耗光了。它的尿袋干了，没有活的根须它就毫无办法再把尿袋灌满。我怀疑它无法成功是不无道理的。果不其然，三天后，我看到被埋着的幼虫耗尽了体力，终未能爬上一拇指高。浮土被扒动过，因无黏合剂而无法当场黏合，无法固定不动，刚一拨弄开，便又塌下来，回到幼虫爪下。老这么挖、扒，总也不见大的成效，总是在做无用功。第四天，幼虫便死了。

如果幼虫的尿袋是满的，结果就大不相同。我用一只刚开始准备蜕变的幼虫进行了同样的实验。它的尿袋鼓鼓的，在往外渗，身子全都湿了。对于它来说，这活儿是小菜一碟。松松的土几乎毫无阻力。幼虫稍稍用尿袋的液体润湿，便把土和成了泥浆，黏合起来，再把它们抹开、抹平。地道通了，但不很规则，这倒不假，随着幼虫不断往上爬，它身后几乎给堵上了。看起来好像是幼虫知道自己无法补充水，因而为了尽快地摆脱一个它很陌生的环境而节约自己身上的那仅有的一点液体，不到万不得已绝不动用。就这么精打细算的，十来天之后，它终于爬到了外面来。

出洞口捅开之后，大张着嘴待在那儿，宛如被粗钻头钻出的一个孔。幼虫爬出洞来后，在附近徘徊一阵，寻找一个空中支点，诸如细荆条、百里香丛、禾蒿秆儿、灌木枝杈什么的。一旦找到之后，它便爬上去，用前爪牢牢地抓住，脑袋昂着。其余的爪子，如果树枝有地方的话，也撑在上面；如果树枝很小，没多少地方，两只前爪钩住就足够了。然后便休息片刻，让悬着的爪臂变硬，成为牢不可破的支撑点。这时候，中胸从背部裂开来。蝉从壳中蜕变而出，前后将近半个小时的工夫。蝉从壳中蜕变出来后，与先前的模样儿大相径庭！双翼湿润、沉重、透明，上面有一条条的浅绿色脉络。胸部略呈褐色。身体的其余部分呈浅绿色，有一处处的白斑。这脆弱的小生命需要长时间地沐浴在空气和阳光之中，以强壮身体，改变体色。将近两个小时过去了，却未见有明显的变化。它只是用前爪钩住旧皮囊，稍有点微风吹来，它就飘荡起来，始终是那么脆弱，始终是那么绿。最后，体色终于变深了，越来越黑，终于完成了体色改变的过程。这一过程用了半个小时。蝉儿上午九点悬在树枝上，到十二点半的时候，我看着它飞走了。

旧壳除了背部的那条裂缝而外，并无破损，并且牢牢地挂在那根树枝上，晚秋的风雨也都没能把它吹落或打下。常常可以看到有的蝉壳一挂就是好几个月，甚至整个冬天都挂在那儿，姿态仍旧如同幼虫蜕变时的一模一样。旧壳质地坚固，硬如干羊皮，如同蝉儿的替身似的久久地待在那儿。

啊！如果我对我的那些农民乡邻所说的全都信以为真的话，有关蝉儿的故事我可有不少好听的。我就只讲一个他们讲给我听的故事吧，只讲一个。

你受肾衰之苦吗？你因水肿而走路晃晃悠悠的吗？你需要治它

的特效药吗？农村的偏方在对待这种病上有特效，那就是用蝉来治。把蝉的成虫在夏天里收集起来，穿成一串，在太阳地里晒干，然后好生地藏在衣橱角落里。如果一个家庭主妇七月里忘了把蝉穿起来晒干收藏，那她会觉得自己太粗心大意了。

你是否肾脏突然有点炎症，尿尿有点不畅？赶快用蝉熬汤药吧。据说没什么比这更有效的了。以前，我不知哪儿有点不舒服，一个热心肠的人就让我喝过这种汤药，我起先不知道，是事后别人告诉我的。我很感谢这位热心者，但我对这种偏方深表怀疑。令我惊诧不已的是，阿那扎巴①的老医生迪约斯科里德也建议用此偏方，他说："蝉，干嚼吃下，能治膀胱痛。"从佛塞②来的希腊人把蝉和橄榄树、无花果树、葡萄等传授给了普罗旺斯的农民。从此，自那遥远年代起，普罗旺斯的农民便把这宝贵的药材奉若至宝。只有一点有所变化：迪约斯科里德建议把蝉烤着吃；现在，大家把蝉用来煨汤，作为煎剂。

说此偏方可以利尿，纯属幼稚天真。我们这儿人人皆知，谁要想抓蝉，它就立即向谁脸上撒尿，然后飞走。因此，它告诉了我们其排尿的功能，以致迪约斯科里德及其同时代的人便以此为据，而我们普罗旺斯的农民至今仍这么认为。

啊，善良的人们！如果你们获知蝉的幼虫能用尿和泥来建自己的气象站的话，那你们又会怎么想呢！拉伯雷描写道，卡冈都亚③坐在巴黎圣母院的钟楼上，从自己巨大的膀胱里往外尿尿，把巴黎成百上千的闲散的人淹死，还不包括妇女和儿童，否则人数会更多。你们知道这个故事后，也会信以为真吗？

---

① 阿那扎巴：小亚细亚的一座古城，迪约斯科里德的故乡。

② 佛塞：小亚细亚的一座古城，公元前7世纪时的商业重镇。

③ 卡冈都亚：法国16世纪著名作家拉伯雷的《巨人传》中的主人公。

绿蚱蜢

现在已是七月中旬了，按照气象学，三伏天刚刚开始，但实际上，酷热赶在日历的前头到来，几个星期以来，简直是酷热难当。

今晚，村子里在举行庆祝国庆的晚会。村童们正围着一堆篝火在欢蹦乱跳，我影影绰绰地看到火光映到教堂的钟楼上面，“嘭啪嘭啪”的鼓声伴随着“钻天猴”烟火的“唰唰”声响，这时候，我独自一人在晚上九点钟光景，在那习习凉风中，躲在暗处，侧耳细听田野间那欢快的音乐会。这是庆丰收的音乐会，比此时此刻在村中广场上那烟花、篝火、纸灯笼，尤其是劣质烧酒组成的节日晚会更加庄严壮丽，它虽简朴却美丽，虽恬静却具有威力。

夜已深了，蝉鸣声止。整个白昼，它们饱尝阳光和炎热，尽情欢唱不止，而夜晚来临，它们要歇息了，但是它们却常常被搅扰得无法休息。在梧桐树那浓密的枝杈中，突然会传来一声如哀鸣般的闷响，短促而凄厉。这是被绿蚱蜢突然袭击所惊扰的蝉的绝望哀号。绿蚱蜢是夜间凶猛凌厉的猎手，它向蝉扑去，拦腰将蝉抱住，把它开膛破肚，掏心取肺。欢歌曼舞之后，竟是杀戮。

在我的住处附近，绿蚱蜢似乎并不多见。去年，我计划着研究研究这种昆虫，但是一直没有找到过它，只好恳求一位看林人帮忙，他终于帮我从拉加尔德高原弄到两对绿蚱蜢。那里是严寒地区，山毛榉现在正开始往旺杜峰长上去。

好运总是要先捉弄一番，然后才向着坚忍不拔者微笑的。去年久寻不见的绿蚱蜢，今夏已经几乎是随处可见了。我用不着走出我那狭小的园子，就能捉到它们，想要捉多少就有多少。每天晚上，我都听见它们在茂密的树林草丛中鸣叫。我得把握好这个好时机，机不可失，时不再来。

自六月份起，我便把我所捉到的足够的一对对绿蚱蜢关进一只金属网钟形罩中，下面是一只瓦罐，铺了一层沙子作底。这漂亮的昆虫简直棒极了，全身淡绿色，身体两侧有两条淡白色的饰带。它体形优美，身轻体健，一对罗纱大翅膀，是蝗虫科昆虫中最优雅美丽的。我因捉到这样的一些俘虏而洋洋自得。它们将会告诉我些什么呀？等着瞧吧。眼下必须把它们喂养好。

我给这帮囚徒喂莴苣叶。它们果然在啃咬，但是吃得极少，而且不屑吃的样子。我很快就弄明白了：我养的是一些不太甘愿吃素的家伙。它们需要别的，看上去是想捕捉活食。但到底是哪种活食呢？一个偶然的机会碰巧让我知道了是什么。

破晓时分，我在门前溜达，突然旁边一棵梧桐树上掉下点什么东西，还吱吱地在叫。我赶忙跑上前去。是一只蚱蜢在掏空被它抓住的一只蝉的肚腹。蝉徒劳地鸣叫、挣扎，蚱蜢始终紧咬住不放，把脑袋深扎进蝉的内脏中，一小口一小口地撕拽出来。

我明白了：蚱蜢是一大早在树的高处趁蝉歇息时发动袭击的，受袭的被活活地开膛的蝉猛然一惊，随即进攻者和被袭者扭成一团跌落下来。那次以后，我曾多次看到这种类似的屠杀场面。

我甚至见到过胆量过人的蚱蜢蹿起追扑晕头转向乱飞逃命的蝉，犹如在高空中追逐云雀的苍鹰。与胆量过人的蚱蜢相比，猛禽略逊一筹。苍鹰是专攻比自己弱小的动物，而蝗虫类则相反，攻击比自己个头儿大得多、强壮得多的庞然大物，而这场个头儿相差许多的肉搏的结果是小个头儿必赢无疑。蚱蜢有极强的下颚和利爪，很少不把对手开膛破肚的，而后者因没有武器，只有哀号和挣扎的份儿了。

要紧的是要把猎物攥住，这倒并不难，趁夜间猎物打盹儿的工夫下手即可。凡是被夜巡的凶猛的蚱蜢撞上的蝉都难免惨死。这就可以理解了，为什么夜阑人静、蝉声停叫之时，有时会突然听见树冠中传出吱吱的惨叫声。那是身着淡绿色衣服的强盗刚刚捉住一只入睡了的蝉。

我找到了我的食客们所需之食物了，我就用蝉来喂养它们。这道菜非常合它们胃口，所以两三个星期的工夫，我那笼子里就一片狼藉，蝉脑袋、空胸壳、断翅膀、断肢碎爪，无处不在。只有肚子几乎整个儿地不见了。肚腹是块好肉，虽然营养成分不高，但看来味道很好。

确实，蝉腹中的嗉囊里积存着糖浆，那是蝉用自己的小钻从嫩树皮里汲出来的香甜液汁。是否就因为这种蜜饯的缘故，蝉的肚腹才成为猎人的首选？这很可能。

为了使食谱多样化，我其实还专门喂它们一些香甜的水果，比如梨片、葡萄、甜瓜片，等等。这些水果它们全都很爱吃。绿蚱蜢就像英国人：它非常喜欢浇上果酱的牛排。也许这就是为什么它一抓住蝉就开膛破肚的缘故：肚子里装着裹着果酱的鲜美肉食。

并非在任何地方都可以吃到这种甜蝉美味的。在北方地区，绿蚱蜢遍地皆是，它们不可能找得到它们在我们这儿所热衷的这种美食。它们大概还有别的吃食。

为了弄清楚这个问题，我给它们喂细毛鳃角金龟，这是一种夏季鳃角金龟，与春季鳃角金龟相同。这种鞘翅昆虫一扔进笼里，绿蚱蜢们便毫不迟疑地扑上去了，吃得只剩下鞘翅、脑袋和爪子。我又投进去漂亮而肉肥的松树鳃角金龟，结果也一样，第二天我发现它被那帮凶神恶煞给开膛破肚了。

这些例子已足以说明问题了。这证明蚱蜢是个嗜食昆虫者，尤其爱吃没有过硬甲胄保护的那些昆虫；这还证明它们特别喜欢肉食，但又像螳螂那样只吃自己捕获的猎物。这个蝉的刽子手还知道肉食热量太高，须用素食加以调剂。吃完肉喝完血之后，还要来点水果什么的，有时候，实在没有水果，来点草吃吃也是可以的。

然而，同类相残仍然存在。其实我还从未看到我笼中的飞蝗像螳螂那样的野蛮行径，后者经常拿自己的情敌开刀，吞食自己的情侣。不过，假若笼中的某个体弱的飞蝗倒下，幸存者们会像对待一般猎物那样毫不迟疑地扑上去的。它们并不是因为食物匮乏才以死去的同伴充饥的。不管怎么说，凡是身有佩刀的昆虫都不同程度地有以伤残同伴为食的癖好。

除了这一点以外，我笼子里的飞蝗们倒是和平共处。它们彼此之间从未见有过狠打独斗，顶多也就是因食物而稍许争抢一番而已。我刚扔进笼子里一片梨，一只飞蝗便立即霸占上了。因为怕别人来争抢，它就踢腿蹬脚，不让别人过来抢它的美食。自私自利无处不在。它吃饱了，就把位子让给别人，后者随即也霸道地占着梨片。笼中的食客就这么一个一个地飞上去霸占一番。吃饱喝足之后，大家便用大颚尖挠挠脚掌，用爪子蘸点唾沫擦擦额头和眼睛，然后便用爪子抓住网纱或躺在沙地上，作沉思状，悠然自得地消食。它们白天的大部分时间都睡大觉，尤其是天气炎热时，更是如此。

到了日落西山、夜幕降临时，这帮家伙劲头儿便上来了。九点钟光景，闹腾得最欢，忽而猛地冲上圆顶高处，忽而又兴冲冲地下来，一会儿再冲上去。大家吵嚷着来来去去，在环形道上跑跑跳跳，遇上好吃的便咬上两口，一刻也不停下来。

雄性绿蚱蜢待在一旁，用触须挑逗路过的雌性。未来的母亲们庄重严肃地踱着步，佩刀半抬着。对于那些猴急的狂热雄性来说，现在的大事就是交配。有经验者一看就知道它们想干什么。

这也是我所观察的主要内容。我的愿望得以满足，但并不是完全满足，因为下面的好事拖得太晚，我没能看到最后那一幕。那最后的一幕要拖到深夜或者凌晨。

我所看到的那一点点只局限于没完没了的序幕那一段。热恋的情侣面对面，几乎头碰头地用各自的柔软触角彼此触摸，互相试探。它们仿佛两个用花剑互击以示友好的对手。雄性不时地鸣叫几声，用琴弓拉上几下，然后便寂然无声，也许是因为过于激动而没继续拉下去。十一点了，求爱仍未结束。我实在是困得不行，颇为遗憾地撇下了这对情侣。

第二天早晨，雌性产卵管根部下方吊挂着一个奇特的玩意儿，是装着精子的口袋，宛如一只乳白色的小灯泡，大小如天平砝码，隐约地分成数量不多的长圆形囊泡。当雌性绿蚱蜢走动时，那小灯泡擦着地，粘上一些沙粒。然后，它拿这个受孕的小灯泡当作盛筵，慢慢地将其中的东西吸尽，再咬住干薄皮囊，久久地反复咀嚼，最后再全部吞咽下去。不到半天工夫，那乳白色的赘物消失了，连渣渣末末都全部被它美滋滋地吃光了。

这种难以想象的盛筵似乎是从外星球传入的，因为它与地球上的筵席习惯大相径庭。蝗虫科昆虫真是个奇特的世界，它们是陆地动物中的最古老的动物中的一种，而且如同蜈蚣和头足纲昆虫一样，是古代习性沿用至今的一个代表。

大孔雀蝶

这是一个难忘的晚会。我将把它称作大孔雀蝶晚会。谁不认识这美丽的蝴蝶？它是欧洲最大的蝴蝶，穿着栗色天鹅绒外衣，系着白色皮毛领带。翅膀上满是灰白相间的斑点，一条淡白色之字形线条穿过其间，线条周边呈烟灰白，翅膀中央有一个圆形斑点，宛如一只黑色的大眼睛，瞳仁中闪烁着黑色、白色、栗色、鸡冠花红色的呈彩虹状的变幻莫测的色彩。

它的体色模糊泛黄的毛虫也同样美丽好看。它那稀疏地环绕着一圈黑纤毛的体节末端，镶嵌着青绿色的珍珠。它那粗壮的褐色茧形状极其奇特，口部状如渔民的捕鱼篓，通常紧贴在老巴旦杏树根部的树皮上。这种树的树叶是其毛虫的美味食物。

五月六日那天早上，一只雌性大孔雀蝶在我面前的实验室桌子上破茧而出。它因孵化时的潮湿而浑身湿漉漉的，我立即用金属网罩把它罩了起来。我这也是灵机一动才这么做的，因为我还没有作出针对它的特殊安排。我只是凭着观察者的简单习惯，把它关了起来，时刻密切注意可能会出现的情况。

我很有运气。晚上九点钟光景，全家人都躺下睡觉了，我隔壁房间乱糟糟的一阵响动。小保尔没怎么穿衣服，来回走动，又蹦又跳，跺脚踢物，弄翻椅子，简直像疯了似的。“快来呀，”他在大声喊叫，“快来看这些蝴蝶呀，像鸟儿一样大！房间里都飞满了！”

我赶忙奔过去。一看，怪不得孩子会那么兴奋，那么乱喊乱叫。那是从未发生过的擅闯民宅行为——是巨大的蝴蝶的入侵。有四只已经被抓住，关进了麻雀笼里。还有大量的全都在天花板上飞来飞去。

见此情景，我立刻想起了早晨被我关起来的那只雌性大孔雀蝶来。“快穿上衣服，孩子，”我对儿子说，“把你的笼子放那儿，跟我走。咱们去看看稀罕玩意儿。”

我们往下走，来到住宅右翼我的实验室。在厨房里时，我碰见保姆，她也被眼前发生的事弄得惊愕不已。她在用她的围裙驱赶一些大蝴蝶，一开始她还以为是蝙蝠呢。

看起来，大孔雀蝶已经差不多把我的住宅全都占据了。这肯定是那只女囚引来的，它周围的那方天地会成什么样儿呀！幸好，实验室的两扇窗户有一扇是开着的，道路通畅。

我们手里拿着一支蜡烛，冲进了房间。我们第一眼所见简直是终生难忘。一群大蝴蝶轻拍着翅膀，围着钟形罩飞舞，落在罩子上，忽而又飞走，然后又飞回来，再飞向天花板，继而又飞下来。它们扑向蜡烛，翅膀一扇，蜡烛灭了。它们又扑向我们肩头，钩住我们的衣服，轻擦着我们的面孔。

这屋子简直成了一个巫师招魂的秘窟，成群的蝙蝠在飞舞。为了壮胆，小保尔紧攥住我的手，比平时用力得多。

它们有多少只呢？将近二十来只。再加上误入厨房、孩子们的卧室和其他房间的，总数将有四十来只。我要说，这是一次难忘的晚会，一次大孔雀蝶的晚会。它们不知是如何得知消息的，从四面八方赶来。其实，那是四十来个情人，急不可耐地赶来向今晨在我实验室的神秘氛围中诞生的女子致意的。

今天，我们就别再多打扰这一大群追求者了。蜡烛的火焰伤着了这群来访者，它们冒冒失失地向火上扑去，烧着了身子。明天我将用一份事先拟定的实验问卷再来进行这项研究。

现在，我们先来整理一下思路，来谈谈我观察的这一个星期里的所有情景中的重复见到的情况。每次都发生在晚上八点到十点之间；蝴蝶们是一只一只飞来的。现在是暴风雨的天气，天空乌云翻滚，一片漆黑，花园里，露天地，树丛内，伸手不见五指。

对于这些到访者来说，除了这漆黑之夜之外，其他时间住所也难以进入。房屋掩映在一些高大的梧桐树下；屋前向外前厅是一条两边长着厚厚的丁香和玫瑰树篱的甬道；屋前还有丛丛松树和杉柏帷幕在抵挡凛冽的西北风的侵袭。大门不远处还有一道小灌木丛形成的壁垒。大孔雀蝶要赶到朝圣地就必须在漆黑的夜晚穿越这杂乱的树枝屏障，左冲右突，迂回前进。

在这样的情况下，猫头鹰都不敢离开它那油橄榄树的巢穴贸然闯入。而大孔雀蝶装备精良，长着多面的小光学眼睛，比大眼睛的猫头鹰技高一筹，敢于毫不迟疑地勇往直前，顺利通过，没有发生碰撞。它迂回曲折地飞行着，方向掌握得非常之好，所以尽管越过了重重障碍，抵达时仍精神抖擞，大翅膀没有丝毫的擦伤，完好无损。对于它来说，黑夜中的那点光亮已足够了。

即使认为大孔雀蝶具有某些普通视网膜所没有的特殊视觉，那这种异乎寻常的视觉也不会是通知在远处的它飞来这里的东西。远隔着的距离和其间的遮挡物肯定无法使这种视觉起这么大的作用。

再说，除非有迷惑性的光的折射——这儿并不是这种情况——大孔雀蝶会直扑所见到的东西的，因为光线的指引是非常准确的。不过大孔雀蝶有时也会出错，但错的不是要走的大方向，而是引诱它前去的所发生事情的确切地点。我刚才说过，孩子们的卧室是在

此时此刻到访者们的真正目的地——我的实验室的对面，在我们秉烛闯入之前，已经被一群蝴蝶占据了。它们肯定是因情急搞错了。在厨房里也是一样，也有一群满腹狐疑的蝴蝶，因为在厨房里有一盏灯，挺亮，对于夜间活动的昆虫来说是一种无法抗拒的诱惑，所以它们可能因此而迷了路。

我们只考虑黑暗的地方吧，在这种地方迷失方向者也不在少数。我在它们要前往的目的地附近几乎到处都发现一些。因此，当女囚身陷我的实验室时，蝴蝶们并不是全都从那个直接而可靠的通道——开着的窗户——飞进来的，那通道离钟形罩下的女囚只不过三四步远。有不少是从下面飞进来的，它们在前厅四处乱窜，顶多飞到了楼梯口，可那是一条死路，上面有一个门关着，进不去的。

这些情况说明，赶来求爱的大孔雀蝶们并没有像普通光辐射（这些光辐射是我们的身体能感觉到或不能感觉到的）告诉它们之后它们所做的那样，直奔目标飞来。另有什么东西在远处告诉它们，把它们引到确切地点附近，然后让最终的发现物处于寻找和犹豫的模糊状态之中。我们通过听觉和味觉获得的信息差不多也是这种情况，当必须准确地弄清声音或气味的来处时，听觉或味觉却是很不准确的。

发情期的大孔雀蝶夜间朝圣时究竟是靠什么样的信息器官呢？人们怀疑它们的触角。雄性大孔雀蝶的触角似乎确实是用它们那宽阔的羽状薄翼在探测。这些美丽的羽饰只是一些普通的服饰呢，还是也起着一种引导求爱者找寻气味的作用呢？似乎不难进行一个带结论性的实验。咱们不妨来试一试。

入侵发生的翌日，我在实验室里找到了头天夜袭的访客中的八位。它们在关着的那第二扇窗户的横档上盘踞着，一动不动。其他的在一番飞舞尽兴之后，于晚上十点钟光景从进来的那个通道，也就是日夜全都敞开着的那第一扇窗户飞走了。这八只坚韧不拔者正是我要做的实验所必需的。

我用小剪刀从根部剪掉大孔雀蝶的触角，但并未触及它们身体的其他部位。它们对这种手术并未有什么反应，谁都没有动，只不过稍稍抖动了一下翅膀。手术非常成功：伤口似乎不怎么严重。被剪去触角的大孔雀蝶没有疼得乱飞乱舞，这对我的实验计划是最好不过的了。一天结束了，它们一直静静地一动不动地待在窗户的横档上。

余下要做的还有另外几项事情。特别是当被剪去触角的大孔雀蝶在夜间活动时，应给女囚换个地方，不让它待在求爱者们的眼皮底下，以保证研究的成果。因此，我把钟形罩和女囚搬了家，把它们放在地上，在住宅另一边的门廊下，离我的实验室有五十来米。夜幕降临，我最后一次查看了一下我那八只动过手术者。有六只已经从敞开着的那扇窗户飞走了；还留下两只，但是已经摔在了地板上，我把它们翻过来，仰面朝天，它们都没有力气翻转身子了。它们已精疲力竭，奄奄一息。可别责怪我的手术不好。即使我不用剪刀剪去它们的触角，它们照样会衰老垂危的。

那六只大孔雀蝶精力充沛，已经飞走了。它们还会飞回来寻找昨天引它们飞来的诱饵吗？它们没有了触角，还能找得到现已移往别处、离原先的地点挺远的那只钟形罩吗？

钟形罩放在黑暗之中，几乎是在露天地里。我时不时地拿着一只提灯和一个网跑过去看看。来访者被我捉住、辨认、分类，并立即在我关上了门的相邻的一间屋子里放掉。这样做可以精确地计数，免得同一只蝴蝶被计算上好几次。另外，这临时的囚室宽敞空荡，决不会损伤被捉住的蝴蝶，它们在囚室里会觉得很安静，而且有很大的空间。在我以后的研究中，我也将采取类似的安全措施。

十点半钟，再没有到访者了，实验结束了。捉住的一共是二十五只雄性，只有一只是失去触角的。昨天被动过手术的那六只大孔雀蝶，身强力壮，得以飞出我的实验室，回到野外，其中只有一只回来寻找那只钟形罩。如果必须肯定或者否定触角的导向作用，那我尚不敢信任这种收获不大的结果。让我们在更大的范围内再做一番实验吧。

第二天早上，我去查看头一天被捉住的俘虏们。我看到的情况并不令人鼓舞。有许多都落在地上，几乎没有了生气。我把它们用手指夹住时，有几只只是略微有点生命的气息。这些瘫痪了的囚徒还能有什么用处？咱们还是试一试吧。也许到了寻欢求爱的时刻，它们又会恢复生气了呢。

有二十四只新来的接受了截去触角的手术。先前被剪去触角的那一只被剔除了，因为它差不多已奄奄一息了。最后，在这一天剩余的时间里，监狱的大门是敞开的，谁想飞走就飞走，谁想去赴盛大晚会就去参加吧。

为了让飞出去的接受试验，它们在门口必然会遇见的那只钟形罩又被挪了地方。我把它放置在一楼对面那一侧的一个套间里。当然，这个房间进出是自由的。

这二十四只被剪去触角者中，只有十六只飞到了外面。有八只已精疲力竭，不多久就会死在这儿。飞走的那十六只中，有多少只晚上会回来围着钟形罩飞舞呢？一只也没有。第二晚我只逮着七只，全都是新飞来的，也全都是羽饰完整的。这一结果似乎表明剪去触角是较为严重的事。不过，我们还是先别忙着下结论：还有一个疑点，而且是很重要的疑点。

“瞧我这副德性吧！我还敢在别的狗面前露面吗？”刚被别人无情地割掉两只耳朵的小狗莫弗拉说。我的蝴蝶们会不会有小狗莫弗拉同样的担忧？一旦失去美丽的装饰，它们就不再敢出现在其情敌们面前向雌性示爱吗？这是它们的惶恐吗？是它们少了导向器的缘故吗？是不是因为久等而未能如愿所致，因为它们的狂热是短暂的？

实验将解答我们的疑问。

第四天晚上，我捉到十四只蝴蝶，全都是新来者，我逐个地把它们关在一间房间里，它们将在里面过夜。第二天，我趁它们习惯于昼间歇息不动之机，把它们前胸的毛拔掉少许。拔去这么一点点毛对昆虫无伤大雅，因为这种丝质的下脚毛很容易长出来，所以不会伤及它们在要回到钟形罩前的时刻到来时所必需的器官的。对于这些被拔毛者这算不了什么，可对于我来说，这将是我识别谁来过谁是新来者的重要标记。

这一次没有出现精疲力竭、无法飞舞者。入夜，十四只被拔毛者飞回野外去了。当然，钟形罩又挪了地方。两个小时里，我逮住二十只蝴蝶，其中只有两只是拔过毛的。至于前天晚上被剪去触角的大孔雀蝶，一只也没有出现。它们的婚期结束，彻底结束了。

在有拔过毛标记的十四只中，只有两只飞回来了。其他的十二只虽然有着我们所推测的导向器，有着它们的触角羽饰，但为什么没有回来呢？另外，在囚禁了一夜之后，为什么总是有那么多被证实为体力不支者呢？对此我只有一个回答：大孔雀蝶被强烈交尾的欲望迅速地耗得精疲力竭。

大孔雀蝶为了结婚这个它生命的唯一目的，具备了一种奇妙的天赋。

它能飞过长距离，穿过黑暗，越过障碍，发现自己的意中人。两三个晚上的时间里，它用几个小时去寻觅，去调情。如果不能遂愿，一切全都完了：极其准确的罗盘失灵了，极其明亮的灯火熄灭了。那今后还活个什么劲儿呀！于是，它便缩到一个角落里，清心寡欲，长眠不醒，幻想破灭，苦难结束。

大孔雀蝶只是为了代代相传才作为蝴蝶生存的。它对进食为何事一无所知。如果说其他的蝴蝶是快乐的美食家，在花丛间飞来飞去，展开其吻管的螺旋形器官，插入甜蜜的花冠的话，那大孔雀蝶可是个没人可比的禁食者，完全不受其胃的驱使，无须进食即可恢复体力。它的口腔器官只是徒具形式，是无用的装饰，而非货真价实、能够运转的工具。它的胃里从未进过一口食物：如果它不是活不长的话，这可是个绝妙的优点。灯若想不灭就必须给它添油。大孔雀蝶则拒绝添油，不过它也就因此而活不长。只两三个晚上，那正是配对交欢最起码的必需时间，这就是一切：大孔雀蝶也就寿终正寝了。

那么失去触角的大孔雀蝶一去不复返又是怎么回事呢？它们是否在证明没有了触角它们就无法再找到那只女囚呢？绝对不是。如同被拔掉毛身体受损却安然无恙的昆虫一样，它们也是在宣告自己的寿命已经终结了。它们无论被截肢还是身体完整者，现在皆因年岁大的缘故而派不上用场了，它们的存在与不存在已无意义。由于实验所必需的时间不够，我们未能了解到触角的作用。这种作用先前让人摸不着头脑，今后仍旧是一个疑团。

我囚禁在钟形罩下的那只雌性大孔雀蝶存活了八天。它根据我的意愿，每晚在居住处的一隅或另一处，为我引来数目不等的一群造访者。我用网随到随捕，然后立即把它们关进封闭的房间，让它们过夜。第二天，它们起码要在前胸剪掉些羽毛，以做标记。

来访者的总数在这八天当中高达一百五十只，考虑到今后两年为了继续这项研究必需的资料，我将要费劲乏力地去寻找这种活物的话，这个数目可真让人瞠目结舌。大孔雀蝶的茧在我住所附近虽说并非找不到，但至少是十分罕见，因为其毛虫的栖息地老巴旦杏树并不太多。那两年的冬天，我对这些衰老的树全都一一检查过，翻查它们那藏于一堆杂乱的木本植物中的树根，可我有多少次都是无功而返，空手而回呀！因此，我的那一百五十只大孔雀蝶是从远处，从很远的地方，也许是从方圆两千米以外或更远的地方飞来的。它们是如何获知我实验室里的情况而纷纷前来的呢？

有三个信息因子是易感性的决定条件：光线、声音和气味。大孔雀蝶从敞开的窗户飞进来之后，视觉是在指引着它，但仅此而已。在进来之前，在外面那未知的环境中则不然！说大孔雀蝶具有猞猁那种穿墙视物的视觉是不足以说明问题的，还必须解释为什么它有一种敏锐的视觉，能够神奇地看见几千米之外的东西。这个问题太大太难，咱们别去讨论了。

声音同样与此无关。胖胖的雌性大孔雀蝶虽能够从很远的地方招引来情人，但它却是静默无语的，连最敏锐的耳朵也听不见它的声音。说它有春心萌动、激情颤抖，也许可以用高倍显微镜观察得到，严格地说，这是可能的。但是，我们不要忘了，到访者应该是在很远的距离之外，在数千米之外获得信息的。在这种情况下，我们就别去考虑声学的因素了，否则的话，就无宁静可言，周围一定是乱哄哄一片。

剩下的就是气味了。在感官范畴内，气味的散发比其他的东西可以说更能解释为什么蝴蝶们会稍作迟疑之后便纷纷前来追逐吸引它们的那个诱饵。是否确实有这么一种类似于我们称之为气味的散发物呢？这种散发物又是极其难以发觉的，是我们感觉不到可又能让比我们的嗅觉更敏锐的嗅觉能够感觉出来？得做一个实验，这实验极其简单，就是把这些散发物掩藏起来，用气味更大更浓烈而经久的一种气味压住它们，成为主导气味，这样一来，微弱的气味就几乎不存在了。

我事先在晚上雄性大孔雀蝶将被招来的那个屋子里撒了点樟脑。另外，在钟形罩下，在雌性大孔雀蝶旁边我也放了一只装满樟脑的宽大圆底器皿。大孔雀蝶来访的时刻来到时，只需待在房间门口就能闻到这股子樟脑味儿。我的巧计未能奏效。大孔雀蝶们像平时一样，如约而至，它们闯入房间，穿越那股浓烈的气味，像在没有气味的环境中一样，方向准确地向钟形罩飞去。

我对嗅觉能否起作用已产生了疑惑。再说，我现在也无法继续实验了。第九天，我的女囚因久等无果已精疲力竭，把未能孵出幼虫的卵下在钟形罩的金属纱网上之后死去了。没了雌性大孔雀蝶，我也就无事可做，只好等到明年再说。

这一次，我将采取一些预防措施，储备了充足的必需品，以便如我所愿地重复已经做过的和我考虑要做的实验。说干就干，不必拖延了。

夏日里，我以每只一个苏的价格买了一些大孔雀蝶毛虫。我的几个邻居小孩——我日常的供货者们——对这种交易十分起劲儿。每个星期四，他们在摆脱那令人生厌的动词变位的学习之后，便跑到田间地头，不时地会找到一条大毛虫，用小棍子尖端挑着给我送来。这帮可怜的小鬼不敢碰毛虫，当我像他们抓熟悉的蚕那样用手指捉住毛虫时，他们都吓呆了。

我用老巴旦杏树枝喂养我昆虫园中的大孔雀蝶毛虫，不几天便有了一些优等的茧。到了冬天，我在老巴旦杏树根部一丝不苟地寻找，获得不少的成果，补足了我的收集物。一些对我的研究感兴趣的朋友跑来帮我。

最后，通过精心喂养，四处搜寻，求人代捉，虽身上被荆条划得伤痕累累，但我却有了不少的茧，其中有十二只较大较重的是雌性的。

失望一直在等待着我。五月来临，这是个气候变化无常的月份，把我的心血化为乌有，使我痛心疾首，愁苦不堪。话说又到了冬季。寒风凛冽，吹掉了梧桐树的新叶，落满一地。这是天寒地冻的腊月，晚上必须生上旺火，穿上厚厚的冬衣。

我的大孔雀蝶也饱受煎熬。卵孵化得晚了，孵出来一些迟钝呆滞的家伙。在一只只钟形罩里，雌性大孔雀蝶根据出生先后今天一只明天一只地住了进去，可是很少或者压根儿就没有外面飞过来探望的雄性大孔雀蝶。在附近倒是有一些，因为我收集的长着漂亮羽饰的试验用雄性大孔雀蝶，一旦孵化出来，辨认清楚之后便会立即关进园子里。它们不管离得远的还是就在附近的，都很少飞过来，而且即使来了也无精打采的。

也许低温也对提供信息的气味散发物有很大的影响，而炎热则可能有利于气味的散发。我这一年的心血算是白费了。唉！这种实验真难呀，它受到季节变换的快慢和反复无常的制约！

我又开始进行第三次实验。我喂养毛虫，到田野里去寻找虫茧。到了五月份，我已经收集了不少。季节很好，符合我的要求。我又见到了一开始导致我进行这种研究的那次令人振奋的大孔雀蝶的入侵的盛况。每天晚上都有大孔雀蝶飞来，有时十一二只，有时二十多只。雌性大孔雀蝶肚腹鼓鼓的，紧贴在钟形罩的金属网上。它毫无反应，甚至连翅膀都没颤动一下。它好像对周围所发生的事情无动于衷。我家人中嗅觉最灵敏的也没有嗅出什么气味来；我家亲朋中被拉来做证的听觉最敏锐的也没听见任何响动。那只雌性大孔雀蝶一动不动地、屏息凝神地在等待着。

雄性大孔雀蝶三三两两地扑到钟形罩圆顶上，绕着飞来飞去，不停地用翅尖拍打着圆顶。它们之间没有因争风吃醋而发生打斗。每只雄性大孔雀蝶都在尽力地想闯入钟形罩，看不出对其他的献殷勤者有任何的嫉妒。徒劳地尝试一番之后，它们厌倦了，飞走了，混入正在飞舞着的蝶群中去。有几只绝望者从那扇敞开的窗户飞走了，一些新来者替代了它们。而在钟形罩的圆顶上，直到十点钟左右，不断地有蝴蝶尝试闯入，随即失望而去，随即又有新来者代替之。

钟形罩每天晚上都要挪挪地方。我把它放在北边或南边，放在楼下或二楼，放在住所右翼或左翼五十米开外，放在露天地里或一间僻静小屋的暗处。这一番神不知鬼不觉地突然搬来搬去，如果不知情者想找可能都找不着，但是却一点儿也没骗过蝴蝶们。我的时间与心思全白费了，没有迷惑住它们。

这里并不是对地点的记忆在起作用。譬如头一天晚上，那只雌性大孔雀蝶被放置在住所的某间房间里。羽饰美丽的雄性大孔雀蝶飞到那儿舞了两个小时，甚至还有一些在那儿过了一夜。第二天，日落时分，当我转移钟形罩时，雄性大孔雀蝶都在外边。尽管寿命转瞬即逝，但新来者仍有能力进行第二次、第三次的夜间远征。这些只能存活一日的家伙首先将飞往何处？

它们了解昨夜幽会的确切地点。我还以为它们将凭着记忆回到那儿去，而在那儿发现人去楼空时，它们将飞往别处继续追寻。但并不是这么回事。与我的期盼恰恰相反，根本就不是这样的。它们谁也没有再出现在昨晚一再光顾的地方，谁都没在那儿做过短暂逗留。此地已看出是没有人烟了，记忆似乎并没有事先向它们提供任何情报。一个比记忆更加可靠的向导把它们召唤去了另外的地方。

在此之前，雌性大孔雀蝶一直公开地待在金属网眼上。那些到访者在漆黑的夜晚目光仍是敏锐的，它们凭借那对我们而言简直如同漆黑的夜色的一点微光是能够看见那只雌性大孔雀蝶的。如果我把雌性大孔雀蝶关进不透明的玻璃罩中，那会出现什么情况呢？这种不透明的玻璃罩难道就不能让提供信息的气味自由散发或完全阻止它散发吗？

今天，物理学使我们能够发明利用电磁波的无线电报了。大孔雀蝶在这个方面是不是可能超越了我们？为了激越周围的雄性大孔雀蝶，通知几千米以外的求爱者，刚刚孵化出来的适婚雌性大孔雀蝶难道已拥有已知的或未知的电波和磁波吗？这种电波、磁波难道会被某种屏障隔断而被另一种屏障放行吗？总而言之，一句话，它是不是会按照自己的方法利用某种无线电呢？我觉得这并没有什么不可能的。昆虫是这种高级发明的强者。

于是，我把雌性大孔雀蝶放在不同材质的盒子里，有白铁的、木质的、硬纸壳的，全都关得严严实实，甚至还用油性胶泥给封上。我还用了一只玻璃钟形罩，将它摆放在一小块玻璃的绝缘柱上。

在这种严密封闭的条件下，没有飞来一只雄性大孔雀蝶，一只也没有，尽管晚上既凉爽又安静，环境宜人。无论是什么材质的——金属的、玻璃的、木质的还是硬纸壳的——密封盒，都使传递信息的散发物无法散发出去。

一层两横指厚的棉花层也产生同样的效果。我把雌性大孔雀蝶放进一只很大的短颈大口瓶里，用棉花盖上瓶口，扎紧。这足可以使周围的雄性大孔雀蝶无法知晓我实验室的秘密了。一只雄性大孔雀蝶都没有露面。

反之，我们不密封盒子，让它微微开着点，再把这些盒子放进一只抽屉里，装进大衣橱中。但尽管这么藏了又藏，雄性大孔雀蝶仍然蜂拥而来，多得就像明显地把钟形罩放在一张桌子上时一样。女囚被放在帽盒里，裹进一只关好的壁橱等待着的那个晚上的情景至今仍历历在目。雄性大孔雀蝶们扑向壁橱门，用翅膀扑打着，啪啪连声，想闯进去。这些过路的朝圣者，也不知从何处飞过田野来到此处，它们非常清楚门后面藏着什么。

因此，任何认为存在类似无线电报的通信手段的说法都无法让人接受，因为一道屏障无论是好导体还是坏导体，一经出现便立即阻断了雌性大孔雀蝶的信号。为了让信号畅通无阻，传得很远，必须具备一个条件：囚禁雌性大孔雀蝶的囚室不能关得严丝合缝，密不透风，要让内外空气相通。这又使我们回到了存在一种气味的可能性上，但那是经我用樟脑所做的实验给否定了的。

我的大孔雀蝶的茧业已告罄，但问题仍然没有弄个一清二楚。我第四年还要继续搞下去吗？我放弃了，原因如下：如果我想跟踪观察一只大孔雀蝶夜间婚礼中的亲昵举动，那是颇为困难的。献殷勤的雄性为达到目的肯定是无须亮光的，但我这人类的微弱视力夜间无亮光是看不见什么的。我起码得点上一支蜡烛，但又常常被飞舞的群蝶给扇灭了。提灯倒是可以免此烦恼，但是它光线昏暗，又会出现阴影，根本无法让你看得清清楚楚。

还不光是这一点。灯的亮光还会把蝴蝶从它们的目标引开，使之无法成其美事，而且照得太久，还会严重影响整个晚会的成功。来访者一飞进屋内，便疯狂地扑向火光，烧坏身上的茸毛，而且，从今以后因为被烧伤而疯狂，就无法用来取证了。如果它们没有被烧着，被隔在玻璃罩外面，落在火光旁边，便会像是被施了魔法似的，不再动弹。

一天晚上，雌性大孔雀蝶被放置在餐厅的一张桌子上，正对着敞开着的窗户。一盏煤油灯点着，灯上装有一个搪瓷的宽大灯罩，吊挂在天花板上。一些来访者落在钟形罩的圆顶上，在女囚面前表现出急不可耐的样子。另外的一些来访者，飞过女囚囚室时略微致意一番，便向煤油灯飞去，盘旋片刻之后，被搪瓷灯罩的反射光照得迷迷糊糊的，便贴在灯罩下面一动不动了。孩子们已经伸手要去捉它们了。“别动，”我说，“别动。别惊扰它们，别搅扰这些前来光明圣体龛朝圣的客人们。”

整个晚上，它们全都没有动弹过。第二天，它们仍留在原地。对亮光的迷恋使它们忘掉了对爱情的陶醉。

面对这样的一些迷恋亮光的家伙，精确而长久的实验是无法进行的，因为观察者需要照明。我放弃了对大孔雀蝶及其夜间婚礼的观察。我需要一只习性不同的蝴蝶，它得像大孔雀蝶一样勇敢地奔赴婚礼幽会，但又能在白天行房。

在用一只满足上述条件的蝴蝶进行研究之前，暂时先别顾及时间的先后次序，说几句我结束研究之前飞来的最后一只蝴蝶的事。那是一只小孔雀蝶。

别人不知从哪儿给我弄来一只很棒的茧，裹着一个宽大的白色丝套。从这个不规则的大褶皱的丝套中，很容易抽出一只外形似大孔雀蝶茧但体积要小一些的茧来。丝套端口用松散但又聚集的细枝结成网状，可出而不可进，我一眼便可看出那是一只夜间活动的大孔雀蝶的同类。丝套上有编织者的名号。

果然，三月末，圣枝主日那一天的清晨，那只茧孵出一只雌性小孔雀蝶，我立刻把它关进实验室的钟形金属网里。我打开房间的窗户，好让这件大事传布到田野中去，而且必须让可能前来的探访者自由进入房间。被囚的这只雌蝶贴在金属网纱上，一个星期都没再动一动。

我的小孔雀蝶女囚美丽极了，一身呈波纹状的褐色天鹅绒华服，上部翅膀尖端有胭脂红斑点，四只大眼睛，宛如同心月牙，黑色、白色、红色和赭石色混在一起。如果不是色泽那么发暗的话，几乎就是大孔雀蝶的装饰。这种体形和服饰如此华美的蝴蝶，我一生中只见到过三四次。我昨天见了茧，但从未见到过雄性蝶。我只是从书本上知道雄性比雌性要小一半，体色更加鲜艳，更加花枝招展，下部翅膀呈橘黄色。

我还不了解的陌生贵客——羽饰漂亮的雄蝶，它会飞来吗？在我们周围这一片似乎很少见到它的。在它那遥远的藩篱墙中，它能得知那只适婚雌蝶在我实验室的桌子上正等待着它吗？我敢保证它会前来的，而且我错不了的。瞧，它来了，甚至比我预料的还早到了。

晌午时分，我们正要吃午饭，因心悬可能会出现的情况尚未来用餐的小保尔，突然跑到饭桌前，面颊红通通的。只见一只漂亮的蝴蝶在他的指间扑扇着翅膀，它正在我实验室对面飞舞时，被小保尔一下子捉住了。小保尔递过来给我看，以目询问我。

“哇！”我说，“正是我们等待着的朝圣者呀。先别吃了，赶快去看看是怎么回事。回头再吃吧。”

因奇迹的出现，午饭都给忘了。雄性小孔雀蝶令人难以置信地按时被女囚给神奇地召唤来了。它们艰难曲折地飞翔，终于一只接一只地飞来了，它都是从北边飞过来的。这个情况很有价值。的确，乍暖还寒已经一个星期了。北风呼啸，吹落了老巴旦杏树新绽开的花蕾。这是一场凶猛的风暴，通常在我们这里是预示着春天不远了。今天，气候突然转暖，但北风依然在呼啸着。

在这段时间的陡变的天气中，飞来找那只雌小孔雀蝶的所有雄小孔雀蝶全都是从北边飞到我的拘蝶园中的。它们是顺着气流飞的，没有一只是逆流而来的。如果它们有与我们相似的嗅觉作为罗盘，如果它们是受分解于空气中的有味道的微粒指引的，那它们就应该是从相反的方向飞来才对。如果它们是从南边飞来的，我们就会认为它们是闻到风吹来的气味才找到地方的。在北风呼啸，空气吹净，什么味道也闻不到的天气里，从北边飞来，怎么可能假定它们在很远的地方就嗅到了我们所说的气味呢？我觉得有气味的分子不可能会顶着强风传给它们。

两个小时中，在阳光灿烂之下，来访的雄小孔雀蝶们在我的实验室门前飞来飞去。其中大部分都在一个劲儿地寻来觅去，或撞墙欲入，或掠地而过。见它们如此犹豫不决，我想它们是因找不到引它们飞来的那个诱饵的确切位置而十分着急。它们从老远飞来。没有弄错方向，可到了地方却又拿不准确切地点了。不过，它们迟早会飞进屋内去向女囚致意的，但也不会恋栈。下午两点钟时，一切便结束了。一共飞来了十只雄小孔雀蝶。

整整一个星期，每当中午时分，阳光极其明亮时，一些雄小孔雀蝶便会飞来，但数量在减少。前后加起来一共将近有四十只。我觉得无须重复实验了，因为不会给我已知的情况再添加点资料了，所以我只是在注意两个情况。

首先，小孔雀蝶是昼间活动的，也就是说它们是在光天化日之下举行婚礼的。它们需要充足明亮的阳光。而与它成虫的形态和毛虫的技艺相近的大孔雀蝶则完全相反，需要日暮天黑之后。这种相反的习性谁有本事解释清楚谁就去解释吧。

其次，一股强气流从相反方向吹散能够给嗅觉提供信息的分子，却不会像我们的物理学所假设的那样，阻止小孔雀蝶飞抵有气味的气流的相反的一面。

为了继续研究，我们需要的是夜间举行婚礼的大孔雀蝶，而不是小孔雀蝶。后者出现得太晚了，而我并没有再研究它。我需要的是大孔雀蝶，不管是什么样的，只要它在婚庆时行房敏捷能干即可。这种大孔雀蝶，我能获得吗？

豌豆象

人一向对豌豆有很高的评价。自远古时起，人通过越来越精耕细作，细心管理，想尽办法去让豌豆结的果实更大、更嫩、更甜美。这种作物很善解人意，遂人心愿，终于满足了园丁的奢望，提供了他们想要的东西。我们今天离瓦罗①和科吕麦拉们有多么遥远啊！我们尤其是离第一个也许是用岩穴熊的半颌骨（因为颌骨上的牙齿如同犁铧）扒划土地以便种下这种野生果实的人有多么遥远啊！

这种豌豆的始祖的植物究竟在野生植物世界中的什么地方呀？我们所在的各个地区都没有类似的这种植物。在别的地方能找得到它吗？在这一点上，植物学缄默不语，或含糊其词。

另外，对于大多数可食用的植物人们同样是一无所知。向我们提供面包的备受颂扬的小麦来自何处？没人知晓。我们除了精耕细作而外，就别再费劲乏力地在这儿寻根溯源了，也别到外国去探究来龙去脉了。在东方这片农业诞生之地，采集植物标本者从未在没

① 古罗马学者，讽刺作家（公元前116—前27）。著有涉及各学科的著作620卷，其中包括《论农业》。

被犁铧翻耕过的土地上见到过这种独自繁衍生长的圣麦穗。

同样，对于黑麦、大麦、燕麦、萝卜、小红萝卜头、甜菜、胡萝卜、笋瓜以及其他许多作物，我们也不甚了解。我们不知道它们原产于何地，顶多也就是根据几百年来的以讹传讹去加以猜测罢了。大自然在把它们交付给我们时，它们饱含着野生的生命力和不太高的营养价值，如同大自然今天把桑葚和灌木丛的黑刺李提供给我们一样，它们是处于一种吝于施舍的粗胚状态，我们得通过辛勤劳动和运用才智去使它们的果实饱含养分。这是我们投入的第一笔资本，这资本通过耕耘者的出色劳作在那特殊的银行里始终在不断地翻本增息。

谷物和豆类植物作为储存食物，大部分是人工生产的。其初始状态极不发达的那些改良对象，我们是照原样从大自然的宝库中提取的。经过改良的品种向我们提供大量的食物，这是我们的技术创造的成果。

如果说小麦、豌豆以及其他的作物对我们来说是不可或缺的，那么我们的精心照料作为正当回报对于它们来说也是绝不可少的。这些植物在生命的激烈搏斗中没有抵抗能力，是我们的需求使它们在成长发育，如果我们弃之不顾，任其自生自灭，尽管它们的种子无以计数，但也会很快灭种的，如同愚蠢的绵羊，没有精心圈养放牧，很快就会消失的。

它们是我们创造的产物，但并非总是我们所专有的财产。在食物大量积存的任何地方，都有大批的食客从四面八方奔来，不管不顾地大快朵颐，食物愈丰盛，食客来的愈多。只有人能够促进农业的发展，进而成为各方食客蜂拥而至的盛宴的操办者。人在创造更加美味、更加丰盛的食物的同时，无可奈何地也把千千万万的饥肠辘辘者招引到粮仓谷堆中来，它们的利齿尖牙令人无以为抗。人生产得越多，上贡得也越多，大规模的耕作，大量的作物，大量的积存，肥了我们的竞争者——虫子。

这是事物固有的规律。大自然以同样的热情向所有的婴儿提供乳汁，既喂养生产者也喂养剥削其财富者。大自然为我们这些辛勤耕耘、播种和收获，并因此而累得筋疲力尽的人在使小麦成熟，同样也在为小象虫们让麦子成熟。这种小象虫不在田间劳作，却在我们谷仓里安家落户，用它那尖嘴在麦垛里一粒一粒地嚼食麦粒，把麦子都吃成麸子了。

大自然为我们这些因翻地、锄草、浇灌而累得腰酸背疼、日晒雨淋的人催促豆荚快快饱满，也为小象虫在让豆荚赶快成熟。豌豆象对田园劳作一窍不通，但照旧在春回大地的时刻，按时从收获物中提取自己的那一份儿。

让我们好好瞧瞧豌豆象这个税官是如何卖力地干活儿的。我是个主动纳税者，我任由豌豆象自由行事：我正是为了它才在我的荒石园中播种了几垄它所偏爱的植物种子。除了这不多几垄的豌豆以外，我没有任何别的可召唤豌豆象的东西，但它五月里便按时前来了。它知道在这个不适宜辟作菜园的荒石园里，头一次有豌豆在开花。这位昆虫税务官急匆匆地奔来履行自己的职责了。

它是从何处而来？这可是无法说得准确的。它应是来自某个隐蔽之所，在那儿呈僵直状态地度过了寒冬腊月。盛夏酷暑自己脱皮的法国梧桐，用它那微微翘起的木栓质皮片为无家可归的虫子提供避难之所。我经常在这种冬季避难所里看见我们的豌豆象。只要寒风凛冽，严冬肆虐，豌豆象就躲在法国梧桐的这些微翘的枯皮下，或者用别的方法以求躲过劫难，直到和煦的阳光初抚它几下，它便苏醒过来。这是它的生物钟在通知它。它们像园丁一样，知道豌豆的花期，于是，它们便几乎从各个地方，迈着细碎的快步，心急火燎地向着它们所钟爱的植物奔来。小头，大嘴，身着缀有褐色斑点的灰衣裳，长有扁平鞘翅，尾根有两个大黑痣，身材矮粗，这就是我的访客的大致模样。五月的上半月刚过，豌豆象的尖兵已到。

它们在长有蝴蝶般白翅膀的花上安营扎寨：我看见有一些居于花的旗瓣上，另有一些则藏于龙骨瓣的小盒子里。还有一些数量较多，盘于花序中吮吸着，产卵时刻尚未到来。早晨天气温和，太阳虽明亮，但却不晒人。这是明媚阳光下举行婚配、开心享受的美妙时刻。它们因此在享受点生活的乐趣。有一些在成双配对，但立刻又分了开来，随后又聚在一起。将近晌午时分，烈日当空，男男女女全都退避到花褶的阴处。这种阴凉的地方它们非常熟悉。明天，它们又要开始寻欢作乐，后天依然乐此不疲，直到一天天地在鼓胀起来的豌豆果实撑破龙骨瓣的小盒子为止。

有几只比其他的更着急的豌豆象产妇，把卵托付给了新生豆荚，而后者扁平而细小，刚刚才褪掉花蒂。这些匆忙产下的卵也许是因卵巢已无法等待而被迫如此的，我觉得它们的处境极其危险。豌豆象的幼虫将安于其中的种子，此时此刻还只是个脆弱的细粒，既无韧性又无粉质堆。除非豌豆象幼虫颇有耐心，能扛到果实成熟，否则在那儿就找不到吃的。

但是，幼虫一旦孵化出来，它能够长时期不吃不喝吗？这令人怀疑。我所看见过的一些幼虫表明，新生儿一出来便忙着要吃的，如果没有吃的，便会死去。因此，我认为在尚未成熟的豆荚上产下的卵是必死无疑的。但种族的兴旺繁衍并不会受到多大的影响，因为豌豆象妈妈是多产的。我们一会儿就会看到豌豆象妈妈是如何满地下种，而其中大部分都注定是要夭折的。

五月末，当豌豆荚在籽粒的促动下变得多节，达到或接近成熟的时候，豌豆象妈妈的重任也就完成了。我急切地盼望着能看到豌豆象是如何以我们昆虫分类学所给予它的象虫科昆虫的身份工作的。其他的象虫是一些带嘴象、带喙象，它们配备有一根尖头桩，用它来修筑产卵的窝巢。而豌豆象则只要一个短喙，在吸食点甜汁方面非常有用，但论起钻探来则是毫无用处。

因此，豌豆象安顿家小的方法是不同的。它不像橡树象、熊背菊花象、黑刺李象等那样做一些细致灵巧的准备工作。豌豆象妈妈没有配备钻头，所以只好把卵产在露天里，没有任何保护以防风吹日晒雨打。它这么做简直是太简单方便了，但这却是风险极大的，除非卵有特殊体质，能抗御酷热严寒、干燥潮湿。上午十点，阳光和煦，豌豆象妈妈步伐急促，忽大步忽小步，从上到下，又从下到上，从正面到反面，又从反面到正面地把自己选中的豌豆荚看个遍。它不时地把一根细小的输卵管伸出来，左探探右触触，像是要划破豆荚的表皮似的。然后便产下一个卵，随即便弃之不顾了。

豌豆象妈妈的输卵管就这么在豌豆荚的绿皮上左点一下右点一下的，就算完事了。卵就留在那儿，没有任何保护，任凭太阳暴晒。在帮助未来的幼虫，使之在必须自己进入食橱时缩短寻觅时间方面，豌豆象妈妈没有任何考虑，没有想到为孩子找个合适的地方。有的卵产在被豌豆种子鼓胀起来的豆荚上，有的则下在像贫瘠小山谷似的豆荚隔膜内。在豆荚上的卵几乎与食物直接接触着，而豆荚隔膜内的卵则离食物较远。以后就靠幼虫自己去辨别方向，寻找食物了。总之，豌豆象这种无序产卵让人想到粗放式播种。

更严重的是：产在同一个豆荚上的卵与豆荚内的豌豆粒不成比例。首先我们得知道，一个幼虫就得有一粒豌豆，这是必需的定量，这一定量对一个幼虫来说是富足有余，但是好几个幼虫同时消受，哪怕只是两个幼虫，那也很勉强的了。每个幼虫一粒豌豆，不要多也不能少，这是永远不变的规定。

这就要求豌豆象妈妈产卵时必须探知豆荚内的含豆量，限制自己的产卵数。但是豌豆象妈妈根本就不理会这种限制。对一个定量，豌豆象妈妈总是产下许多的小宝宝。

我所有的统计在这一点上都是一致的。在一个豆荚上产下的卵总是超过，而且常常是大大地超过可食的豌豆粒的数量。无论粮食多么瘪，上面都有大量的卵。我把豆粒和卵的数量分别数了数，发现一粒豆子上总有五到八个卵，有时甚至有十个，而且看不出豌豆象妈妈就不会在一个豆荚上产下更多的卵来。真是僧多粥少！在一个豆荚上下这么多的卵干什么？它们肯定要被逐出宴席的呀！

豌豆象卵呈琥珀黄色，挺鲜艳，圆柱状，很光滑，两头圆圆的。它长不过一毫米。每个卵都用凝固的蛋清细纤维网黏附在豆荚上。无论是风还是雨都吹不掉，打不下来。

豌豆象妈妈产卵常常是成对的，一个卵在上另一个在下，而往往是上面的那个卵得以孵化，而下面的那个则干瘪而死。为了孵化出来而不死，需要什么呢？也许是需要阳光的沐浴，而下面的卵正好被上面的遮挡着，没有了这种温暖孵育。或者是由于不合适的挡板遮挡的影响，或者是由于其他什么原因，反正孪生卵中的先产下者很少得到正常的发育，在豆荚上干瘪，没有出世便灭于无形了。

这种夭折也有例外的时候，有时候，成对的卵两个都发育良好，但这种情况实属罕见，所以如果总这么成对地产卵，豌豆象的家庭成员差不多要减少一半。有一项不利于我们的豆荚却有利于象虫科昆虫的临时措施可以减少这种毁灭：大部分的卵都是一只一只地产下的，而且是独自待在一处。

新近孵化的标记是一条弯弯曲曲的苍白或淡白色小带子，它在卵壳附近翘起，撑破豆荚的表皮。这是幼虫的产物，是皮下通道，幼虫在其中蠕动，寻找钻入点。找到这个钻入点之后，身长刚刚一毫米、全身苍白、头戴黑帽的幼虫便在豆荚上钻孔，钻入豆荚宽敞的肚腹中。

它爬到豆粒处，在最近的那颗豆粒上安顿下来。我用放大镜观察它，同时观察它的豌豆地球——它的世界。它在豌豆球面上垂直地挖出一个井坑。我曾看见过一些幼虫半个身子下到井坑中去，后半身则在井坑外边蹬踢加力。不大一会儿工夫，幼虫便不见了，钻进了自个儿的家中。

入口很小，但一眼就能认得出来，因为它在豌豆淡绿色或金黄色的衬托下呈褐色。入口没有固定的位置，总地说来，除了在豌豆的下半部以外，在豌豆表面的任何地方都可以钻洞，因为下半部的顶端是悬韧带的肥硕之处。

豌豆的胚胎就在这个部分，可它却没受到幼虫的损害，并且还发育成为胚芽，尽管豆粒上面被豌豆象成虫钻了个大窟窿。为什么这个部位完好无损呢？是什么原因使之免遭幼虫的侵害的呢？

豌豆象肯定不是在关心园丁的利益。豌豆是为它而生，只为它而生。它之所以不去咬那几口使种子死亡，目的并非是减轻灾害。它克制自己是有其他一些原因的。

请注意，豌豆是一粒一粒相互紧贴在一起的，寻找下嘴部位的幼虫在豆粒上行走并不自如。还应注意，豌豆的下端因肚脐的瘿瘤而变厚，钻孔就很困难，而在只有表皮保护的其他部分就没有这种困难。甚至也许在肚脐这一特殊部位有一些特别的液汁是幼虫所讨厌的。

毫无疑问，这就是豌豆既被豌豆象蚕食却又照样能够发芽的秘密之所在。豌豆虽破损，但并未死亡，因为入侵是针对空着的上半部，那是既容易钻入又无伤大雅的区域。另外，由于整粒豌豆对于单独一个消费者来说是绰绰有余的，而受害部分只是这个消费者所喜爱的部分，但又不是豌豆生命攸关的部位。

在其他的一些条件下，在种子个头儿太小或非常大的情况下，我们可能会看到的情况就大不相同了。在种子个头儿太小的情况下，由于幼虫吃不着什么，不够塞牙缝的，胚芽就一块儿被吃掉了；在种子个头儿非常大的情况下，食物丰盛，可以招待多个食客。如果豌豆象偏爱的豌豆短缺，豌豆象就退而求其次，去吃野豌豆和马蚕豆，这两种植物也向我们提供了类似证据。野豌豆颗粒小，被吃得只剩下一层皮，根本无望发芽生长；马蚕豆个头大，尽管其上有豌豆象的多间住屋，但照样能破土发芽。

我们已知豆荚上的虫卵数量总是大大多于荚内豆粒的数量，我们也知道每个被占有的豆粒是一只幼虫的私有财产，那就要问，多余的那些幼虫是什么下场呢？当最早成熟的幼虫一个个在豆荚食橱里占好位置时，多余的那些幼虫是不是在外面死去了？它们是否被先行占领阵地的幼虫无情地咬死了？都不是。情况是这样的。

就在此一时刻，在豌豆象成虫钻出来时留下了一个大圆孔的老豌豆上，用放大镜可以辨别出一些棕红色的斑点，数量有所不同，斑点中央都有钻孔。我数过，每粒豌豆上有五六个甚至更多的钻孔。那么这些斑点又是什么呢？我不会弄错的：有多少钻孔就有多少个幼虫。有好几个幼虫钻进了一个豆粒中，但能存活的、长大长肥、变为成虫的却只有一个。那么其他的呢？我们马上来看看。

五月末和六月份是产卵期，豌豆仍然又嫩又绿。几乎所有被幼虫侵入的豆粒都向我们展示出许多斑点，这我们已经从豌豆象遗弃的那些干豌豆上看到了。这是不是好些幼虫聚在一起的标记呢？没错儿。我们把所说的那些豆粒，把子叶分开，必要时再加以细分。我们将好几个蜷在豆粒内的很小的幼虫暴露出来。

聚在一起的这些幼虫似乎相安无事，幸福安详。邻里间和睦相处，互不相争。进餐开始，食物丰盛，就餐者被子叶尚未被触动的部分所形成的膈膜分开着，各自待在自己的小间里，不会互相争斗，没有任何用无意的触碰或有意的寻衅引发的大动干戈。对所有的占有者来说，所有权相同，胃口相同，力量相同。那么共同享用同一个豆粒的情况将如何结束呢？

我把一些被认为有豌豆象居民的豌豆剖开之后放在玻璃试管里。我每天再剖开另一些。我通过这种办法了解到共居一处的豌豆象的生长发育状况。一开始并无任何特别的情况。每只幼虫独自在自己的狭小的窝里，嚼食自己周边的食物。它省俭着吃，不吵不闹。它还太小，稍微吃一点点食物就饱了。然而，一粒豌豆无法供养这么多幼虫吃到长大为止。饥饿有可能发生，除了一只以外，其余的全都得死去。

事情确实很快就发生了变化。幼虫中居于豆粒中心位置的那一只发育得比其他的幼虫要快。当它稍稍比自己的竞争对手们个头儿大一点点时，后者便全都停止进食，克制着自己不再往前探索食物。它们一动不动，听天由命；它们就如此这般地静静地死去了。它们消失了，溶解了，灭亡了。这些可怜的牺牲者是那么小！从此，那粒豌豆整个儿地属于那个唯一的幸存者了，在这个享有特权者的身边，其他的都一个个地死去了，到底是怎么回事呢？我没有确凿的答案，只能提出一种猜测。

豌豆的中央比其他地方更多地受到太阳的光合作用的抚爱，那儿会不会有一种婴儿食物，一种更适合豌豆象幼虫那娇弱的胃的松软食物呢？在豌豆的中央，幼虫的胃也许受到一种松软、味美、甜甜的食物的滋养，变得强壮，能够消化一些难以消化的食物。婴儿在吃流质、吃大人吃的面包之前，吃的是奶。豌豆的中心部分会不会就像是豌豆象妈妈的乳汁？

豌豆粒的所有占据者雄心相同，权利相等，所以全都往最美味的部分爬去。行程充满艰辛，临时的栖身之所反复出现，以便休息。在期盼更好的食物的同时，它们凑合着吃点自己身边已成熟了的食物，它们更多的是用牙来为自己开辟通道而非进食。

最后，那个掘进方向正确的掘土工便抵达了豆粒中心的乳制品厂。于是，它便在那儿安顿下来，而一切便已成为定局：其他的幼虫只有死路一条。其他的幼虫是如何得知中心部位已被占据了的呢？它们听到自己的那位同胞在用大颚敲击其小屋的墙壁了吗？它们老远地就感觉到有啃啮的动静了吗？大概出现过某种类似的情况，因为自这时起，它们就不再往前探路了。迟到的幼虫们没有去与幸运的优胜者拼抢，没有去试图将它赶走，而是自己选择了死亡。我很喜爱太晚赶到的幼虫们的那种淳朴的忍让精神。

另有一个条件，空间的条件，在这件事中起着作用。在我们的那些豆象中，豌豆象是个头儿最大的。当它到了成年时，它就需要一种较宽敞的居所，而其他的那些豆象成年时并无这种要求。一粒豌豆可以为豌豆象提供很宽敞的一个居所，但是要住两个人就不行了，因为即使紧挨着也不够宽。这样一来，就必须毫不留情地精简人数，所以在一粒被侵入的豌豆里，除了一只幼虫以外，其他的竞争者一个不剩地被清除了。

而蚕豆则不同，它几乎像豌豆一样深受豌豆象的喜爱，但它却可以接纳好些个豌豆象同时下榻一家旅馆。刚才所说的那种独居者在蚕豆这儿就成了共居者。蚕豆地方宽敞，可住下五六只甚至更多的幼虫而又互不侵犯邻居的领地。

另外，每只幼虫都有最初几日的松软蛋糕在自己的嘴边，也就是说远离表面、硬化缓慢、味道保存得很好的那一层。这里面的一层是面包心，其余的则是面包皮。在豌豆中，这松软的一层位于中心部分，是豌豆象幼虫必须到达的很小的一个点，到不了那儿，就必死无疑；而在蚕豆这块大圆面包里，这个内层覆盖着两片扁平的豆瓣。如果在这硕大的豆粒上随处吃上一口的话，每只幼虫只需在自己面前往下钻，很快就能钻到想吃到的食物。

这样的话会出现什么情况呢？我统计了一下固定在一个蚕豆荚上的虫卵，又数了一下豆荚里的蚕豆粒，两相比较，我便得知按五六只幼虫计算，这只蚕豆荚有足够的空间容纳全部家庭成员。这就不存在几乎从卵中孵出之后便死去的多余者了；人人都有一份丰盛的食物，个个都能家兴人旺。食物的丰富保证了这种粗放式的产卵方法。

如果豌豆象始终都是以蚕豆作为自己全家的住所的话，我就很清楚它为什么在同一个豆荚上产下那么多的卵了：食物丰盛，又容易吃到，所以便能招引豌豆象产下大量的卵来。而豌豆就让我困惑不解了。是什么原因促使豌豆象妈妈昏头昏脑地把孩子生在缺粮的地方，活活地饿死呢？为什么有那么多食客围着只坐一人的餐桌呢？

在生命的进程中事情可不是这么发展的。某种预见性在调节着卵巢，使之根据食物的多寡产下自己的卵的。金龟子、泥蜂、葬尸虫以及其他为孩子们储备食品罐头的妈妈们，都是严格控制自己的生育的，因为它们面包铺里的松软面包，它们一筐筐的野味肉，它们埋尸坑中的腐肉块等是通过艰辛劳动获得的，而且数量不多。

相反，肉上的绿头苍蝇则成包成包地堆积它的卵。它深信尸肉是取之不尽的财富，所以便在其上大量下蛆，根本不在乎下了多少。另外，昆虫要狡诈地抢掠食物，经常会导致死亡事故的发生，因此昆虫妈妈也就用大量产卵的办法来抵消意外死亡的损失，以保持均衡。芫菁科昆虫就是属于这种情况，它常在极其危险的情况下抢劫他人财物，因此它的繁殖能力就极强。豌豆象既不了解被迫减少家庭人口的劳作者之艰辛，也不清楚被迫大量增加家庭成员的寄生者的苦难。它自由自在，不费劲乏力地去寻找，只是在明媚的阳光下在自己所偏爱的植物上溜来荡去，便给自己的每个孩子留下了足够财物。它是做得到的，而且还疯婆子似的想让超量的孩子生在一个豌豆荚上，致使多数孩子饿死在这间营养不足的哺乳室里。这种愚蠢的做法我不甚理解：它与昆虫妈妈因母性本能而固有的远见卓识背道而驰。

因此我倾向于认为，在世上的财富分享中，豌豆并非豌豆象初期所取得的那一份，可能是蚕豆才对，因为一粒蚕豆就能够供养半打甚至更多点儿的食客。种子个头儿大，昆虫产卵与可食食物之间的明显的不协调也就不复存在了。

另外，毋庸置疑，在我们园中种植的各种豆类中，蚕豆是历史最悠久的。它个头儿特别大，而且口感又特别好，肯定自古以来就引起人类的注意。对于饥饿的种族来说，它是现成的，很有营养价值的食物。因此，人们急不可耐地在自己宅旁园地里大量地种植它，这就是农业的开始。

中亚地区的移民用他们那长满胡须的牛拉着的牛车，一站一站地长途跋涉，给我们的蛮荒地区首先带来了蚕豆，然后把豌豆，最后把防止饥荒的谷物也带来了。他们还给我们带来了牛群羊群；他们让我们了解青铜，那是最早的制作工具的金属。就这样，在我们这里文明的曙光就出现了。

这些古代的先驱在给我们带来蚕豆的同时是否不知不觉地把今天与我们争夺豆类植物的昆虫也给带来了呢？这种怀疑不无道理。豌豆象似乎是豆类植物的原住民。至少我发现它就曾对当地的许多豆科植物在征收贡税。它尤其是在树林里的山黧豆上大量繁殖，因为山黧豆有一串串花朵和长长的、美丽的豆荚。山黧豆的籽粒个头儿不大，大大小于我们的豌豆粒。但是，它的籽粒皮软，幼虫能吃，所以每粒籽粒都足以让其居住者长大长胖。

也请大家注意，山黧豆的豆粒数量很多。我曾数过，每个豆荚内含有二十来颗豆粒，这是豌豆即使产量最高时也达不到的数字。因此，无太多渣滓的优质山黧豆一般可以供养下在其豆荚上的昆虫家庭。

如果树林中的山黧豆突然缺乏了，豌豆象便会转往其他一种味道相同的植物，但这种植物的豆荚又无法喂养其全部幼虫，例如在野豌豆上或人工种植的豌豆上产卵。在食物不丰富的豆荚上产下的卵也不少，因为起源时期的植物或因种类繁多，或因籽粒个头儿大，可以提供丰富的食物。如果豌豆象真的是外来者，它初始阶段的食物假定为蚕豆；如果豌豆象是原住民，那就假定它的初始食物为山黧豆。

古老岁月中的某一天，豌豆到了我们这里。它起先是在先它而来的史前的那个同一个小园子里收获的。人们发现它优于蚕豆，后者在为人作出那么多贡献之后让位于豌豆了。象虫也是这种看法。象虫虽未完全撇弃蚕豆和山黧豆，但却把自己的大本营建立在一个世纪一个世纪以来逐渐广泛种植的豌豆上。今天，我们得与豌豆象共享豌豆：豌豆象是提取它中意的一份之后把剩下的一份留给了我们。

我们产品的丰富和优质所产生的儿女——昆虫的这种繁衍兴旺，从另一方面来看却是衰败没落。对于象虫来说如同对我们来说一样，食物方面的进步，并不总是完美的。省吃俭用，种族则更得益；食不厌精，种族遭殃。豌豆象在蚕豆和山黧豆这种粗糙食物上建立了婴儿低死亡率的移民地。在它们上面，人人都有吃饭的地方。而在精美食品——豌豆上，大部分食客则因饥饿身亡。豌豆上，份额不够，而食客却多。

我们不必在这个问题上过多地耽搁时间了。我们来看看由于兄弟姐妹全都死去而成为唯一的主人的豌豆象幼虫吧。它在这种大死亡中毫发未损，是机遇帮了它的忙，仅此而已。在豌豆粒中央这个丰润的僻静处，它干起了自己的唯一的本行——吃。它先吃自己周边的食物，继而扩大范围，只见它的肚子越来越鼓，它的窝儿在变大，但也随即被大肚子填满。它身轻体健，丰满迷人，透着健康的丰采。如果我撩拨它，它便在自己的宅子里懒散地打着转儿，头还轻轻地点着。这是它讨厌我打扰的一种方式。我们让它安静，别打扰它了。

它发育得又快又好，以致酷暑来临时，它已经在忙着即将到来的外出了。豌豆象成虫没有配备足够的工具为自己在豌豆中打开一条通道钻出去，因为豌豆此时已经完全变硬了。幼虫知道自己将来的这种无奈，便早有所预见，用一种绝妙的技艺摆脱困境。它用自己有力的颌钻出一个安全门，圆圆的，四壁十分光洁。我们用最好的雕琢象牙的刀具也干不出这么好来。

事先准备好逃跑的天窗还不够，还必须很好地考虑蛹干细致活儿时所需要的宁静。擅闯民宅者会从开着的天窗溜进来，进而损伤毫无防卫能力的蛹。所以这个天窗必须关上。怎么关呢？窍门在这儿。幼虫在钻逃逸的出口时，啃啮面粉状物质，连一点儿渣渣都不剩。待钻至豆粒表皮时，它便突然停下。这层表皮是一层半透明的薄膜，是幼虫变态用的凹室的防护屏，以防外来的不法之徒进入其间。

这也是成虫迁居时将遇到的唯一的障碍。为了使这道屏障易于脱落，幼虫曾在里层细心地围绕着盖子刻划出一道阻力不大的沟槽。发育成成虫后，只需用肩膀一顶，用额头稍稍一撞，圆盖就微微顶起，像木锅盖似的掉了下来。出洞口穿过豌豆那半透明的表皮展露出来，宛如一个宽大的环状斑点，因室内阴暗而不很明亮。下面发生的事因为隐没于类似毛玻璃的下面，所以看不清楚。

这种舷窗盖构思真巧妙，既是抵挡入侵者的街垒，又是豌豆象成虫在适当时机用肩膀一顶即开的活门。我们将因此而向豌豆象表示敬意吗？这灵巧的昆虫会想出这么个高招儿，思考出一个计划，进而一步一步地付诸实行吗？象虫的小脑袋有这本事可是了不得。在下结论之前，我们还是先进行一下实验吧。

我把被豌豆象幼虫占据的那些豌豆的表皮剥掉，再把这些豌豆放在玻璃试管里，免得它们过快地变干。幼虫在其中同在没有剥去表皮的豌豆里一样发育良好，到时候便开始准备出屋。

如果幼虫矿工是由自己的灵感所指引的话，如果那被不时地仔细检查的顶板已被认为已很单薄而不再继续挖它的通道的话，那么在现在的种种条件之下，会发生什么情况呢？幼虫感觉到自己已经贴近表面，将停止钻探；它将不会损坏无表皮的豌豆的最后的那一层，从而获得了不可或缺的保护屏。

类似的情况并没有出现。井坑在充分挖掘；出口在外面张开，如同表皮仍在保护着豌豆似的一样宽大，一样精雕细琢。安全的原因一点儿也没有改变幼虫的习惯劳作。敌人能够进入这间来去自由的小屋；幼虫对此并不担心。

当它没有把有表皮的豌豆钻透时，它也没有更多地想到这个。它之所以突然停下来，是因为没有面粉的薄膜不合它的胃口。我们不也是把那些并无营养价值的豌豆皮从豌豆泥中弄出去吗？因为豌豆皮并没有什么用。看上去，豌豆象幼虫同我们一样：它讨厌豌豆粒上那层如羊皮纸似的咬不动的表皮。它到了表皮那儿便驻足不前了，知道那玩意儿不好吃。从这种厌恶的心情中却产生出一个小小的奇迹。昆虫没有逻辑。它被动地听从一种高级逻辑。它只是听从，而并未意识到自己的技艺，它的这种无意识如同可结晶物质有条不紊地聚集其大量原子一般。

八月份，或稍早些或稍晚些，一些黑斑在豌豆上出现，每粒上始终都是一个，毫无例外，这就是出口舱。九月份，其中绝大部分都会打开。好像是钻孔器钻出的舱门盖整齐划一地分离，落在地上，住屋的出入口便畅通无阻了。豌豆象以最终的形态衣着光鲜地爬了出来。季节很美好。经雨水浇灌的花朵盛开。从豌豆上来的移民在秋天的欢悦中前来探花。然后，寒冬来临，移民们便纷纷寻找避难所躲藏起来。其他的一些与这些移民数量相当，并不急于离开出生的豆粒。整个寒冬腊月，它们滞留在出生的豆粒里，躲在不敢触动的保护屏下面，一动不动。小屋的门只待酷暑回来时才在铰链上，也就是说在抵抗力较弱的沟槽上发挥作用。到那时，迟到的幼虫才大搬家，与先期到达者们会合，待豌豆开花时节，共同准备干活儿。

从方方面面去观察昆虫本能的无穷无尽、变化多端的表现，对于观察者来说是对昆虫世界的观察的最大乐趣，因为没有任何东西比这更能展现生命中的种种事物那奇妙的配合一致的了。我知道，这么去了解昆虫学，并非人人都赞赏的；人们对一心扑在昆虫的一举一动的这个天真汉是嗤之以鼻的。对于急功近利的功利主义者来说，一小把没被豌豆象糟蹋的豌豆远胜于一大堆没有直接利益的观察报告。

缺乏信仰的人呀，谁告诉你今天没用的东西明天就不是有用的？了解了昆虫的习性，我们将能更好地保护我们的财富。如果我们轻蔑这种不注重功利的观念，我们可能会追悔莫及的。正是通过这种或立即可以付诸实践的或不能立即付诸实践的观念的积累，人类才会而且继续会变得越来越好，今天比从前好，将来比现在好。如果说我们需要豌豆象与我们争夺的豌豆和蚕豆，那我们也需要知识，因为知识如同巨大而坚硬的和面缸，进步这种面包就在其中揉拌、发酵。思想观念同蚕豆一样重要。

思想观念还特别告诉我们说："贩卖谷物者无须费心劳神地去与豌豆象进行斗争。当豌豆运到谷仓时，损失已经造成，无法弥补，但这种损失不会扩展的。完好无损的豌豆丝毫不用担心与受损害的豌豆为邻，无论它们混居一起多久。豌豆象到时候会从这些受损害的豌豆中出来；如果有可能逃走，它们会从粮仓中飞走的。如果情况相反，它们会死去而不对完好无损的豌豆造成丝毫的损害。在我们食用的干豌豆上从来没有豌豆象卵，从来没有新的一代豌豆象出现。同样，也从来未见豌豆象成虫所造成的损害。"

我们的豌豆象并非定居于粮仓之中；它们需要新鲜空气、阳光、田野的自由。它吃得不多，蔬菜的硬的部分它们是绝对不吃的。对于它那细小的嘴来说，在花间吮吸几口蜜汁就足够了。另外，幼虫需要的是正在豆荚里发育成长的绿色豌豆这松软的面包。正是由于这些原因，粮仓中没有碰到开始时进入其中的豌豆象卵发育成长之后又在繁殖下一代的现象。灾害的根子在田野里。在与这种昆虫进行斗争时如果我们不总是束手无策的话，就特别应该在田野上监视豌豆象的为非作歹。豌豆象数量惊人，个头儿又小，且极其狡猾，所以很难消灭，因此，它对我们人的愤怒不屑一顾。园丁又叫又骂，象虫则无动于衷。它仍旧一如既往地继续干它那收税官的行当。幸好，有一些助手前来帮我们的忙，它们比我们更有耐心，更加卓有成效。

八月的第一个星期，当成熟的豌豆象开始搬迁时，我看到了一种很小的小蜂，它是我们的豌豆的保卫者。我看见它在我的那些作培育用的短颈大口瓶里，大量地从象虫那儿出来。雌性小蜂头和胸呈棕红色，肚腹黑色，并带有长长的螺钻。雄性小蜂个头儿稍小一些，一身的黑衣裳。雌雄两性都有泛红的爪子和丝状触角。

为了钻出豌豆，豌豆象的歼灭者自己在豌豆象为最终解脱而在豌豆表皮上雕刻出的天窗圆封盖上开启一扇小天窗。被吞食者为其吞食者铺平了出去的道路。看到这一细节，其余的就不难猜测了。

当豌豆象幼虫变化的最初阶段结束时，当出口已经钻通时，小蜂急匆匆地突然而至。它仔细检查还长在茎上的豆荚中的豌豆；它用触角探来探去；它发现了表皮上的薄弱部位。于是，它便竖起它的探测尖桩，插进豆荚，在豆粒的薄薄的封盖上钻孔。象虫的幼虫或者蛹，无论躲在豆粒多深的部位，小蜂的长尖桩都能触到。小蜂在象虫的幼虫或蛹上产下一只卵，大功便告成了。象虫现在还处于半睡眠状态或者呈蛹状，所以不可能进行反抗，所以这个胖娃娃将被吸干，直到只剩下一个皮囊。

真遗憾，我们不能随心所欲地帮助这种热情的歼灭者大量繁殖！唉！这就是令人大失所望的恶性循环，我们无法放开手脚，因为如果想有许多的豌豆的探测者——小蜂来帮忙，首先就得有大量的豌豆象。

菜豆象

如果上帝在世间创造过一种蔬菜，那就是菜豆。菜豆有种种的优点：口感绵软，味道甜美，产量很高，价格低廉，营养丰富。它是植物性的肉，却不令人看着不舒服、血腥，不像屠户在砧板上切下的肉那样。为了记住它的好处，普罗旺斯方言称它为“穷人的点心”。

你是神圣的豆子，是穷人的慰藉，你价格低廉，你让劳动者、让从来得不到好运的善良而又有才的人食以果腹；敦厚的豆子，加上两三滴油和一点点醋，你曾是我青少年时代的美味佳肴；现在我已年迈，可你仍然是我那粗茶淡饭中最受欢迎的蔬菜。让我们直到我生命的终结都是好朋友吧。

今天，我并不打算颂扬你的功绩，我只想问你一个好奇的问题。你的祖籍是哪里？你是不是同马蚕豆和豌豆一起从中亚地区来的？你是那些农作物先驱者从他们的小园子里为我们带来的那些种子一起的吗？古人知道你吗？

公正的、消息灵通的昆虫对此回答道：“不，在我们这一带，古人并不知道菜豆。这种珍贵的豆子不是同蚕豆一起经过同样的路径来到我们这里的。它是个外来客，很晚才引入旧大陆的。”

昆虫的话语值得认真考虑，因为这番话言之有理。情况是这样的，我很久以来一直在关注农业方面的事情，我就从来没有见到有菜豆受到昆虫科中任何一种抢劫者，特别是受到专爱侵犯豆科植物的象虫的劫掠的。我就这个问题询问过我的那些农民邻里。一涉及其收获物，这些农民就非常警觉。触及他们的财产，那简直是罪不容恕，他们很快就能发现是谁干的坏事。另外，农妇们就在家里，在盘子里一粒一粒地剥出准备下锅的菜豆，她们心细手巧，触到歹徒很快就能把它捉出来的。喏，他们全都一致地以微笑来回答我所提出的问题，那笑容是在笑话我有关小虫子方面的知识少得可怜。他们说：“先生，您要知道，菜豆里是从不长虫的。它是受上帝赐福的一种豆子，象虫不敢伤害它的。豌豆、蚕豆、扁豆、山黧豆、小豌豆是都生虫子的。可菜豆是穷人的点心，是从不生虫的。我们是穷苦人，如果虫子也来同我们抢夺它的话，我们可怎么活呀？”

的确，象虫科昆虫确实是瞧不起菜豆，如果大家看看其他的豆类是如何受到它们的疯狂侵害的，那就会觉得这种对菜豆的蔑视极其奇怪了。所有的豆类，连最小的小扁豆都难逃一劫，而菜豆个头儿又大，味道又美，却安然无恙。这可真让人难以理解。豆象无论好的次的豆粒都毫不犹豫地要吃，为何唯独不吃最美味的菜豆呢？它吃了山黧豆吃豌豆，吃了豌豆吃蚕豆和野豌豆，无论豆粒大小它都感到满意，可偏偏却对菜豆的诱惑无动于衷。这是为什么呀？显然，它并不了解菜豆。而其他的豆类，无论是当地的还是来自东方却适应了当地水土，几百年来它都已经很熟悉了。它每年都要尝尝这些豆类是否优质，而且深信过去所获得的经验教训，按照古代的习俗对未来做出安排。对于它来说，菜豆作为它根本就不了解其优点的新来者，是令人生疑的。

昆虫完全证实了菜豆属于新来者这一点。它是从很远的地方，肯定是从新大陆来的。任何可食用的东西都会招引一些有意者来食用它。如果菜豆源自旧大陆，它就会像豌豆、小扁豆和其他豆类一样招来自己的消费者。就连豆类植物中最小的、往往没一个针尖大的还供养自己的豆象——一种矮小的昆虫，它能耐心地咀嚼这种小豆粒，并在其间造窝筑巢；可菜豆却是肥嘟嘟的，味道又美，怎么就被放过了呢？对这种奇特的豁免权，除下面的解释外没有其他的解释：同土豆和玉米一样，菜豆是新大陆的一件礼物。它来到我们这里时没有昆虫伴随，它的合乎规定的开发者留在了当地。而在我们这儿的田野里，它遇到了另外一些吃豆粒的昆虫，可这些昆虫又不认识它，所以便对它不屑一顾了。同样，玉米和土豆在我们这儿也未受侵害，除非偶然有从美洲输入的它们的打劫者突然而至。

昆虫上面所说的那番话也由一些古老的经典作者中的证词所证实：在农民们那粗茶淡饭的餐桌上，菜豆从未出现过。在维吉尔的第二首牧歌中，特斯悌利丝为收割庄稼的人准备饭菜：

特斯悌利丝的饭菜丰盛多样。

多种多样的饭菜如同普罗旺斯人爱吃的蒜泥蛋黄酱。这写在诗中很美，却华而不实。这儿的人爱吃的是扛饿的食物——用切成细丝的洋葱拌的红菜豆。这种菜肴好极了，既保持了乡村风味，又能填饱肚子，不比大蒜差。填饱肚子之后，收割庄稼的农民们在露天地里，在麦堆的阴凉处，小睡一会儿，慢慢地消食。我们现代的特斯悌利丝们同她们古代的姐妹们没有多大差别，很留意不忘记那穷人的点心，不忘记大肚汉们的这种经济实惠的好吃的东西。诗人笔下的特斯悌利丝没有想到这一点，因为她不了解穷苦的大肚汉。

维吉尔还向我们描述了殷勤招待自己的朋友梅里贝住了一夜的蒂迪尔；梅里贝被渥大维的士兵赶出家园，一瘸一拐地跟在羊群后面离去。蒂迪尔说："我们将会有栗子、奶酪、水果的。"这则故事没有说明梅里贝是否被诱惑了，这很遗憾。但在这顿清淡的饭菜中，我们清楚地得知古代的牧羊人是没有菜豆可充饥的。

奥维德①在一个美妙动听的故事中向我们讲述了菲雷蒙和波西斯款待他们陋屋的客人——两个不认识的神明的情景。在用一块瓦片垫稳的三条腿的餐桌上，他们端上来圆白菜汤，在热炉灰里焐了一会儿的鸡蛋，在盐卤中腌渍的小冠花、蜂蜜、水果等。在这些美味的乡村食物中，缺少我们农村里的波西斯们不会忘记的一道主菜。在猪肉汤之后，必然要上一盘菜豆。擅长描写细腻情节的奥维德因为什么而没有提到非常适合放在菜单中的菜豆呢？原因是一样的：他大概不知道有这种豆子。

我回忆了我读到的有关古代农村膳食的那一点点知识，但一点结果都没有，想不起有菜豆什么的。在葡萄种植者和收割庄稼的农民的砂锅里，倒是提到了羽扇豆、蚕豆、豌豆、小扁豆，唯独没有这种优质的菜豆。

另外，豆子享有美名。有人说："它让人吃着开心，你吃了之后，就去放松放松。"因此它适合黎民百姓用它来说些粗俗的玩笑，特别是当这些玩笑由一个像阿里斯托芬②和普劳图斯③这样的天才不顾廉耻地说出口来，就更是这样了。对蚕豆吃多了能让人放屁的隐喻会产生什么样的舞台效果呀！雅典内河航船上的水手们和罗马的挑夫们听了会发出多么朗朗的笑声啊！这两位喜剧大师在他们忘乎

① 奥维德（公元前 43—公元 17）：古罗马诗人，著有长诗《变形记》等。

② 阿里斯托芬（公元前 448—前 385）：古希腊诗人、喜剧作家，享有"喜剧之父"的盛誉，据传写过四十四部喜剧。

③ 普劳图斯（公元前 254—前 184）：古罗马喜剧作家，著有《一罐金子》等。

所以时，用一种不如我们的语言那么雅致的语言谈到了菜豆了没有？根本没有。他们对这种也能引起声响的豆子只字未提。

菜豆一词本身就发人深省。这是一个很怪的词，与我们的词汇无亲缘关系。它的形态与我们的音节组合不一样，使我们在脑子里联想到加勒比海地区的方言俚语，比如橡胶和可可。菜豆一词确实是源自美洲的印第安人吗？我们是否连同这种豆子一起接受了或多或少地保留着其乡土气息的名称？也许是这么回事，但这又怎么能知晓呢？菜豆，怪诞的菜豆，你向我们提出了一个奇怪的语言学方面的问题。

法语称菜豆为 faséole flageolet，普罗旺斯方言称它为 faioū 和 favioū，卡塔卢西亚语称它为 fayol，西班牙语称它为 faseolo，葡萄牙语称它为 feyâo，意大利语称它为 fagiuolo。为此，我在想，拉丁语系中的各种语言虽然词尾都必不可避免地有所变化，但却保存了 faseolus 这一古词。

如果我查阅我收集的词汇卡片，我就能找到表示“菜豆”的词汇有 faselus、faseolus、phaseolus 等。词汇学者，请允许我告诉您：您翻译得不妥，faselus、faseolus 不能表示“菜豆”。我有不容置辩的证据：维吉尔在他的《农事诗》中告诉我们什么季节适合种 faselus。他说道：

如果想种 faselus，
那就等着牧羊星座把黑夜的
征兆传达给你，
你就开始播种，
继续耕作至一周期之中间。

没有什么能比这位深谙农事的诗人的告诫更清楚的了：必须在

夕阳西下牧羊星座消失的时期，也就是说将近十月底开始播种faselus，直到降霜中期才停止耕耘。

按这种说法，菜豆则与之无关：菜豆是一种弱不禁风的植物，稍一受冻就忍受不住了。冬季对它来说是要命的季节，即使是在意大利南方的气候条件下。而豌豆、蚕豆、山黧豆和其他的豆科植物则不然，由于其发源地的关系，它们能够抵御寒冷，秋季播种，冬季长势旺盛，只要不是太冷就行。

那么，《农事诗》中的faselus这种把其名称传给拉丁语各种语言中的“菜豆”的有争议的豆子到底是何物呢？鉴于诗人在诗中曾用“鄙俗”一词来贬斥它，我不由得想起了应该是指黧黑豆，也就是普罗旺斯农民不怎么欣赏的那种煤玉豆。我正在做如是想，而且已被这种豆子的昆虫这唯一的证据几乎要澄清了，突然，一份意想不到的资料替我把这个谜的谜底彻底揭开来了。又有一位诗人，也就是那位闻名遐迩的约瑟-玛利亚·德·埃雷迪亚①帮了博物学家一把。我的一位朋友，村里的小学老师，给了我一本小册子，他没料到这竟然帮了我的大忙。我在这本小册子里读到这位十四行诗的名家与一位询问他最喜欢的作品是哪一部的女记者的如下的一番对话：

诗人说：“您让我怎么回答您呢？我很犯难的我不知道自己偏爱的是哪一首十四行诗：我写所有的诗时都殚精竭虑，耗尽心血。您呢，您更喜欢哪一首呀？”

“亲爱的大师，件件珠宝都美不胜言，怎么可能从中进行挑选呢？您让珍珠、绿宝石、红宝石熠熠生辉，看得我目不暇接，我又怎么可能决定喜欢绿宝石而不喜欢珍珠呢？整条项链都让我爱不释手。”

“对！可我，有一件事却使我对它比对我所有的十四行诗都感到

---

① 约瑟-玛利亚·德·埃雷迪亚（1842—1905）：法国著名诗人。

自豪，而且它比我的诗更让我享有荣誉。”

女记者瞪大了眼睛问道：“是什么事？”

大师狡黠地看了看女记者，然后，他眼睛充满了得意的亮光，脸上洋溢着青春的光芒，大声说道：

“我找到了菜豆一词的词源！”女记者惊愕得都忘了哈哈大笑了，“我跟您说的可是正经的事呀。”

“亲爱的大师，我早就知道您享有盛名，学识渊博，但我却并未因此而联想到您会为找到菜豆这个词的词源而感到无比自豪。啊，不，不，我未曾料到是这么回事！您能告诉我您是怎么发现的吗？”

“当然。是这样，我在研读埃尔南德斯的16世纪的那本自然史佳作《新世纪植物史》时，找到了一些有关菜豆的资料。直到17世纪以前，菜豆这个词在法国尚不为人所知。大家一直把它称之为‘蚕豆’或‘菜豆属’，而墨西哥语中则有‘阿雅科特’（ayacot）一词。墨西哥在被征服之前，那儿就种植有三十种菜豆。今天，那儿的人仍然称这三十种菜豆，特别是那种带红斑或紫斑的红菜豆为阿雅科特。有一天，我在加斯东·帕里斯①家中遇上一位大学者。他一听见我的名字，便走上前来问我是不是找到了菜豆这个词的词源。他一点儿也不知道我也写过诗，还发表过《战利品》这部诗集。”

啊！把十四行诗这一瑰宝置于菜豆之下，这可真是绝妙的俏皮话！该我因阿雅科特一词而心花怒放了。我怀疑菜豆这个怪诞的词儿中有印第安语的成分该是多么在理呀！以自己的方式向我们证实这种珍贵的种子源自美洲大陆的昆虫真是言之确确！蒙特儒马②的蚕豆，阿兹特克人③的阿雅科特，在几乎保留着自己原始的名称的同

---

① 加斯东·帕里斯（1839—1903）：法国著名作家，法兰西学院院士。

② 蒙特儒马：15世纪时的墨西哥国王。

③ 阿兹特克人：美洲大陆印第安人的一支。

时，从墨西哥来到了我们的菜园子里。

但是，它没有由其消费者——昆虫陪伴着来到我们这里，而在它的故乡，肯定应该有一种专门征收这种丰产豆子的税的象虫科昆虫。我们土著的豆粒消费者不接受这个外来者；它们还没来得及与这个外来者熟悉起来，来不及评价其优点；它们谨慎小心地克制着，不去碰这个因其新来乍到而颇受怀疑的阿雅科特。因此，直到今天以前，这种墨西哥蚕豆一直安然无恙，这与我们的其他豆子全然不同，其他豆子全都被象虫所侵害。

这种状况没能持续下去。如果说我们的田间地头没有喜爱这种豆子的昆虫，那么新大陆却有它的爱好者。通过商业交易，某一天总会有这么一两袋生虫的菜豆给我们把它带来的。这是不可避免的事。

根据我所掌握的资料，新近的这种入侵似乎不乏其例。三四年以前，我从罗讷河口地区的马雅内弄到了我一直在我家附近徒劳地寻找的东西。我当时在寻找时曾问过家庭主妇和农民，他们对我所提的问题感到十分惊讶。他们谁都没有见过什么菜豆虫，也从来没有听说过有这种虫。我的一些朋友听说我在寻找这种虫子，给我从马雅内寄来了可以说是大大地满足了我的博物学者好奇心的东西。那是一斗受到严重蛀蚀的菜豆，千疮百孔，简直像是海绵状。这些豆子里蠕动着无以数计的一种象虫，小得就像小扁豆中的小象虫。

寄豆子来的那些朋友跟我谈到在马雅内所遭受的损失。他们说，这种可恶的虫子毁掉了大部分庄稼。真是一种从未见过的大灾害，把菜豆给毁得差不多了，几乎让主妇们没有菜豆可供煮食的了。至于这罪魁祸首的习性、活动情况，大家都不清楚。这得由我去进行实验，以便搞清是怎么个情况。

得赶快进行实验。环境和条件很适合做实验。现在是六月中旬，我的园子里有一块地上长着早熟菜豆，是比利时黑菜豆，是种了自家吃的。即使损失了这宝贵的豆子，也得把这可怕的虫子放到这片绿色植物上去。根据我所看到的豌豆象的情况来判断，这些比利时黑菜豆已经成熟：花繁叶茂，豆荚也十分饱满，青翠欲滴，大小不一。

我在一只盘子里放了两三把马雅内菜豆，并把在太阳下蠕动着的一堆虫子放在比利时黑菜豆地边儿上。将要发生的情况，我觉得我已猜到了。获得自由的虫子和很快就被阳光刺激而解脱的虫子将会飞起来。它们将在附近寻找供养它们的植物，然后便停在上面，据为己有。我将看到它们探测豆荚和豆花；无须等得太久，我就会看到它们产下卵来。豌豆象在这样的条件下，也会这么做的。

可是，事情并非如此。我很困惑，为什么情况与我预料的会不一样。昆虫们在太阳下动来动去了有几分钟的工夫，微微张开鞘翅，然后又闭合上，以利飞行机械的运行，然后便起飞了，一只又一只；它们飞向明晃晃的空中；它们慢慢飞远，不一会儿便不见了踪影。我一个劲儿地紧盯着，但一无所获，飞走的一只也没停在菜豆上。

获得自由的欢快满足了之后，它们今天晚上、明天、后天还会飞回来吗？没有，它们没有飞回来。整整一个星期，我都在最佳时刻检查一垄一垄的菜豆，一朵一朵的花，一个一个豆荚，挨个儿地查了一遍，都没见着有菜豆象，也没发现有虫卵。可是，这正是产卵的有利时期，因为此刻被我囚于短颈大口瓶内的孕妇们正在把它们的卵大量地产在干菜豆上。

我们换个季节再试一试。我安排了两块地，种上了晚熟菜豆——红科科特豆，有点是为居家食用的，但首先是为菜豆象准备的。这两块地相隔开来，弄成梯形，一块八月成熟，另一块九月或更晚些时间成熟。

我用红菜豆重新进行先前用黑菜豆所做的实验。我多次适时地把一窝一窝菜豆象放进绿叶丛里。它们是从总货仓——我的短颈大口瓶里取出来的。每次的结果都宣告失败。整个收获季节里，我几乎每天都在延长研究的时间，直到两次收获全部结束，全都以失败告终。我到最后也没能发现一只有虫子占据的豆荚，甚至连一只在植物上驻足的象虫都没看见。但我并未中断监视。我还嘱咐我的家人尽心尽力地看管我为自己研究所专门种植的那几垄地，并要他们采摘时留意豆荚上可能会有卵。我自己则先用放大镜仔细查看之后再把豆荚交给妻子去剥豆。但这都是在白忙乎，哪儿也未见菜豆象卵的踪迹。

我除了在露天地里做这些实验而外，还在玻璃瓶子里做过一些实验。我用长形瓶子装了一些还挂在枝上的新鲜豆荚，有一些是青翠碧绿的，另有一些呈胭脂红色，里面的豆粒接近成熟。每只瓶子里都放了不少的菜豆象。这一回，我获得了一些菜豆象卵，但我对这些卵不太有信心：菜豆象妈妈把这些卵下在了玻璃瓶内壁上，而不是下在豆荚上。但不要紧，反正它们也在孵化。我看见孵出的幼虫游来荡去了几天，以同样的兴奋劲头儿探测豆荚和瓶子内壁。最后，它们一个个全都悲惨地死了，没有触动放在瓶内的那些食物。

这种结果是必然的：鲜嫩的菜豆并非它们之所爱。与豌豆象相反，菜豆象不愿把自己的孩子们托付给不是自然成熟和因干燥而变硬的豆荚；它不屑于在我的苗圃上停留，因为它在那儿找不到它所需要的食物。

那么它到底需要些什么呢？它需要老的、硬的、掉在地上像石头子儿似的嘭嘭响的豆子。我马上就满足它。我在我的玻璃瓶里放进一些熟透了的、硬邦邦的、经太阳长时间照射而晒干了的豆荚。这一回，菜豆象人丁旺盛，幼虫们在干干的豆荚壳上，触到了豆粒，在豆粒上进行钻探，这之后一切都如愿地在发展。

从观察到的情况看来，菜豆象就是如此这般地侵入农民们的谷仓的。收获时在田野里，留下了一些菜豆，让太阳把枝茎和豆荚晒得又干又透。这样一来脱起粒来就容易得多。也就是在这个时候，菜豆象找到了自己中意的东西，便在上面产下卵来。农民们稍后把豆子收回去时，顺带着也把其侵害者带回家中。

不过，菜豆象主要是吃我们存入谷仓的豆子。同专爱嚼咬粮仓中的麦粒而不喜欢田野里麦穗上的麦粒的象鼻虫一样，菜豆象也讨厌鲜嫩的谷粒而喜欢定居在谷堆上那又暗又静的环境之中。这虽说是农民的敌人，但更是储粮商的可怕的敌人。

这种侵害者一旦在我的宝贵的谷仓中安顿下来，它们的破坏劲儿可大着哩！我的小瓶子就充分地证明了这一点。光一粒菜豆上面就住了一大家子，常常有二十来个。而且还不只是一代，一年之中足有三四代安居其上。只要是豆皮下有可食物质，就有新消费者定居其上，直吃到菜豆粒只剩个空壳，惨不忍睹。豆粒表皮幼虫不屑去吃，最后成了一个满是窟窿眼儿的空袋子，而袋内的物质用指头一触，便立即成了一摊令人作呕的粉状物团团。菜豆被完全毁坏了。

豌豆象是一粒豌豆上只有一只，它只吃掉为自己挖掘狭小的孵化室所必须弄掉的物质，而其余部分则完好无损，因此豌豆粒仍可发芽，并且还仍可以食用，只要你不厌恶就行，再说，这也没什么可以觉得厌恶的。美洲的菜豆象则不会这么手下留情；它要把自己那颗豆子吃个干干净净，只剩下一堆连猪都不吃的垃圾。美洲在把它的昆虫灾害给我们带来时，可是来势凶猛的。美洲就曾给我们带来过根瘤蚜这种害人不浅的虱子，我们的葡萄种植者们一直在同这种害虫进行斗争；今天，美洲又给我们带来了菜豆象，这将给未来造成严重的威胁。我做了几次实验，可以看出其危害之严重。

将近三年以来，在我的昆虫实验室的桌子上，大大小小的瓶子排列了好几十只，全都是由纱罩罩住瓶口的，既可防止入侵者又可让空气保持流通。这些瓶子是我的野兽笼子。我在瓶子里培育菜豆象，并随意改变其饮食供应。我从这些瓶子中特别获知菜豆象对居所的选择并非是专一的，除了几个罕见的例子而外，它们对我们的各种豆子都很适应。

各种菜豆，无论白的和黑的，红的和杂色的，大的和小的，当年收获的和好几年前收获的几乎煮都煮不烂的，都适合于菜豆象。脱了粒的菜豆则更受青睐，因为容易侵入，但是如果脱了粒的不足时，有豆荚保护着的豆粒也同样受到菜豆象的喜爱。刚孵化出来的幼虫会钻透往往又皱又硬的豆荚触及豆粒。在田间地头菜豆象就是这样侵害菜豆的。

长荚果扁豆的优良品质也得到菜豆象的认可。这种扁豆在我们这里称作独眼菜豆，因为在豆荚的梗洼处有一黑点，好似带眼囊的眼睛，因此而得名。我甚至在我的那些菜豆象寄宿者中间看出它们对这种扁豆更加情有独钟。

直到这之前，没有出现任何异常情况：菜豆象没有越出菜豆属植物这一食物范围。但是，这之后，情况变得危险了，菜豆象向我展示出它的意想不到的一面。它毫不犹豫地去吃干豌豆、蚕豆、山黧豆、野豌豆、鹰嘴豆；它总是津津有味地从这一种吃到那一种；它的孩子们同吃菜豆一样，吃这些豆类也吃得膘肥肉壮的。唯独小扁豆不受欢迎，也许是因为小扁豆个头儿太小的缘故。这种美洲来的象虫科昆虫真是个可怕的侵害者！

如果像我一开始所担心的那样，菜豆象总这么贪吃，从豆类吃到谷物，那灾害就更加严重了。但并未严重到如此地步。居于我的短颈大口瓶，与小麦、大麦、稻谷、玉米等在一起的菜豆象全都无一例外地没留下后代便死去了。它同油性种子，如蓖麻、向日葵等在一起时情况也是如此。除了豆类，再没有别的什么适合菜豆象的。尽管有此局限，但它的胃口仍是一种大胃口，而且吃起来极其疯狂，祸害不浅。

它的卵是白色的，呈小圆柱形。产卵无序，对产卵地点也不作任何选择。菜豆象妈妈产卵时，或只产下一个，或产下一小堆，既产在短颈大口瓶的内壁上，也产在菜豆上。在粗心大意时，它甚至把卵产在玉米、咖啡、蓖麻和其他种子上，孩子们因在其上找不到合乎口味的食物而很快死去。在这里，妈妈的远见又有何用？卵只要是下在豆荚堆中的任何地方，都是合适的，因为新生儿已会去寻觅并找到侵入点的。

卵顶多五天就孵化。刚孵出来时是个棕红脑袋的白色小家伙，是个勉强可以看得出来的一个小点点。幼虫上身鼓起，让自己的工具——大颚这个圆凿更加有力，因为它要利用这一工具在坚硬如木头似的种子上钻孔。树干上的矿工——吉丁和天牛的幼虫也是这么挺着上身的。小爬虫一出生便以一种我们不相信这么小小年纪就会有的积极劲头儿随意地闲逛着，它这是想着尽快地找到栖身之所和食物。

一到第二天，大部分幼虫都办好自己的事了。我看见它们在种子的坚硬表皮上钻孔；我观看着它们的执着劲头儿；我还偶然看到幼虫半个身子下到刚凿出一点的坑道的开口处，坑口边有白色粉末，那是钻孔时弄出的粉屑。它钻进洞中，钻到种子的中心部位。五个星期后，它长大成为成虫后再爬出洞来，因为它长得很快。

菜豆象的快速发育成长使它一年能有好几代。我就见过四代。另外，单单一对夫妇便给我提供了八十个孩子。我们就只按一半来统计，因为夫妇双方是两个人，我是按两个性别的等量加以计算的。那么，到了年底，这第一对夫妻所生之后代就将是四十的四次方，那么幼虫时期的菜豆象总数就是五百多万只。这么一个强大的军团要糟蹋掉多大一堆菜豆呀！

菜豆象的本领从各个方面来看都与我们所了解的豌豆象并驾齐驱。每只幼虫都在菜豆内为自个儿凿个小屋，但并不伤及菜豆的表皮这个保护屏障，待长成成虫要出去时，只需稍稍一顶，封盖便会脱落。到了蛹的末期，一个个的小屋宛如暗淡的星星似的在菜豆表面上闪现。最后，封盖脱落，幼虫爬出屋外，菜豆上留下一个个小洞，里面有多少幼虫就有多少个小洞。

尽管菜豆象成虫吃得很少，有点粉质碎屑就足够了，但在这大堆的食物上只要有可供利用的东西，它似乎就不想弃之而去。它们在菜豆堆中交尾；菜豆象妈妈随意地在菜豆上产卵；孩子们在菜豆中安顿下来，有的住在完好无损的豆粒里，有的则栖息于被钻了洞但并未被吃光耗尽的豆粒中；每隔五个星期，在美好的季节里，就有新的幼虫重新开始钻来钻去。最后，最后的那一代，也就是九月或十月的那一代，便得在小屋中昏昏欲睡，等待热天的归来。

如果菜豆的毁坏者一旦变得过分危险，对它们进行一场歼灭战并非难事。从它们的生活习性中我们得知应采取什么手段。它以收回来存在谷仓里的干燥豆类为食。在田间地头是很难对付它的，而且也是很难奏效的。它干坏事主要是在我们的谷仓里。这时候，敌人就待在我们家里，在我们力所能及的范围内。只需用农药喷洒，很容易就能将它们除尽。

金步甲的婚俗

众所周知，金步甲是毛虫的天敌，所以无愧于它那园丁的称号。它是菜园和花坛的警惕的田野卫士。如果说我的研究在这方面不能为它那久负盛名的美誉增添点什么的话，那至少我可以从下面的介绍中向大家展示这种昆虫的尚未为人所知的一面。它是个凶狠的吞食者，是所有力不及它的昆虫的恶魔，但它也会惨遭灭顶之灾。是谁把它吃掉的呢？是它自己以及其他许多昆虫。

有一天，我在我家门前的梧桐树下看见，一只金步甲慌急慌忙地爬过。朝圣者是受人欢迎的；它将使笼中居民增强团结。我把它抓住后，发现它的鞘翅末端受到损伤。是争风吃醋留下的伤痕吗？我看不出有任何这方面的迹象。要紧的是它可不能伤得很厉害。我仔细地查验一番，看不见什么伤残，可以大加利用，便把它放进玻璃屋中，与二十五只常住居民为伴。

第二天，我去查看这个新寄宿者。它死了。头天夜里，同室居民攻击了它，那残缺的鞘翅没能护好肚腹，被对方给掏空了。破腹手术干净利落，没有伤及一点肢体。爪子、脑袋、胸部，全部完好无损，只是肚子被大开了膛，内脏被掏个精光。我眼前所见的是一副金色贝壳架，由双鞘翅合拢护着。对照一下被掏空软体组织的牡蛎，也没有它这么干净。

这种结果颇令我惊诧，因为我一向很注意查看，不让笼子里缺少吃食。蜗牛、鳃角金龟、螳螂、蚯蚓、毛虫以及其他可口的菜肴，我是换着花样地放进笼中，菜量充足有余。我的那些金步甲把一个盔甲受损、容易攻击的同胞给吞吃掉，是无法以饥饿所致作为借口的。

它们中间是否约定俗成，伤者必须被结果，其要变质的内脏必须被掏空？昆虫之间是没有什么怜悯可言的。面对一个绝望挣扎的受伤者，同类中没有谁会驻足不前，没有谁会试图前去帮它一把。在食肉者之间事情可能变得更加悲惨。有时候，一些过往者会奔向伤残者。是为了安慰它吗？绝对不是，它们是为了去品尝它的味道，而且，如果它们觉得其味鲜美，则会把它吞吃掉，以彻底解除它的痛苦。

当时，有可能是那只鞘翅受损的金步甲暴露了它受伤的地方，同伴们受到了诱惑，视这个受伤的同胞为一只可以开膛破肚的猎物。但是，假如先前并没有谁受伤，那它们之间是否会相互尊重呢？从种种迹象来看，一开始，相互间的关系还是相安无事的。吃食时，金步甲们之间也从未开过战，顶多只不过是相互从嘴中夺食而已。在木板下躲着睡午觉，而且睡得很长，也没见有过打斗。我那二十五只金步甲把身子半埋在凉爽的土中，安静地在消食、打盹儿，彼此相距不远，各睡各的小坑中。如果我把遮阴板拿掉，它们立刻惊醒，纷纷四下逃窜，不时地相互碰撞，却并不干仗。

平静祥和的气氛很浓，似乎会永远这么持续下去，可是，六月，天刚开始热时，我查看时发现有一只金步甲死了。它没有被肢解，同金色贝壳一模一样，如同刚才被吞食的那只伤残者的样子，使人想到一只被掏干净的牡蛎。我仔细查看了残骸，除了腹部开了个大洞，其他地方完好无损。由此可见，当其他的金步甲在掏空它时，那只受伤的金步甲是处于正常的状态的。

不几天，又有一只金步甲被害，同先前死的一样，护甲全都完好无损。把死者腹部朝下放好，它似乎好好的；而让它背冲下的话，它便是一只空壳，壳内没有一点肉了。稍后不久，又发现一具残骸，然后是一只又一只，越来越多，以致笼中居民迅速减少。如果继续这么残杀下去的话，那我笼子里很快就什么也没有了。

我的金步甲们是因年老体衰，自然死亡，幸存者们是瓜分死者尸体呢，还是牺牲好端端的“人”以减少“人口”呢？想弄个水落石出并非易事，因为开膛破肚的事是在夜间进行的。但是，我因时刻警惕着，终于在大白天撞见过两次这种大开膛。

将近六月中旬，我亲眼看见一只雌金步甲在折腾一只雄金步甲。后者体型稍小，一看便知是只雄的。手术开始了。雌性攻击者微微掀起雄金步甲的鞘翅末端，从背后咬住受害者的肚腹末端。它拼命地又拽又咬。受害者精力充沛，却并不反抗，也不翻转身来。它只是尽力在往相反的方向挣扎，以摆脱攻击者那可怕的齿钩，只见它被攻击者拖得忽而进忽而退的，未见其他任何抵抗。搏斗持续了一刻钟。几只过路的金步甲突然而至，停下脚步，好像在想：“马上该我上场了。”最后，那只雄金步甲使出浑身力气挣脱开来，逃之夭夭。可以肯定，如果它没能挣脱掉的话，那它肯定就被那只凶残的雌金步甲开了膛了。

几天过后，我又看到一个相似的场面，但结局却是完满的。仍旧是一只雌性金步甲从背后咬一只雄性金步甲。被咬者没作什么抵抗，只是徒劳地在挣扎，以求摆脱。最后，皮开肉裂，伤口扩大，内脏被悍妇拽出吞食。

那悍妇把头扎进其同伴的肚子里，把它掏成个空壳。可怜的受害者爪子一阵颤动，表明已小命休矣。刽子手并未因此心软，继续在尽可能地往腹部深深掏挖。死者剩下的只是合抱成小吊篮状的鞘翅和仍旧连在一起的上半身，其他一无所剩。被掏得干干净净的空壳便撇在原地。

金步甲们大概就是这样死去的，而且死的总是雄性，我在笼子里不时地看见它们的残骸。幸存者大概也是这般死法。从六月中旬到八月一日，开始时的二十五个居民骤减至五只雌性金步甲了。二十只雄性全都被开膛破肚，掏个干干净净。被谁杀死的？看样子是雌金步甲所为。

首先，我有幸亲眼所见，可以为证。我两次在大白天看见雌金步甲把雄的在鞘翅下开膛后吃掉，或至少试图开膛而未遂。至于其他的残杀，如果说我没有亲眼所见的话，我却有一个非常有力的证据。大家刚才全都看见了：被抓住的雄金步甲没有反抗，没有进行自卫，而只是拼命地挣扎逃跑。

如果这只是日常所见的对手之间的寻常打斗，那么被攻击者显然会转过身来的，因为它完全有可能这么做。它只要身子一转，便可回敬攻击者，以牙还牙。它身强力壮，可以搏斗，定能占到上风，可这傻瓜却任凭对手肆无忌惮地咬自己的屁股。似乎是一种难以压制的厌恶在阻止它转守为攻，也去咬一咬正在咬自己的雌金步甲。这种宽厚令人想起朗格多克蝎，每当婚礼结束，雄蝎便任由其新娘吞食而不去动用自己的武器——那根能致伤其恶妇的毒螯针。这种宽容也让我回想起那个雌螳螂的情人，即使有时被咬剩一截了，仍不遗余力地在继续自己那未竟之业，终于被一口一口地吃掉而未作任何的反抗。这就是婚俗使然，雄性对此不得有任何怨言。

我喂养在笼子里的金步甲中的雄性，一个一个地被开膛破肚，一个不剩，这也是在告诉我们那同样的习性。它们是已经对交尾感到满足的雌性伴侣的牺牲品。从四月至八月的四个月里，每天都有雌雄配对，有时是浅尝辄止，有的时候，而且比较经常的是有效的结合。对于这些火辣辣的性格来说，这绝对是没有终结的。

金步甲在情爱方面是快捷利索的。在众目睽睽之下，无须酝酿感情，一只过路的雄金步甲便向一眼见到的雌金步甲扑将上去。雌金步甲被紧紧搂住，微微昂起头，以示赞同，而在其上的雄金步甲便用触角尖端抽打对方的脖颈。迅即就交配完毕，双方立即分开，各自跑去吃蜗牛，然后又各自另觅新欢，重结良缘，只要有雄金步甲可资利用即可。对于金步甲来说，生活的真谛即在于此。

在我养的金步甲园地里，男女比例失调，五只雌的对二十只雄的。但这并不要紧，没有什么争风吃醋的拼搏。雄性平和地占用、滥交遇上的雌性。有了这种忍让精神，早一天晚一天，机会多的是，经过多次相遇相试，每个雄性都能泄掉自己的欲火。

我本想让雌雄比例趋于合理的，但纯属偶然而非有意才造成这种比例失调的。初春时节，我在附近石头下捕捉遇上的所有的金步甲，不问是公是母，而且仅从外部特征去看也挺难辨出雌与雄来。后来，在笼子里喂养之后，我知道了，雌性明显地要比雄性大一些。所以说，我那金步甲园地里的雌雄比例严重失调实属偶然所致。可以相信，在自然条件下，不会是雄性比雌性多这么许多的。

再说，在自由状态之中，不会见到这么多金步甲聚在一块石头下面的。金步甲几乎是孤独生活着的，很少看见两三只聚在同一个住所里。我的笼子里一下子聚着这么多实属例外，而且还没有导致纷争。玻璃屋中场地挺大，足够它们爬来爬去，自由自在，优哉游哉。谁想独处就可以独处，谁想找伴儿马上就能找到伴儿。

再说，囚禁生活似乎并不怎么让它们感觉厌烦，从它们不停地大吃大嚼，每日一再地寻欢交尾就可以看得出来。在野地里倒是自由，却没这么受用，也许还不如在笼子里，因为野地里食物没有笼子里那么丰盛。在舒适方面，囚徒们也是身处正常状态，完全满足了它们的日常习俗。

只不过在这里同类相遇的机会比在野地里多。这也许对雌性来说是个绝妙的机会，它们可以迫害它们不再想要的雄性，可以咬雄性的屁股，掏光它们的内脏。这种猎杀自己的旧爱的情况因相互比邻而居而加剧了，但是肯定没有因此就花样翻新，因为这种习性并非是一时兴起所造就的。

交尾一完，在野外遇见一只雄性的雌金步甲便把对方当成猎物，将它嚼碎，以结束婚姻。我在野地里翻动过不少石头，可从未见到过这种场景，但这并没有关系，我笼子里的情况就足以让我对此深信不疑了。金步甲的世界是多么残忍呀，一个悍妇一旦卵巢中有了孕无须情人时便把后者吃掉！生殖法规拿雄性当成什么，竟然如此这般地残害它们？

这类相爱之后同类相食现象是不是很普遍？目前来说，我已经知晓有三类昆虫是这么一种情况：螳螂、朗格多克蝎和金步甲。在飞蝗这个种族中，情况没有这么残忍，因为被吃掉的雄性是死了的而非活着的。白额雌螽斯很喜欢一点一点地嚼其已死的雄性的大腿。绿蚱蜢也是这种情况。

在一定程度上，这里面有个饮食习惯的问题：白额螽斯和绿蚱蜢首先都是食肉的。遇见一个同类尸体，雌虫总是多少要吃上几口的，不管它是不是其昨夜情郎。猎物就是猎物，没有什么情郎不情郎的。

可是素食者又是怎么回事呢？接近产卵期时，雌性距螽竟冲着它那尚活蹦乱跳的雄性伴侣下手，剖开后者的肚子，大吃一通，直至吃饱为止。一向温情可爱的雌性蟋蟀性格会突然暴戾，会把刚刚还给它弹奏动情的小夜曲的雄性蟋蟀打翻在地，撕扯其翅膀，打碎它的小提琴，甚至还对小提琴手咬上几口。因此，很有可能这种雌性在交尾之后对雄性大开杀戒的情况是很常见的，特别是在食肉昆虫中间。这种残忍的习性到底是什么原因促使的呢？如果条件允许的话，我一定要把它弄个一清二楚。

蟹蛛

蟹蛛因爬行时像螃蟹一样，横行霸道，因此得名。它也像螃蟹一样，前步足比后步足粗壮，只是它的两条前足不像螃蟹前足那样戴着“拳击手套”。

这种蟹蛛不会织网捕猎。它的捕猎方法是，埋伏在花丛中窥视着，一旦猎物出现，它会飞快地掐住对方的脖子。它尤其喜爱捕捉家蜂。一贯爱好和平的蜜蜂，为了采蜜来到花间草丛，用舌头先在花丛中探测，选好一处花粉多的开采区，立刻便忙于收获了。待它的花篮里装满了花粉，肚子慢慢地鼓起来的时候，蟹蛛便从花丛下的隐藏处突然蹦了出来，纵身跃起，掐住蜜蜂的后脖颈根部。后者无助地在拼命地挣扎，用螯针乱扎一气，但攻击者始终不肯放手。

蜜蜂的奋力挣扎、反抗，未能奏效，由于颈部的神经被死死地掐住，脖子被迅雷不及掩耳般地咬住，没一会儿便蹬着小腿儿，一命呜呼了。刽子手自在满意地吮吸着被害者的血，吸干之后，便不屑一顾地将蜜蜂干尸弃之一旁，又埋伏在花丛之中，伺机捕捉下一个采集花粉者。

受肠胃制约的动物和人，简直像是恶魔。为了获得鲜美肉嫩的猎物，他们是根本不会去顾及对方的工作之神圣，生活之快乐，母性之温柔，临终之痛苦，只要自己能大快朵颐就可以了。我们所说的这种蟹蛛，可能很像古罗马执法官手下的手持束棒的侍从，专司捆绑犯人于行刑柱上。许多蜘蛛都是这样，为了制服猎物，以便随心所欲地把它吃掉，就用“绳子”先把猎物捆绑结实，从这一点来看，上述比喻还是挺恰当的。但关键的问题是，蟹蛛名实并不相符，它并没有用绳子捆绑蜜蜂，蜜蜂是被它咬伤脖子而死的，而且几乎没有对刽子手进行任何反抗。

蜘蛛几乎总是有着一个大肚子，里面储存着大量的丝，有些蜘蛛用腹中的丝来制细丝线，而所有的蜘蛛都会用自己的丝来织卵袋中的莫列顿呢。蟹蛛也不例外，它也同其他的蜘蛛一样，用肚子里的丝为自己的婴儿编织保暖服装，只是它的肚子不像其他蜘蛛那么大，那么臃肿。

蜜蜂的杀手很怕冷，在我国，它几乎没有离开过橄榄树的故乡。它尤其喜欢一种名为岩蔷薇的灌木。这种灌木开出的花呈粉红色，花朵很大，有点皱皱巴巴的，保持的时间不长，只有一个上午，第二天，凉爽的黎明来临时，新开的花便取代了昨日的花，花期通常要持续五六个星期。

蜜蜂很爱到这里来采花蜜。它们在雄蕊那宽大的管圈上飞来飞去地忙碌着，满身都蹭上了黄色的花粉。蟹蛛闻讯，匆忙赶来，躲藏在一片花瓣构成的粉红色帐篷下面，随时准备着向猎物发动攻击。我朝这片花丛望去，只见四处的花上都落着蜜蜂。如果我发现有一只不动弹了，伸直了舌头和腿脚，我便连忙赶过去，因为那无疑是蟹蛛在作怪，它刚杀了“人”，正在吮吸尸体里的血。

话说回来，蜜蜂的这个捕杀者还是长得十分漂亮，尽管它那金字塔形的躯干上坠着个大肚子，下端左右两侧各隆起一个驼峰状的乳突，但它的皮肤看上去简直比绸缎还要柔软。有些蟹蛛的皮肤呈乳白色，有些则呈柠檬色；有一些挺讲究的蟹蛛还在腿上戴上不少的粉红色的镯子，背上饰有胭脂红的曲线，胸部两侧有时还佩戴着一条淡绿色的细带子。蟹蛛的服装色彩虽然不如彩带蛛那么丰富，但是，就简明、精致和色彩搭配而言，要比后者的服装色彩优雅许多。即使对蜘蛛感到恐惧和厌恶的没有经验的人，也不得不承认蟹蛛的优雅，忍不住要抓起一只看似温顺平和的蟹蛛来观赏一番。

蜘蛛类昆虫中的这个宝货有何才干呢？首先，它会建造适合自己的巢穴。金翅鸟、燕雀以及其他建筑师善用植物的侧根、植物纤维、棉絮团等在树枝丫上构建贝壳形的巢。蟹蛛也喜欢在高处盖房造屋。为了建造自己的屋子，它在自己平时捕猎的岩蔷薇上，选择一根长得很高、因炎热而枯萎了的树枝，枝上还挂着一些卷成小窝棚的枯叶。蟹蛛便在其上搭建巢穴，生儿育女。

蟹蛛肚子似梭子状，里面装满了丝，它让肚子上下轻轻地摆动，把丝拉向四周。它织成一个袋子，袋壁与周围的干树叶浑然一体。这个白色的不透明的巢，一部分露在外面，一部分被树叶所遮掩。它插在树叶间的夹角里，呈圆锥形，像丝蛛所织的袋子，但体积要比丝蛛袋来得小些。

当卵产入袋子里之后，一个用同样的白丝织成的盖子便把这个袋子口给盖严盖实，最后，再用几根丝织成一个薄薄的帘子，在卵袋上做成一个床顶华盖。然后，再用弯曲的叶尖做成一间凹室，母亲便居于其间。

这不仅是疲劳的产妇产后休息之所，还是一个很好的掩蔽所，一个监视哨。母亲就坚守在这个监视哨所之中。它平趴着，直到自己的孩子们大批地迁移。它因产卵以及筑巢建窝耗费了大量的丝，所以身体变得十分消瘦。现在，它只是为了保护自己的窝巢而活着。如果有不速之客从附近经过，它会立即冲出哨所，抬脚踢蹬，把这不速之客赶跑。当我用一根草去撩拨它时，它便奋力地反击，用拳头击打我所使用的武器，仿佛在跟那根草进行着拳击。如果我想做些试验，故意让它挪挪窝，那就得花费点工夫，因为它会死死地抱住丝质地板不放，让我无法得逞。我因害怕伤着它，也不敢太用力。这个顽强的家伙刚被逗引出窝，立即便会返回自己的岗位，它放不下自己的宝贝们。蟹蛛同纳博讷狼蛛一样，当别人夺它的宝贝时，它便会奋力反击。

这两种蜘蛛都同样勇敢，同样忠诚，但也同样糊涂，分不清宝贝是自个儿的还是别人的。

我们也无法用母爱来形容它们，因为它们那只是出于冲动，只是一种机械性的爱，没有真正的温情孕育其中。生活在岩蔷薇上的高雅的蟹蛛，也不见得就比狼蛛聪明，如果把它移到另一个形状相同的窝里去的话，它便在那儿安下家来，不再挪窝，尽管那个袋子上排列规则有所不同的叶子已经明显地在告诉它，这儿并不是它原先的家，但它只要脚下踩着丝，它就不会发现自己摸错了门，被弄到别人的家里了，它像监护着自己的巢穴一样谨慎有加地监视着这个新家。

在母性的盲目这一点上，狼蛛则表现得尤为突出。它把我用锉刀锉成的软木球、纸团和线团当成了自己的卵袋，粘在纺丝器上，带着走来走去。我想了解一下蟹蛛是不是也会这么犯糊涂，便在封闭的圆锥形卵袋里放了一些蚕茧的碎片，把碎片那较细较平的一面朝上。我的诡计未能奏效。离开了自己的家，被安置在人造袋子上的母蟹蛛死活不肯在那儿安家。这么看，它好像是比狼蛛要聪明一些吧？也许是这样，但是，也别因此就过于对它加以赞扬，因为那个巢模仿得不够标准，过于粗糙。

五月底，产卵的任务完成了，平趴在巢顶上的母蟹蛛无论白天还是黑夜，都不离开其掩蔽体。见它那么干瘦，我便准备为它提供几只蜜蜂，它一定会开心的，因为我以前就这么做过。

可我推断错了，这并不是它所需要的。此前它一直偏爱的蜜蜂已经引不起它的兴趣了，被我放进网罩里的蜜蜂，尽管是唾手可得，它也无动于衷，任由它在嗡嗡地叫。但是，虽然如此，它却并未擅离职守，仍在坚守着自己的岗位，靠着母爱的执着在维持着生命。因此，我只能眼睁睁地看着这个蟹蛛母亲在日益衰弱，越来越干瘪。这只消瘦的蟹蛛究竟死死地在等待什么呀？

它是在等着自己的孩子出世，它这个垂死者对它的孩子们还有用。彩带蛛的孩子从“气球”里一出来，便无人照看，成了孤儿。这些孤儿根本无力从自己的袋子里挣脱出来，必须靠“气球”自行爆裂，气球爆裂时，把小彩带圆形蛛和棉床垫一股脑儿地弹了出来。

蟹蛛的袋子外面大部分地方都加了一层树叶，它永远不会自动爆裂，只要封条仍贴在盖子上，它就不会自行打开来。当小蟹蛛获得解放后，我发现盖子周围有一个小洞口敞开着，宛如天窗。这个天窗原先并不存在，是谁把它打开的？

袋子的布料质地很好，非常厚实牢固，里面关着的年幼体弱的小蟹蛛根本就扯不破它的。那是它们的母亲解救了它们的。母亲感觉到丝棉顶篷下的孩子急于出来，在乱蹬乱踢乱拱，就帮它们把袋子捅破了。蟹蛛母亲拖着病体坚持了三周，就是等着这一天，好最后用牙把卵室咬开。母亲的天职完成了之后，它便欣慰坦然地逝去，并紧紧地贴在自己的窝上，变成干尸。

七月到来，小蟹蛛出世。我预知它们有表演杂技的习性，便在它们出生的那个罩子顶上放了一把很细的枝条。它们果然全都钻过纱网，聚到那把枝条上来，并很快地在那上面用自己的丝交错地编织出一个宽阔的临时营地来。开头两天，它们躲在营地里，比较安静，随后便在一个物体与另一个物体之间架设起天桥来。这是我进行观察研究的大好时机。

我把一束爬满了小蟹蛛的枝条置于开着的窗户前的一张桌子上，

放在背荫的地方。不一会儿，它们便开始进行大迁移，但速度缓慢且毫无秩序。小蟹蛛们有些迟疑，有的在向后倒退；有的则吊在丝的一头垂直坠落，然后丝往上收，又把吊在半空中的小蟹蛛带了上去。总之，一片忙碌，不见成效。

大约十一点钟光景，我灵机一动，想把急于迁移的小蟹蛛所盘踞的那束枝条放到烈日照射的窗台上。被太阳暴晒了几分钟之后，情况便大不相同了。这帮小移民们爬到小树枝的顶梢上，十分活跃，动弹个不停。这儿简直成了一个令人眼花缭乱的制丝绳的车间，几千条腿都在从纺丝器里往外拉丝。丝绳制好后，便被甩了出去，任凭风儿将它带走。我得实话实说，我并未看见丝绳，只是凭借自己的猜想。三四只蟹蛛同时出发，然后分道扬镳，各行其道，看着它们的爪子在灵巧地忙碌着，我就知道它们都在往上攀爬，顺着一个支撑物攀缘着。但它们身后的那根丝仍然可以看得出来，因为这是一条复线。等到达某一高度时，它们便停止了攀登，在空中荡了起来。经阳光一照，只见它们一个个闪闪发光，缓缓地在晃动着，然后便突然飞了起来。

这是怎么回事呀？原来，外面微风吹来，飘荡的丝断了，小蟹蛛被吊在“降落伞”上，被吹走了。我看着它们远去，像点点光点似的闪着光亮，落在了二十步开外的那片墨绿的柏树林中。第一只小蟹蛛消失了，其他的小蟹蛛也随之消失不见了，有的飞得高一些，有的飞得低一些，飞向不同的方向。

在阳光的照射下，骤然发出耀眼光芒的小蟹蛛犹如焰火一般。它们紧攥住飘荡的飞丝，飞向了辽阔的世界。但或早或迟，或远或近，它们都得落地。唉！生活所迫，必须降落，哪怕是降落到很低洼的地方去。这就如同带冠毛的夜莺，为了填饱肚子，不得不将路上的驴粪蛋捣碎，从中觅食。它在天上飞时，唱出动听的歌来，其实，那是它饥肠辘辘，找不到燕麦粒充饥所导致的，它必须落到地上，寻找食物充饥，解此燃眉之急。这是动物求食的本能使然。小蟹蛛因同样的原因也不得不降落，它们因有降落伞的保护，削弱了重力作用，不致被摔伤。

在有能力捕捉蜜蜂之前，小蟹蛛能够抓获多少小飞虫？采用什么方法去捕捉？是靠一些雕虫小技吗？它们最后将去哪儿过冬？凡此种种，我不得而知。春天到来时，我们还会见到它们的，但它们业已长大，并潜伏在蜜蜂采花蜜的花丛之中。

纳博讷狼蛛

纳博讷狼蛛又称黑腹舞蛛。它们选择咖里哥宇群落①为其定居点。那儿土地荒芜，遍地卵石，是百里香所喜爱的环境。这种狼蛛的居所酷似堡垒、深约一米的地穴，直径只有瓶颈那么宽。在当地土质条件下，如不遇障碍物，所挖掘的洞穴是垂直的。如果遇到一颗小砾石，倒是可以弄出洞外；但是，如果遇到较大一些的卵石，无法挪动，就只好改道、拐弯；如果多次遇到障碍，那它挖出的地下住所就会成为带有石拱门的地下堡垒，弯来绕去，阡陌纵横，大街小巷相连。

如果地下居室的主人能够凭借着长期养成的习惯，知道哪儿是拐角，有多少层，这种不规则也就无伤大雅了。如果屋外有动静，有引起屋主注意的响声，它就会从蜿蜒曲折的洞里爬出来，犹如爬出垂直竖井一样身手敏捷。甚至可以说，当狼蛛需要把尚具有反抗能力的猎物生拉硬扯地拉入地下进行杀害时，这个曲里拐弯的洞穴反而更显现出其优越性来。

---

① 咖里哥宇群落：地中海地区的常绿矮灌丛。

通常，洞穴底部较宽大，成为一间厢房，是狼蛛沉思默想的处所，也是它酒足饭饱之余享乐清闲的地方。

为了防止风化松散的泥土掉落到洞里，洞壁上被涂抹了一层丝浆，但狼蛛很会精打细算，不事铺张，因为它不像纺织娘那样盛产丝，所以它必须厉行节约，巧于安排。这层防止松土掉落，并使凹凸不平处平滑的丝浆，主要是抹在与出口处相邻的洞穴顶部。白日里，周围十分安静时，狼蛛喜欢待在门口，晒晒太阳（这是它的一大乐趣），或者窥伺经过自家门前的猎物。必要时，它可以在洞口一待就是几个小时，或沐浴在温暖的阳光中，或突然跃起捕捉猎物。纵横交错地布于洞壁上的防护丝网，使它的小爪子能在任何地方找到依托。在洞口四周，有一圈护栏，忽高忽低，是用细石子、碎木片以及周围禾本植物的干树叶纤维垒砌起来的，由丝加以固定。

狼蛛进入成年后，一旦定居下来，就很少外出。我观察研究狼蛛已有三年。我把它安放在我工作室窗台上的一个大罐子里，每天都可以看到它。我很少见到它爬到外面来，它在离洞口不远的地方时，只要一有响动，便立即钻入洞中。由此可以断定，在野外时，狼蛛也不会跑到老远的地方去寻找建筑材料，整修护栏，而是就地取材，就在家门口寻找。因此，洞口附近的砾石很快就会告罄，狼蛛不得不停工待料。

我想观察一下，如果狼蛛能够不断地得到建材的供应的话，它可以把护栏修到多高。我可以利用被我囚禁着的狼蛛，亲自担任它的供货商。这件事很好办，没有什么困难。

我把一个一拃深的大罐子装满含有大量碎石子的黏性红土，这种黏性红土与狼蛛经常出没的地带的土质相仿。我把黏性红土加上适量的水，和成泥团，然后，一层一层地放在一根直径与狼蛛洞穴一样宽的芦苇周围。当罐子完全装满之后，我便把芦苇拔出来，泥土里就留下了一口竖井。一个用来代替野外洞穴的居所就算是大功告成了。然后，我便在附近用小铲子把一只狼蛛从它的住所里挖了出来，把它移到我刚为之建成的新居中来。一到新居，它便迷恋上了，乐不思蜀，不再出门，也不再去别的地方寻找更好的住所了。我把罐子用金属纱网罩好，以防它逃逸。不过，我这也纯属多此一举，因为对自己的新居心满意足的这个囚徒，对原先的天然居所没有丝毫眷恋的表现，根本就没有逃出牢笼的企图。但得补充一句，每个罐子里只能留住一只狼蛛。狼蛛极具排他性，在它的眼里，邻居即猎物，当它认为自己强于对方时，它会毫不客气地把对方吃掉。尤其到了交配期，这种排他性表现得尤为突出。我曾经亲眼见过在同一个罩子下生活的狼蛛那相互残杀的残忍性。现在，让我们来看看那些独居单处的狼蛛。它们并没有对我用芦苇建造的居所加以改造，顶多也就是不时地从洞里扔出一些土来，那也许是想在洞底为自己扩建一间休息室。被扔出的这些小土块，渐渐地堆积在洞口周围，形成了一个土石井栏。

我为这些独居的狼蛛提供了不少它们非常偏爱的材料，比它们自己寻找到的材料要好得多。在我所提供的材料里，有打地基用的光溜的小石子，其中有的大若杏仁，而且我还往砾石堆里掺了一些酒椰短纤维，这种纤维很柔软，很容易折弯。它可以代替狼蛛通常所用的细胚茎和禾本植物的枯叶。最后，我还为它们准备了一些一寸长的粗毛线，这可是它们从未使用过，而且也从未听说过的好东西。

我在想，狼蛛那豆大的明亮的眼睛，能不能辨别色彩？它们对某种颜色是否情有独钟？因此，我把不同颜色的毛线混在一起，红、黄、绿、白都有。如果它们对颜色有所偏爱，那它们会从中加以选择的。

狼蛛总是在夜间工作，这对我的观察十分不利。我只能从结果去加以判断。即使我掌灯前往它们的工地进行观察，也无法获得更多的信息。

狼蛛见到亮光，会一下子躲进洞穴中去，我非但观察不到它的劳动情况，反而白白地搭上了自己的睡眠时间。再者，狼蛛工作劲头并不大，很爱磨蹭，一个晚上也只能用掉两三束毛线或酒椰纤维。

两个月过去了，材料的消耗大大地超过了我的预期。那些被我认为只会利用就近找到的材料的狼蛛，用其家族从未使用过的方法为自己建造起了堡垒来。洞穴周围，稍微有点倾斜的斜坡上，光溜的石子被断断续续地铺成了石板路，即使是那些最大的，对搬动它们的狼蛛来说显得巨大的石头，也都同其他光溜的小石子一样被用掉了不少。砾石堆上立起了一座塔，是一座用酒椰纤维和随手拾到的毛线垒成的塔，红、黄、绿、白杂乱无章地混杂在一起。由此可见，狼蛛对颜色并没有什么偏好。

建筑物成形后的样子就像是一个套筒，高约两寸。纺丝器吐出的丝把一块一块的散料黏合在一起，整个儿看来，像是一块粗布。这虽说算不上是一件完美的作品，有些不好处理的材料不很服帖，露在外面，但它仍旧具有其长处，比鸟儿筑的巢搭的窝要漂亮得多。别人来参观时，见到罐子里那一座座别致的彩色建筑，还以为是我自己搭建的哩。当我把实情告诉他们时，他们全都感到惊讶，没有想到狼蛛竟然是建筑行业的高手。

当然，自由的狼蛛在贫瘠的咖里哥宇群落时，根本就造不出这么豪华的建筑来。个中原因我已经说过了，因为它们不太喜爱外出，所以不会心甘情愿地去寻找建筑材料，只能利用身边仅有的那么一点点资源。因此，它们所能够使用的材料，也只是小土块呀、碎石子呀、细枝条呀、干枯的禾本植物呀什么的，建起的建筑物当然也就相当简陋，只能是个引不起人们注意的石井栏而已。

我囚禁的那些狼蛛告诉我们，只要有足够好的材料，特别是拥有可以防止坍塌的纺织材料，它们是喜欢建高塔豪宅的。它们了解建塔的方法，一有机会就会建起高塔来。

这种艺术与另一种艺术不无关系，它似乎是从另一种艺术衍生出来的。太阳光过于强烈时，或者雨水威胁着洞穴的安全时，狼蛛就会用丝网把洞口封住。丝网上挂着各种各样的材料，有时还挂着吃剩下的猎物的残渣。古代的盖耳人①把俘虏的头颅钉在茅屋门扉上，野蛮凶残的蜘蛛同样也把被它残杀的猎物的头盖骨嵌于洞顶盖上。猎物的头盖骨镶嵌在圆屋顶上颇为合适，但别因此就认为这是好战者的战利品，狼蛛根本就不了解我们人类的那种野蛮的虚荣心，它只不过是利用自己洞口边所能找到的建筑材料而已。诸如蝗虫的残骸、植物的残渣，特别是小土块，它对材料的使用完全是不经意的，随手拈来。一个被太阳晒干了的蜻蜓脑袋，对狼蛛来说，就相当于一个石头子儿，大小正好合适。

狼蛛用丝和其他任何细小物质建造其住宅出口处的顶盖。我不明白它们为什么这么谨慎小心地把自己围在居所里，再说，它们的住所还是临时性的，隐居于此的时间长短又大不相同。有一个狼蛛家族在我对它们的家庭分布情况进行研究之后，仍有许多成员居住在这个围墙之中。这个家族在这一方面为我提供了一些确切的资料，我以后会加以介绍的。

八月来临，炎热酷暑，我发现有些狼蛛不时地爬到洞口去垒砌一个很深的凸面，但与周围地面又很难区别开来。垒砌这个凸面干什么用呢？是为了遮挡毒日头吗？这不太可能，因为过了没几天，尽管太阳仍旧很毒，但那块天花板却被挖掉了，狼蛛又出现在洞口，任由强烈的阳光照射着自己。

很快便进入了十月，雨天多了，狼蛛的那个屋顶尚可遮风避雨，

---

① 盖耳人：苏格兰人的一部分，克尔特人的后裔，公元前1000年，居住在苏格兰北部和西部山地里，以牧业为主。

似乎它们未雨绸缪，早有所防备似的。但是，这也不尽然，有好几次，恰逢天阴下雨，狼蛛却硬是把屋顶给捅破了让住所大门洞开。也许是家里有重大事情出现，特别是母狼蛛产卵日之时，需要把洞口关上。我的确也看到有一些尚未成为母亲的年轻雌狼蛛把自己关在洞穴中，过了一段时间，出现在洞口时，身后便已吊着一个卵袋了。这么说，它们之所以把门关起来，是为了在编织卵袋时，有个安静的环境，不受外界干扰，可是，这似乎又跟大多数狼蛛那无忧无虑的性格不太相符。我看见过狼蛛在洞中产卵时不关门的，我还看见过狼蛛拥有自己的住所之前在露天地里编织丝袋，并把卵装了进去的。总之，这似乎与天气无关，无论天冷天热，天晴天阴，狼蛛都会关闭洞口的，个中原委，我尚不清楚。

不管怎么说，反正洞口封盖还是时而打开时而关闭，有时甚至一天内多次地在关关开开的。封盖上是泥土，但封盖底下就是丝网，因此，封盖是软的，一顶就可以把它顶开来，而且还不会顶塌。顶盖上的泥土被顶开时会向外翻倒在洞口边缘。由于一次次地被顶翻，洞口边上的碎土碎石便越聚越多，形成一道石井栏，狼蛛便利用闲暇时间一点一点地把它加高。洞口上方的堡垒最初就是源于这个临时封盖，捅破的天花板，渐渐地变成了小塔楼。

这个小塔楼有何作用呢？我的那些大罐子会给大家以答案的。狼蛛在拥有固定住所之前，热衷于围猎，一旦定居下来，便宁可守株待兔，等待猎物送上门来。我每天都能看到它们不畏酷暑，从地下爬出洞外，趴在羊毛筑成的小城堡的碉楼上，表情严肃，姿态优美。它们的身子藏于洞中，只是脑袋露在外面，呆滞的目光死死地盯着前方，爪子收拢着，随时准备蹿起来。它们就如此这般地死守着，一小时又一小时，任随烈日的暴晒。

只要一看到合乎其口味的猎物经过，我们的窥伺者便立即冲出塔楼，其势如离弦之箭。它先对我所提供的蝗虫、蜻蜓或其他猎物的脖子上来一刀，然后把猎物掐死，随即把猎物拖回堡垒，速度之快，令人叹服。

只要是猎物进入它的伏击圈内，距离适当，它是很少有失手的时候的。如果猎物离它较远，譬如说是在金属罩的网纱上，狼蛛就不予以理睬。它不屑于追击，任随猎物游荡，该下手时才下手。它是凭着智慧、计谋获取猎物的。它隐蔽着，窥伺着，然后，以出其不意的方法，把猎物捕获到手，万无一失。无论猎物是会飞的还是会跑的，只要进入它的埋伏圈，飞也飞不掉，跑也跑不脱。

这种伺机突击是对耐心的一种考验。洞穴里并没有什么可以作为诱饵，来勾引猎物的，顶多也就是那个作为栖息地的凸出的城堡也许还能引来少许疲劳不堪、寻觅歇息处的过往路人。不过，今天等不到猎物，明天，后天或以后几天，总会有的，因为在咖里哥宇群落，欢蹦乱跳的蝗虫可不少，它们总会冒冒失失地跳到狼蛛窝边来的。狼蛛必须时刻警惕着，坚持到这一美好时刻的到来。

狼蛛并不害怕等待，因为它的胃很听话，有得吃的时候，可以吃个撑破肚皮，没得吃时，空着肚子也能熬上多日。有时，我故意一连几周不向它们提供食物，它们并未因此就脑袋耷拉，浑身无力，体力不支。狼蛛节食一段时间之后，遇到食物便暴饮暴食。今天的大吃大喝，是为明天的缺食挨饿做好准备。

狼蛛年纪轻轻尚无洞穴时，谋生手段则与此不同。它跟成年狼蛛一样身着灰衣服，但没穿黑丝绒围裙，要等到达到生育年龄才会穿上这种围裙。它在青草稀疏的草地上到处流浪，它这是在真正地进行追猎。当它发现合适的猎物时，便立刻追了过去，把猎物从藏身之处驱赶出来，穷追不舍，待猎物爬上高处，准备起飞时，它猛地一纵身，把对方扑落在地。

我看见我的那些今年刚出生的小狼蛛，见我所提供的双翅目昆虫逃到两寸高的草地上，立刻扑了上去，比猫捉老鼠的动作都要来得敏捷迅猛。当然，这只是年轻狼蛛所特有的不凡身手，它们身轻体健，当它们挺着满装着卵和丝的大肚子时，就玩不了这种漂亮的体操动作了。这时候，它们就只能是替自己建造一个固定居所，一个捕猎的隐蔽处，在它的小城堡顶上守株待兔。

狼蛛是在何时，又是如何获得地下居所，由流浪者变为隐居者，在洞中度过漫长的一生的呢？是在天气由炎热转为凉爽的秋季。田野上的蟋蟀也是如此，只要天气晴朗，夜间又不太凉，蟋蟀们就会在休耕的田间游荡，不为住所发愁，遇到阴天下雨，找片树叶藏身，也就挺过去了。直到寒冬将至，它们才会把那永久居所建好。

狼蛛在这一点上倒是与蟋蟀习性相同。它们同蟋蟀一样，喜欢自由自在的流浪生活。将近九月时，狼蛛身上的那种婚配年龄的标记——黑丝绒围裙——才会出现。夜幕降临时，在皎洁的月光下，它们频频约会，彼此调情，待过了洞房花烛夜之后，柔情蜜意顿失，彼此凶相毕露，相互残杀。白天，它们漂泊四方，在草丛中追猎，享受温暖阳光的沐浴，这比孤单单地藏于阴暗的洞穴之中要惬意得多。因此，腆着大肚子，甚至是拉家带口的年轻母亲尚无居所的情况并非少见。

到了十月，安家的时候来临。这时，我们可以观察到两类洞穴，直径互不相同，最大的有瓶颈那么粗，是老媪们居住的，它们拥有这种居所至少在两年以上；最小的直径只有粗杆铅笔那么粗，屋主系当年生的年轻母亲。年轻母亲们的居所经过不断地加工修缮，深度和宽度都有所增加，变得与前辈们的豪宅一样宽敞。这两类住宅的女主人都有孩子，有的已经出生，有的则仍在那个丝袋中。

我没发现狼蛛有挖土所必需的工具，我猜想，它们也许是在利用一些现成的洞穴，比如蝉或蚯蚓的洞穴。但我猜错了，狼蛛的洞穴完全是凭借自己的劳动挖掘而成的。

那么，它的挖掘工具究竟藏在哪儿呢？我首先想到的是它的腿和爪子。可是，转而一想，我又觉得不妥，这么长的工具在这么狭小的空间如何施展得开呢？这种洞穴需要用矿工们所使用的那种便于敲击硬物的短柄镐头，镐头深入土里，往上一撬，就能挖出一块土来。那就只有狼蛛的螯牙了。这两个锋利弯曲的螯牙闲着的时候，像弯着的手指似的藏在两根大柱子后面，那两根柱子垂直地立在面前，里面有控制锋利的爪子的肌肉。

我无法到地下去观察它如何进行挖掘，只好耐心地等待它们把土屑弄到地面上来。挖掘工程基本上是在夜晚进行的，中间自然是干干歇歇的，如果我坚持不懈地一大清早起来观察它们，最终总会碰上它们负着重物从地下爬到地面上来的。

可是，与我期盼的恰恰相反，它的爪子根本就没有参与载物，而是用它的嘴巴起着独轮车的作用。它的螯牙咬着一个小泥团，底下有用来进食的短手臂似的触角托着。它小心谨慎地走下堡垒，走出一段距离之后才把重物卸下来，随即便又返回洞中，继续把剩下的废物运到地面上来。

这一下我明白了，狼蛛的螯牙不怕黏土和砾石，它们把挖掘出来的泥土揉成团，然后咬在嘴里，运到洞穴外面来。它是在用自己的螯牙敲击、挖掘、运土。这就说明它的螯牙既锋利又坚硬，不怕磨不怕碰，既能掘土，又能刺杀敌人。

由于地下挖掘工程干干歇歇，拖得较长，地面的石井栏自然是隔相当长一段的时间才会加高一点，而住所的加深加宽拖的时间就更长了，通常，这地下庄园好几个季度一直保持着原样。到了冬末，尤其是三月份，狼蛛看起来比在其他任何季节都更想扩大自己的住所。

我把一只当天从野地里捕捉到的狼蛛放到用纱罩罩住的洞穴里，我事先已替它准备好了合适的泥土。如果我先用一根芦苇弄一个洞穴，与它原来在野外的洞穴基本上一样，它被放进洞中之后，就立刻对新居表示满意。它丝毫不作任何修改，就在其中安顿下来。随着日子一天一天地过去，唯一可见到的变化就是洞口建起了一座堡垒，洞穴顶部也用丝给加固了一下。住在这个人工建造的地下住宅的狼蛛的行为举止，仍旧与在自然状态下生活时一样。

但是，如果我们事先不为它挖好洞穴，就把它放在泥土表面，它会如何行事呢？它大概会为自己建造一个小屋，它完全具有这种能力，它充满着活力。而且，我为它准备的土质也同它老家的土质相同，没有两样。我企盼着看到它很快就会以它自己的方式把它安顿到一口竖井里去。

可是，我的希望落了空。都好几个星期了，它什么都没有干，它因无处埋伏而沮丧气馁，几乎对我提供的猎物不予理睬。它在绝食，在苦恼，慢慢地在消耗自己，最后死去了。它为什么会这样呢？因为过去的挖掘技艺已经忘记了；因为年岁大了，无法持之以恒地坚持挖掘了；因为它的智商有限，记忆力欠佳，以前做过的事，重做一遍，非它力所能及。它看上去一副深沉的模样，却解决不了重整家园的问题。

现在，让我们来观察一下比较年轻的、正值挖掘能力旺盛的狼蛛的情况，看看是怎么回事。大约在二月底的时候，我挖到了六只年轻的狼蛛，个头儿只有老狼蛛的一半大。它们的洞穴只有一个小指头那么粗，井口四周抛撒着一些新鲜泥土，说明是新近挖掘出来的。

我给它们中的几只提供的只是一口刚开始挖掘的竖井，只挖了一寸深。有了这个地基，这些年轻狼蛛就可以毫不迟疑地继续它们刚才正在田野里进行的而又被我给打断了的工作。入夜，它们便开始勤奋地挖掘起来。我是从它们抛撒在洞外的一大堆泥土看出来的。最后，它们终于建好一座新住宅，洞口同样立着一个堡垒。

而另外几只则完全相反。我没有向它们提供用铅笔做模子、按照自然洞穴的特点建造的竖井，它们就坚决拒绝干活儿。尽管我向它们提供了丰富的食物，它们最终还是死了。

前面的那几只狼蛛，在我趁它们正在野外建造住宅时把它们抓住的时候，我便立刻让它们在我的实验器里继续干活。它们被我刚开始挖了一点的小井给蒙骗了，沿着我埋下的铅笔留下的印记往深处挖去，还以为是在继续建造那野外的住宅哩。它们这不是重新挖掘，而是继续未竟的事业。

后面的那几只狼蛛没有这种圈套，没有可以当作类似于自己的作品的洞穴，因此拒绝开工，宁可死去。这是因为它们得回到先前的一系列工序上去，要重新用镐头挖。重新开始就需要重新思考，这就超出了它们的能力范围。

对于昆虫而言，做完了的事就算完了，绝不会再去重复的。这种特点，我们在许多昆虫身上都发现了。手表的指针不会自己倒转，昆虫的行为方式也有点大同小异。它的行为牵着它朝一个方向走，总是向前而不许后退，即使出现意外，也不返工。

狼蛛的情况向我们证明了这一点。当第一个家园被毁坏后，由于无力重新再建一个家园，它将会到处流浪，四处漂泊，它会闯进邻居的家中；如果它不是最强大者，就会被强过它的昆虫吃掉。即使如此，它也不准备再重建一个家园。现在，就让我们来观察一番纳博讷狼蛛的家吧。狼蛛得把它那吊在纺丝器上的卵袋拖带着有三周多。母亲受如此拖累，却乐此不疲，其母爱令人不禁为之惊叹。

无论是从井下爬到井口晒太阳，还是遇有危险立即返回地下，或者安家之前四处流浪，它始终没有把它那碍手碍脚，妨碍它行走、攀登、跳跃的东西扔掉。万一意外造成卵袋脱落，它会惊慌不已地扑上去，紧紧地搂抱住，并且准备去咬任何敢于夺取自己宝贝的敌人。

通常，狼蛛在洞口晒太阳时，只是为了自己。它趴在堡垒上，上半身伸出洞口，下半身藏于井内；一旦有了卵袋，情况就不同了，上半身藏在井里，下半身露出井外，用其后足支撑着卵袋，并轻轻地转动它，让它每一面都能晒到太阳。只要气温高，这种姿势可以保持半天。这种日光浴会在三四周内反复进行。九月初，封闭了一段时间的卵已经成熟，即将出壳。一窝小狼蛛一下子全部从卵袋中钻了出来，立即爬到母亲的背上，而那个空卵袋则被弃于洞穴，无人理会。母亲将日夜不歇地驮着自己的孩子们长达七个月之久。小家伙们倒也乖巧，在母亲背上也不乱折腾，彼此也不争斗，相互交错，构成了一块完整的帷幔，一件粗布衣服，把下面的母亲完全给遮掩住了。

母亲饿了，只管自顾自地大吃大喝，不管背上的孩子们是否肚子饿。而孩子们在母亲的背上却显得十分平静，不吃不喝，这表明它们的胃不需要食物。那么，在漫长的七个月的时间里，它们靠什么维持生命呢？有人会以为它们靠吮吸母亲体内的分泌物质发育成长，将母亲身上的营养吸食殆尽，榨干自己的母亲。其实不然，我从未看见它们把嘴贴在母亲的乳房上，而且，狼蛛母亲也没被吸干，体态依然十分丰满，与往日同样大腹便便，不但没瘦反而胖了，并为下一次生育吸够了营养，等到来年夏天，又将生下一大堆宝宝来。

我们还是来观察一下小狼蛛吧。它们自出生之日起直到脱离监护的这段时间里，根本就没有长大。我看见过一些小狼蛛，出生都七个月了，仍然如刚出生时一样大。小狼蛛在漫长的七个月里，没有吃任何东西，而且有时还在运动中消耗能量。它们为了恢复肌肉的肌理，直接依靠光和热来恢复体力。当卵袋还挂在母狼蛛腹部末端的时候，母狼蛛就趁白天太阳最好的时候，把卵袋暴露在太阳下，让它充分地接触阳光。它用两只后足把小卵袋托出洞口，轻轻地转动它，使之每一面都受到日光的照射。这种唤醒了生命萌芽的日光浴，现在仍在继续维持着稚嫩的新生儿的生命活力。只要天气晴朗，母狼蛛每天必然会背着孩子爬出洞穴，趴在洞口边，一连晒上数小时。只见小狼蛛在母亲的背上，又打哈欠又伸懒腰的，获得了充足的热量，储存了动力，充满了活力。它们在母亲背上待着，一动不动，但我只要朝它们吹上一口气，它们便待不稳了，纷纷落到地上，但是，不一会儿，它们又迅速地聚集到母亲背上去了。这足以证明，这些小家伙，尽管没有消耗食物，但在迫不得已的情况之下，仍然能够像机器一样，照常运转。待到天色渐晚，母亲才带上吸足了阳光的孩子们回到地下家园里去。即使在冬天，只要天气晴朗，有太阳的日子，它们也要爬出洞来，天天如此，直到小狼蛛结束监护期，能够自己用餐进食为止。

三月份过去了，四月来临，在一个晴朗的正午，太阳高照，小狼蛛们开始出发。母狼蛛从洞中爬出来，趴在洞口的石井栏上，似乎对眼前的事无动于衷，既不鼓励孩子们走，也不挽留它们，没有任何的离情别绪，一切顺其自然，想走就走，想留就留。

小狼蛛一旦开始讨厌阳光的时候，便会一伙一伙地离开母亲，一批又一批地离去。它们穿过网纱，爬到高处。它们一定是看到了纱罩顶上的那个垂直的环，以为那儿是健身房，全都纷纷向那高处攀爬着。它们在圆环的空档里拉了几条丝线，又从那儿往四周拉出几条丝线。这就成了它们的钢丝绳，它们在上面练习走钢丝的技巧，不停地走来走去，腿不断地伸开，似乎想要往更高更远的地方爬去。我把一根树杈架在网罩上，高度比原先增加了一倍。只见小狼蛛拼命地往上挤，一直爬到树杈的最高点，然后立即拉上几根悬丝，丝的另一端系在周围的物体上，这样，一座座吊桥便出现了。小家伙们又纷纷地往吊桥上爬去，在桥上来回地走动着，似乎还想往高处去。

为了满足它们的愿望，我拿了一根三米长的芦苇，把它接到小树杈上。这根芦苇垂直竖在纱罩上，小狼蛛们一见，便向上面爬去，一直爬到芦苇顶端。从那儿又拉下来更长的丝，有的荡在半空中，有的则把另一头系在周围的支撑物上，变成了桥。走钢丝的小演员们站在桥上，形成了一个花环，微风吹来，花环轻摇慢晃着。当丝线桥没有暴露在光线下时，是看不出来的，这么一来，你就会发现，这些小家伙像是在空中跳芭蕾舞似的。

突然，一阵风吹来，丝线固定的一端脱落，丝线荡在空中，悬于其上的杂技演员们就要出发了。如果是顺风，它们会到很远很远的地方去着陆。在一两周内，根据气温与日照的变化，它们组成大小不等的一个个小组，陆续出发。如果遇到阴天下雨，谁都不想起程，因为起程的小狼蛛需要得到给它们以生机与活力的阳光的抚慰。

最后，孩子们全都走了，被索道车带走了，只剩下母亲孤身一人，形单影只，但是，它并未因孩子们的离去而忧伤。它依然光鲜亮丽，体态丰满，这说明作为母亲，它并未经受太多的煎熬苦痛。我甚至还发现，它捕捉食物的热情更高了。身背一大群孩子时，它真的是非常节俭；在攻击猎物时，它非常谨慎，这也许是因为寒冷季节不易得到丰盛的食物所致，也许是背着孩子、碍手碍脚、施展不开使然。

现在，孩子们走了，它一身轻快，天气晴朗加上行动自如，致使它的活力得到了恢复。当我在洞口让它所喜食的猎物发出响声时，它就会从洞中爬上来，从我手中叼走猎物。只要我时间允许，能够照顾它，我每天这么做，它每天就出洞叼食。经过一个冬天的节衣缩食，也该轮到母亲大快朵颐了。

母亲的胃口大开，说明死期尚未到来。如果死期将至，它的食欲就会减退，不会大吃大喝的。我所喂养的狼蛛已经进入了第四个年头。冬天里，我见到过一些带着孩子的母亲和另一些个头儿小一半的母亲，它们是三世同堂。

孩子们离去后，在我的罐子里的老母亲还活着，仍和从前一样健壮、硬朗。种种迹象表明，它尽管已当上了祖母，但仍旧保持着生育能力。事实也证实了我的这种推断。秋季到来时，我的这些囚徒们又拖上了卵袋，大小与头年一样。母狼蛛每天都爬到洞口边来晒它的卵袋，即使其他的卵已经孵化了几周了，它仍坚持这么做了很久。它这么坚持不懈并未见成效，没有小生命再从卵袋中爬出来。卵袋里无任何动静。这是怎么回事呀？这是因为囚禁在纱罩中的卵没有父亲。母狼蛛等待得太久，已经厌烦了，并且也意识到剩下的卵是无法孵化的，所以便把卵袋推放到洞外，弃之不顾了。

春暖花开，春意浓浓，老狼蛛死了。它的那些孩子们如果出生了的话，此时已经该长大了，该独立生活了。与其邻居圣甲虫相比，咖里哥宇群落里的狼蛛们，算是很幸福的了，它们至少活了五年，够长寿的了，该满足了。

我们回过头来再讲述一下母狼蛛的孩子们吧。注定先要生活在矮草丛中，然后长期居住在地下的狼蛛们，一开始却喜欢耍杂技、攀高枝。在入地之前，它们需要攀登，越高越好。我所提供的那根三米长的芦苇秆儿，比较粗糙，便于攀登，但这并不是它们攀登高峰的极限。攀登至顶端的小狼蛛，正在用爪子摸摸探探的，试探着是否还有高枝可攀。小狼蛛到了该迁徙的时候，一种本能会突然地在它们的身上表现出来，但几小时过后，这种本能就会消失，不再出现。成年狼蛛丧失了攀登的本能，并且很快地就被小狼蛛们忘却，成为无家可归的流浪者，注定要在地上长期地四处漂泊。

无论成年狼蛛也好，还是年轻狼蛛也好，它们都不会冒冒失失地爬到禾本植物的顶端去的。成年狼蛛潜伏在塔楼里，发现猎物就立刻蹿上去捕杀；年轻狼蛛则在草地上追捕猎物。这两种捕猎方法都用不着织网，所以无须高高的黏接点。这么一来，登高的必要性也不复存在了。

但小狼蛛在离开母亲的城堡，去远方旅行时，却需要登高远望。

这种情况我前面已经叙述过了。它们的目的我似乎可以明白，因为登到高处，可以看到辽阔的空间，可以让随风飘荡的丝线带着自己荡悠。我们人类可借助热气球飞行，狼蛛也有它们自己的飞行器具。旅行结束之后，这种绝技也就没有用处了，渐渐地也就丧失殆尽。登高的本能会在需要时突然出现，也会在不需要时突然丧失。

圆网蛛

圆网蛛的才能不因年龄之不同而发生变化。小圆网蛛未成年时如何工作，老年圆网蛛即使积累一年的工作经验，但也同幼年时一样地工作。在它们的行当中，既无师傅也无徒弟，从铺第一根丝起，个个都对自己的行当非常精通。

七月初，一天傍晚，暮色苍茫，当新居民们正在我的荒石园的迷迭香上编织蛛网时，我突然在门前发现一只肚大腰圆、高傲而美丽的蜘蛛，是一位胖夫人，头年刚出生，其威风凛凛之态，在此季节实属罕见。我认出它是角形蛛，一身灰衣服，两根暗色饰带嵌于身体两侧，于后部相会，聚成一个尖尖。它从左右两侧把肚子底部短时间内胀得鼓鼓的。

我注意地观察着它，看到它拉出了一批丝来。七月整整一个月以及八月的大部分日子，每晚八点到十点，我都可以追踪观察它的织网过程。蛛网每晚都有小飞虫冲撞落网，或多或少地都会有些破损，所以它每天都得加以修补，免得洞越弄越大，难以修补，影响捕猎。晚间，我提着灯笼，很容易观察它所做的各种作业。它身子藏于一排柏树和一丛月桂之间的高处，面对着飞蛾经常飞临的狭窄通道。它的网设置的位置极佳，因为在整个夏季里，它虽然每晚都得修补破网，十分辛苦，但也说明它的猎获成绩斐然。有时候，黄昏时分，我们全家都会跑去看它。看到它在颤动不已的绳网上大胆地做着那么惊险的杂技动作，大人孩子全都十分惊叹。在我的提灯照亮之下，蛛网变成了一个美丽的圆形花饰，仿佛是月光编织而成的。

我把角形蛛的业绩记录下来，每日一记，毫不遗漏。从这些大事记中，我们首先可以了解到建造这个圆形建筑物的丝线是如何取得的。圆网蛛白天就蜷缩在柏树的绿叶中，到晚上八点光景，它便走出自己的隐居地，来到树杈梢上。它立于这高地上，先仔细地观察现场，制订计划，还要观云望天，看看夜间天气是否晴朗。

这之后，它便突然完全伸展开它的八条长腿，身子悬吊在从纺织器里拉出来的丝桥上，直线坠落。在下坠的过程中，丝也随之抽出。它就凭借自身重量作为拉力。但下坠并不因重量而加速，而是由纺织器在进行调节。它边下坠边收缩，或扩张或闭合纺织器的毛孔。这样缓缓地下降时，这条充满活力的垂直丝线就越拉越长。降到离地面两寸高时，它突然停下，纺织器停止了工作。它抓住自己刚刚拉出来的丝，回转身来，一边纺织一边沿原路往上爬去。但这一次体重却帮不上忙，它得另外想法拉丝：后面的两个步足迅速地交替运作，把丝从丝囊里拉出来，再逐渐地把丝抛弃掉。

它回到了两米高处的出发点。它已拥有一根双股丝线，结成环柄状，在空中轻轻地飘荡着。它把这双股丝线的一端固定在适当的地点，等着另外的那一端被风吹起来，把环柄黏结在附近的细树枝上。

也许要等待很久才能得到预期的结果。圆网蛛看上去倒挺有耐心，一点也不着急，可我却按捺不住，便走上前去助它一臂之力。我用麦秸把飘荡着的环柄挑起，把它搭在高度适当的一根细树枝上。

经我这么一弄，丝桥搭建成功了，圆网蛛看来颇为满意。当它感到丝的另一端已经粘住时，便从桥上一头到另一头一连跑了几个来回，每跑一趟都会在丝桥上加上一股丝线。它就这么不停地编织着框架的主要构件，悬挂缆绳便铺设好了。这丝缆很细，看起来也很简单，但它的两端却像是开花似的分散开来，形成树枝状。圆网蛛来回多少趟，便有多少个分叉。这一股股的分叉丝线，黏着点各不相同，致使丝缆两端固定得十分牢靠。

悬挂缆则比整个蛛网的其他部分都更加牢固，所以它留存得也就更久。经过一夜的捕猎，蛛网一般都会受到不同程度的损坏，第二天晚上几乎都得加以织补。在彻底清理过的地方，战场打扫完了，就得重起炉灶，只有丝缆除外，因为重新编织的网还得悬挂在这根粗粗的丝缆上。这条丝缆架设起来并非易事，因为架设成功与否并不完全凭借圆网蛛的技艺，还得依靠空气的流动，把细丝吹到灌木丛中去寻找一个依托。所以，架设起来会费不少的时间，而且还无法保证必然成功，一旦架设好了一条既牢固、方向又好的丝缆之后，轻易是不会更换掉它的，除非发生了严重的事件。每天晚上，圆网蛛都从丝缆上走过来走过去，用新的丝来加固它。

当圆网蛛无法下坠到必需的位置，丝线太短，不能将环柄固定在远处，因此就形不成双股丝，搭不成丝桥的时候，它便采用另一种方法。它仍然下坠，然后又爬上来；不过，这一次丝的一端像蓬松的毛笔，各个细杈没有黏在一起，宛如从淋蓬头里洒出来的水似的。然后，这根如同浓密的狐狸尾巴似的细丝，像是被剪刀剪断了一样，伸展开来，整根丝拉长了一倍。现在，它的长度便达到了要求，圆网蛛便把丝的一端固定起来，另一端则随着分散的枝杈随风飘荡，不一会儿就会很容易地黏结到灌木丛上去。

圆网蛛无论是以何种方式铺设的丝缆，只要是铺设成功了，它就有了一个基地，可以随时接近或离开作为依托的枝丫了。这根丝缆是它扩建工程的上限；圆网蛛从这根丝缆可以变换降落点，往下滑一点，边滑边抽丝，再沿着抽出的丝往上攀爬，同时也抽出丝来，形成双股丝。圆网蛛在大丝桥上行走时，这双股丝便一直延伸到系着丝桥的细枝，随即便把双股丝自由的一端或高或低地系在细枝上，从而在左右两边造出了几个斜向横档，把丝缆和枝丫连在了一起。而这些斜向横档转而又支撑着其他的方向都有变化的横档。待到横档达到一定数量的时候，圆网蛛就无须再用下坠的方法来抽丝了，它可以从一根丝索到另一根丝索，用它的后足拉丝，逐渐地把丝架设起来，因此便出现了一系列的直线组合。这种组合并无一定之规，但保持在几近垂直的同一平面上。一个极不规则的多边形空地就这样圈定了，蛛网就编织在这片空地上，应该指出，网本身却是一个非常有规则的作品。

圆网蛛都是以中心瞄准点作为标杆来铺设等距离的辐射丝的。在铺设时都有辅助螺旋丝作为脚手架，但这脚手架只是临时性的，用完就丢弃。而且还都有许多圈相互紧密靠拢着的捕捉飞虫的螺旋丝。铺设这种捕捉飞虫的螺旋丝是一项极其精细的工作，因为工程要求必须有规则性。这么精细的工作是否需要极其安静的环境，不受外界的干扰，以免走神出错呀？它是不是需要安静的环境边干活边思考呀？其实是用不着的。我在一旁观察，而且手里还提着提灯，但它并未因此而分心走神，照样细心地工作着。它就像一架在黑暗中转动着的纺车，即使被光线照射着，仍旧在继续忙着自己的活计，既没加快速度，也没放慢步伐。

八月的第一个星期日是主保圣人节。星期二是庆祝活动的第三天，这一天晚上，村里在九点钟时，得放烟花庆祝节日的结束。烟花燃放点正巧设在我家门前的大路上，离我的圆网蛛的工作地点只有几步远。当大家敲着鼓，吹着号，手持树脂火把，再加上村里的小孩的欢闹，真的是一片熙熙攘攘，吵吵闹闹。这时，我的纺织姑娘正好在铺设它的大螺旋丝。我提着灯在观察着，但是，我仍旧看见纺织姑娘在静静地专心工作着，人群的喧闹声、鞭炮的噼里啪啦声、烟火的吱吱声，以及五颜六色的火花散落时的亮光，丝毫没有引起纺织姑娘的惊慌不安，它继续在有板有眼地忙碌着，如同平常在寂静的夜晚里一样。

圆网蛛刚刚在休息区边上结束了铺设大螺旋丝的活计，便把用节余的丝头线脑儿做成的中央坐垫给吃掉了。但是，在把这顿标志着织网工作结束的夜餐吃掉之前，蜘蛛目中只有两种蜘蛛——彩带蛛和丝蛛——还要对自己的工程进行最后的检查、认定，也就是说，它们还要从中心到休息区下部边缘铺设一条紧密相靠着的白色之字形带子。有的时候，甚至在上部也会再铺设一条同样形状，但稍许短些的带子。这种带子看似古怪，其实是用来加固蛛网的。年幼的圆网蛛开始时并不做这种加固工作，因为它们并未达到考虑未来的年龄，还不懂得节约用丝的重要性，所以，尽管网并未完全损坏，仍可以使用，它们每晚都要重新编织新网。既然还要重织新网，那旧网加固不加固又有什么关系呢？

可是，到了秋末冬初，成年蜘蛛感到产期临近，便不得不勤俭节约了，因为不仅卵袋消耗丝的量很大，而且，成年蜘蛛的网做得也大，需用的丝也就多，因此，它们不得不厉行节约，使网用的时间长些，免得筑巢搭窝要用丝时，捉襟见肘，日子难熬。

也许是出于这一考虑，或者有其他我尚不知晓的原因，反正彩带蛛和丝蛛认为有必要建造持久耐用的工程，用一根横向贯穿的带子来加固它们的捕虫网。而其他的圆网蛛的卵袋只不过是个简简单单的小弹丸，用丝不多，所以没有必要去编织加固丝网的之字形带子，它们与年轻蜘蛛一样，每天傍晚都要重新编织一个蛛网。

我们再来看看角形蛛是如何进行重新织网的工作的。日暮黄昏时分，角形蛛便从其隐居地小心翼翼地爬出来，离开遮蔽着它的柏树叶，来到捕虫网的悬挂缆上。在上面稍稍待上一会儿之后，它便下到网上，大把大把地收拢废网，把螺旋丝、辐射丝和框架也全都扒拉到步足下面来，只把悬挂丝缆留着，因为这个结实的部件是原建筑物的基础，稍事加工，仍可留作结新网之用。

收拢来的废网被揉捏成一小团，像吃猎物似的被蜘蛛吃掉，一点不剩。这再次表明圆网蛛是多么会过日子，多么克勤克俭。这些废网丝经过蜘蛛胃的加工，又变成液体，将留作他用。

清扫完场地之后，角形蛛便在留下的那根悬挂丝缆上开始编织框架和网。晚上九点钟光景，角形蛛把网编织好了。晚间天气甚好，树梢纹丝不动，正是飞蛾夜巡、自投罗网之时。刚才我已经说了，在大螺旋丝弄好之后，圆网蛛就将中央小坐垫给吃掉了，然后回到休息区去守株待兔。这时候，我便用小剪刀沿着一条直径把蛛网剪成两半。辐射丝立即收缩回来，网上便出现了一个可以伸进三个指头的空洞。

躲藏在丝缆上的蜘蛛看着我在搞破坏，倒也并不太惊慌。当我剪完之后，它便平静如常地爬了回来，在剩下的那半张网上停下，待在整个圆面的中央。由于身体的一侧的步足没有地方可以支撑，它便明白这网已经破损，便立即拉了两根丝横穿在缺口上，没有地方支撑的步足便伸到这两根丝上，它就不再动弹了，一心在窥伺着飞虫的落网。

这个纺织姑娘整个晚上都没有像我所企盼的那样去把破网织补好，而只是死守在那半张剪剩下来的残缺不全的网上，等着捕获猎物。因为第二天早晨，我又去看时，那网仍旧与我头天晚上离开时一模一样，没有任何织补了的迹象。

横拉在缺口上的那两根丝并不是它想修补破网。由于身体一侧的那些步足失去依托，要去打猎时，它便从裂缝中穿过去。在它往返的路上，它像其他的圆网蛛一样，留下一根丝来。但这也并不说明它想织补破网，而只是心情不佳、闷闷不乐、来回走动，借以消怒而留下的丝而已。我用剪刀剪坏它的网，它却固执地不去织补，那好，一计不成，我另设一计。

第二天，蜘蛛把头一天的网吞吃下肚之后，又织出了一张新网。工作完毕之后，我趁它回到中央区待着时，用一根麦秸小心翼翼地拨动螺旋丝，把它拉出来，但并不破坏辐射丝和休息区。螺旋丝晃动着，一截截地断了。捕虫螺旋丝损毁，蛛网就没有用了，尺蛾飞过也捕捉不到。面对这场灾难，圆网蛛会干什么呢？它什么也没干。它只是一动不动地待在我给它预留的休息区里，等待捕捉猎物。但那网已经起不了捕捉飞虫的作用了，它白白地守候了一夜。翌日清早，我去查看时，发现那网仍破损如昨，足见圆网蛛虽饥肠辘辘，仍不思修补自己的大本营。

也许它在铺设好那根大螺旋丝之后，丝器里的丝已经告罄，不可能再连续不断地吐丝了。但我却希望不是这个原因造成的，盼着另有别的原因，我坚持不懈地等待着，终于有了结果。在我紧紧地盯着它在绕大螺旋丝时，有一只猎物傻乎乎地落入这个残缺不全的陷阱。圆网蛛一见，立刻放下手上的活计，冲向那个倒霉的冒失鬼，用丝把它缠住，美美地吃了起来。在与那个挣扎的倒霉蛋搏斗时，圆网蛛看到网的一角被撕破了，出现了一个大洞，这会影响捕猎。面对这个大洞，它会如何处置？这时候必须赶紧修补，否则就永远无法进行修补了。事故就出现在它的脚下，它不会不知道的，再说，此刻，它的纺织厂正在开工，纺织器里不会没有丝的。可它根本就没去理会，它把猎物吮吸了几口之后便撇下了，回到因捕食尺蛾而中断了工作的地方，继续去铺设它的大螺旋丝。有些人不知出于什么理论的需要，竟然大肆颂扬蜘蛛的织补能力，可我所做的实验却证明完全不是这么回事：蜘蛛根本就不会织补破网。它尽管苦恼，若有所思，却不会去给破洞补上一块布的。

其他的一些蜘蛛不会编织大网眼的网，经它们织出的绸缎上，丝线随意地交叉着，形成了连续不断的丝绸料子。这类蜘蛛中包括家蛛。它们在我们的墙角上铺就一块宽大的丝绸布，固定在墙角突出的地方。它就躲在侧面的角落里，那是它的住所，这住所是一根丝管，管口呈锥形的一个长廊，它就藏于其中，窥伺外面的情况。这块丝绸布胜过我们最柔软的平纹布，极其精细，但它并不是一个捕猎工具，而是一座平台，蜘蛛可在上面巡逻，特别是在夜晚。真正的捕猎器是张在这个平台上的一堆乱丝绳。这类蜘蛛编织捕猎器的规则与圆网蛛不同，因而其运作方式也有所不同。那上面没有黏稠的线，只有简单的线圈，由于铺就得密密麻麻，猎物一旦落入，甭想溜掉。一只飞虫落入此陷阱，越是挣扎，就越是被缠得紧紧的，家蛛见状，立刻冲上前去，把它掐死。

我做了个实验。我把家蛛的这块丝绸布弄了个圆洞，直径有两指宽。一整天，洞就这么敞开着，但是，到了第二天，我却发现洞已经被盖住了。盖着洞口的是一片细密的薄纱，薄得看不出来，必须用一根麦秸去挑一下，才能感觉得到，因为麦秸往那儿一戳，丝绸布便会摇动，便会知道是遇到障碍物了。

事情是明摆着的：夜里，家蛛把破损建筑物修补过了，给破丝绸布添了个补丁，这可是圆网蛛所不具备的才能。家蛛的这块丝绸布既是它的监视哨所，又是它的捕猎网，猎物一旦被上面的吊索抓到，便会坠落到这块丝绸布上。这个捕猎场不断地会有猎物坠落，却并不很牢固，因为墙皮斑驳，有细泥灰落下，把网坠破，所以家蛛得经常加工，每天夜晚都要在上面加上新的一层。

它每次从管状隐蔽所出来或回去，总要把系在身后的一根丝牵长，留在走过的路上。我每每可以看见搭在表面的丝线，其方向全都汇聚在管状隐蔽所的入口处，无论家蛛随心所欲，走的是直道，还是拐来绕去。这就表明，它每走一步，都要给这块丝绸布添上一根丝线。这与松毛虫倒是同出一辙，松毛虫夜晚从其丝屋里出来进食或返回屋里休息，总要在其住所的表面留下一条丝线。每次出征都要为自己的住所“添砖加瓦”。

家蛛正是如此，它每天夜晚都要到平台上来溜达，同时也就给平台加上了一层，无论平台上是否出现空洞。它这并非有心在为撕破的地方织补一块，而只是继续在做自己的习惯动作。如果说破洞终于给补上了，那也只是说明是习惯使然，而非家蛛特意为之。再者，如果说要把破洞织补上的话，那它就该集中全部注意力，把丝全都用在破洞上，一下子把损坏处弄得与其他地方一样的平展。可我所看到的却是，破损的地方只留下一层薄薄的几乎看不见的细纱。显然，它在破洞上的所作所为，与它在别处的做法一模一样，不多也不少。它并没把丝全用在破洞上，它这是在节约材料，以便留着丝好织一整张网。要把损毁处逐渐地修补好，得花好长的时间。足见，无论是地毯女工还是纺织姑娘，都不懂织补这门手艺。现在，我们还是来仔细观察一下圆网蛛是如何巧妙地编织自己的螺旋丝网的。只要稍加留意，就会发现，组成捕虫网的丝与构成框架的丝是不一样的。它们在阳光下闪烁着，显现出其中的结节，状似一串小颗粒编成的念珠。因为一有点风，网就飘来荡去的，无法用显微镜直接观察。于是，我便把一块玻璃片放在网下，抬起那张网，取下几段丝来，平放在玻璃片上，然后把它放在放大镜和显微镜下面仔细地加以观察。

我简直无法相信，这些肉眼看不太清的丝的末端，竟然是一圈圈密实的螺旋丝，而且，这丝还是空心的，是一根极细极细的管子，管内满是类似于阿拉伯树胶的黏液。这黏液从丝端流出半透明状的液体。我用玻璃片压住它，放在显微镜下的托座上，只见螺旋卷延伸成细带，带子从一头到另一头全都扭卷着，中间有一道暗线，即为空腔。

丝里面的黏液就穿过这卷曲的管状丝的壁，一点一点地往外渗，使整个网都具有黏性，而且黏度很高。我用一根细麦秸轻轻地触碰了一段丝的第三四节。尽管是轻而又轻地一触，麦秸还是被粘住了。我抬高麦秸，丝被拉起，长度比原先增长了一两倍，最后，由于绷得过紧，丝便脱落了，但并没有断，只是缩回到原先的长度了。丝被拉长时，螺旋卷便松开来，缩回去时，又卷曲起来。最后，黏液渗到丝的表面，使丝变成了黏合物。

总之，这螺旋丝是我从未见过的纤细如发丝的细管。它卷成螺旋状以便具有弹性，使之经得住猎物的挣扎而不致被拉断，让猎物得以逃脱。丝管里储存着大量的黏性物质，不断地渗透出来，在丝的表面因暴露于空气中而减弱黏附力的时候，可以恢复丝的黏性。这简直是太奇妙了。圆网蛛并不是在一般性的网上捕食，而是在带黏胶的网上捕猎。其黏性之大，令人叫绝，就连蒲公英的冠毛轻轻擦过，也都会被粘牢的。可是，圆网蛛天天在这张网上爬来爬去，怎么就没被粘住呢？

我前面已经介绍过，蜘蛛在其捕虫网的中央留着一个区域，黏性螺旋丝是不进入这一区域的，它们在离这个中心区尚有一定的距离时便终止了。这个中心区域在整张网中占有掌心那么大的面积，它由辐射丝和辅助螺旋丝的开端构成，不具有黏性。我用麦秸在这个中心区试探过，在这个中心区内的任何地方，都不会被粘住。

圆网蛛只是驻守在这个中心区，这个休息地内，几天几夜地监视着，等待猎物自投罗网。但是，猎物经常是在大网的边缘被粘住的，蜘蛛一见，立即冲上前去，把猎物五花大绑，让它挣扎不了。那么，它是如何在那黏性丝上行走的呢？我见它行动时快如闪电，毫不犯难，黏性丝并未因其步足的移动而被带起来。这到底是怎么回事呀？

我小的时候，每逢周四下午不上课时，同学们都会三五成群地跑到田野里去抓金丝雀。我们在给竹竿头上涂黏胶之前，总要先用点油抹抹手，以免粘住了自己的手。圆网蛛是不是也了解油脂的这个用途呢？

我用纸沾了点油把麦秸擦了擦，再把它拿到螺旋丝上试了试，果然，麦秸没被丝粘住。于是，我便从一只活圆网蛛身上取下它的一只步足，把它放在涂了油的麦秸上让它与黏丝相接触，它就像是在非黏性丝上一样，没有被粘住。圆网蛛在任何情况之下都不会被粘住，这一点我们早就应当预料到的。

我又做了一个实验，但结果却完全不一样了。我把这只步足先放在油脂物的最佳溶解剂——硫化钠中浸泡了一刻钟，然后，用一支浸泡了这种溶解剂的毛笔仔仔细细地把这只步足清洗了一番，然后，把它与捕虫网的螺旋丝一接触，它就立刻被粘得牢牢的了。我因此得出结论，圆网蛛之所以不会被黏性极强的螺旋丝粘住，说明它身上肯定有着一种脂肪物质。仅仅由于出汗，也会在蜘蛛身上轻轻地涂上一些这样的脂肪性物质的。蜘蛛身上涂着一层特殊的汗液，在网上就能行动自如，不用惧怕那黏性螺旋丝了。

不过，即使如此，圆网蛛也不可在螺旋丝上待得太久。与这种黏性丝接触得太久，就会造成黏附，从而妨碍它行动自由，而它必须保持敏捷的身手，才能在猎物挣脱掉之前，把猎物尽快地捆绑起来。因此，它用来长时间窥伺的地方是绝对不会有黏性极强的螺旋丝的。圆网蛛只是在这块休息区里才这么静止不动地长时间待着。它伸开自己那八只步足，时刻准备着发现蛛网晃动，有猎物落网，冲将出去。它即使是用餐进食，也是待在这个休息区里。因为有时猎物较大，得吃上好长时间，只能把猎物弄到休息区里来美美地细嚼慢咽。它在把猎物五花大绑，使之失去挣扎能力之后，把它拖到一根丝的末端，以便在没有黏性的中心区里享用。

这种黏性胶数量很少，无法对它的化学特性加以研究。我们从显微镜下可以看到从断丝里流出一种略带粒状的透明液。我通过实验了解到了这种液体的情况。

我用一块玻璃片穿过蛛网，采集到了一些固着成平行线的黏胶丝，然后，把这块玻璃片放在水面上，用一个罩子把它罩起来。罩子里湿度很高，不一会儿，蛛丝边儿便伸展开来，在一种可溶于水的套管中逐渐膨胀，变成了流体。这时候，丝管的螺旋形状消失了，在蛛丝的管道里出现了一种半透明的圆珠，也就是出现了一些极小极小的颗粒。

二十四小时之后，丝里面的汁液没有了，丝变成了几乎难以看出的细线。我如果在玻璃片上滴上一滴水，几乎立即便会看到一种黏性分解物。由此可见，圆网蛛的黏胶是一种对湿度极其敏感的物质，在温度饱和的环境下，它会大量地吸收水分，然后通过丝管渗透出来。因此，圆网蛛通常不会在大雾天里织网，更不用说在雨地里了，因为捕虫网被雾浸湿便会溶解成黏性破片，由于受潮而失去效用，但这并不妨碍它们构建总的框架，架设辐射丝，甚至绕辅助螺旋丝，因为这些部件不会因湿度过大而受到损毁。

在毒日头的暴晒下，捕虫网为什么没有变干、萎缩，变成僵硬而无活力的细丝呢？反而始终是那么具有弹性，而且黏附力越来越强呢？这完全是由于它对湿度的极大的敏感性导致的。空气中永远都会存在湿气，湿气会慢慢地浸入到黏性丝里去，随着丝里原有的黏性的逐渐地消失，它会按照要求稀释丝管里浓稠的胶汁，并让胶汁渗透到管外来。这就解决了螺旋丝变干变硬的问题。尽管如此，我仍旧没有弄明白这个出色的拉丝厂是如何工作的。丝质的东西怎么会铸造出极细的管子来？这管子又怎么会充满着黏胶，而且卷成螺旋形？这同一家拉丝厂怎么既能提供普通丝，用来加工框架、辐射丝和螺旋丝，又能提供彩带蛛丝袋里的那种棕红色的丝以及装饰在丝袋上的横条黑色饰带的？我看见了这许许多多不同品种的产品，却不了解这部机器是如何运作的。我才疏学浅，这个问题只好留待解剖学家和生物学家去解决了。我们现在还是来看看圆网蛛身上是否有“电极线”吧。

在我所观察的六种圆网蛛中，只有彩带蛛和丝蛛这两种蜘蛛即使是烈日当头，也始终待在自己的网上，而其他的蜘蛛一般都是在夜晚出现。它们在离网不远的灌木丛里有自己的简易隐蔽所，白天通常都待在那儿静止不动，专心窥伺外面的动静。但是，它毕竟离得较远，它到底怎么发现猎物落网的呢？其实，网的颤动比亲眼看到猎物更会引起它的警觉。我做了一个实验，在彩带蛛的黏胶网上放了一只刚刚死去了的蝗虫。不管我怎么放，蜘蛛都没有任何反应，即使我把蝗虫放在它的前方不远处，它仍旧是一动不动，似乎毫无知觉似的。我于是便用一根长麦秸轻轻地拨动了一下死蝗虫，彩带蛛和丝蛛立即从中心区冲了过来，其他的一些蜘蛛也从树叶下面钻出来，奔向猎物，用丝把猎物捆个结结实实，如同平常捕捉活物一样。这就证明，必须让网震动才能使蜘蛛发动冲击。

会不会是因为蝗虫体色泛灰，不太能引起蜘蛛的注意？那么，就给它换一个颜色鲜亮的猎物，红色的。蜘蛛捕食的猎物中还没见过有穿红颜色外衣的，我便用红毛线绕了一个小圆团，大小与蝗虫一般，粘在蛛网上。

此计甚妙。只要小毛线团一动，蜘蛛就立刻冲过来；没让毛线团动弹时，蜘蛛却是静止不动地待在其中心区域里的。有一些冲过来的蜘蛛，傻乎乎地用脚尖触碰小红线团，用丝把它捆绑了起来，甚至还咬了咬这个诱饵。这时候，它们才发现那不是什么猎物，便悻悻地离去了。另外一些蜘蛛比较狡猾，虽然也被这红毛线制作的诱饵吸引了过来，但它们先用触须和步足进行了试探，立刻便发现那不是什么可吃的东西，就没浪费自己的丝去捆绑诱饵。经过一番检查，便弃之离去了。

但是，不管怎么说，聪明的也好，愚笨的也好，反正它们都冲了过来。那么，它们究竟是怎么获得情报的呢？肯定不是靠视觉。在发现错误之前，它们必须先用步足抓住“猎物”，甚至还要咬一咬。蜘蛛的视力极弱，诱饵不会动弹，即使近在咫尺，它们也看不见，何况，多数情况之下，捕猎是在夜间进行的，即使视力再好，夜晚也看不清东西。所以，它一定配备有一个远距离接收信息的仪器。我们随便找一只蜘蛛来观察，就会发现，当它白天躲在隐蔽处窥伺时，有一根丝从网的中心拉出来，斜向拉到蛛网平面之外，一直通向蜘蛛白天的隐蔽哨所。这根丝线除了与中心点相连之外，与蛛网的其他部分没有任何关系，与框架的线也不发生交叉。这条线通常长约半米。角形蛛因为高踞于树上，它的这根丝线就更长些，达两米。虽然，这根斜向丝线是一座丝桥，当蜘蛛遇有紧急情况，便会迅速地从桥上跑到网上来，巡查结束后，又从桥上返回隐蔽哨所。实际上，这就是它来回往返所走的路。但是，可能不仅如此。如果圆网蛛只是为了在隐蔽所和网之间搭建一条快速通道的话，把丝桥搭在网的上部边缘不就行了吗？这样的话，路程既短，斜坡又不陡。

再有，这根丝为何总是以黏性网的中心为起点，而不设在别处呢？因为这个中心点是辐射线的汇聚处，是一切震动的震中，网上的所有东西都会把其颤动传到这个中心点上，因此，中心点上的这根斜向丝线就可以把猎物挣扎震颤的信息传到远处。这根线是个信号器，是根电极线。

我们再来做个实验。我把一只活蝗虫放到蛛网上，被粘住的猎物拼命地挣扎。只见蜘蛛立即兴冲冲地爬出隐蔽所，从丝桥上下来，扑向蝗虫，把它捆绑住，注射上麻醉药，然后，用一根丝把俘虏固定在丝器上，拖到隐蔽所，美滋滋地享用起来。

过了几天，我又对它进行实验。仍旧用的是一只蝗虫。但这一次，我先把信号天线给剪断了。猎物放到网上后，同样是拼命地挣扎，震颤着蛛网，但蜘蛛却一动不动，好像无动于衷似的。这并不是因为丝桥断了，它来不了了，它有几十条道可以来到该去的地方，因为网由许多丝系在枝丫上，通道多的是，来去自由，方便至极。可是，捕猎者就是没动窝。为什么呀？因为它的电极线被我给剪断了，没有获得引起猎物的震颤的消息。整整一个钟头了，蝗虫仍旧在踢蹬着腿挣扎着，捕猎者仍旧是一动不动地待在原地。最后，它发觉那根信号线绷得不紧，很是蹊跷，便顺着框架上的一根丝，毫不困难地来到网中，了解情况。于是，它发现了猎物，立即将它捆绑起来，然后，又去架设电极线，取代被我剪断了的那一根。它通过这条新丝桥，拖着战利品，回到隐蔽处。

这之后，我又对其电极线长达三米的粗壮的角形蛛进行了实验；后来，又对另一种圆网蛛——漏斗蛛进行了实验。这两次用的猎物是蜻蜓，实验的方法相同，结果也完全一样。实际上，各种蜘蛛都有这种捕猎所必需的电极线，不过，只是到了喜欢休息和长时间地打盹儿的年龄才会有。年幼的圆网蛛则没有，一来是因为它们比成年蜘蛛警觉，二来它们也没有掌握收发电极的技术。再者，年幼蜘蛛编织的网存在的时间短，没等到第二天，就全都不能用了，所以没有架设电极线的必要。

埋伏着的蜘蛛的脚一直踩在电极线上，这样一来，它就可以不必总要强打起精神来时刻警惕着，可以安然地休息，用不着过分劳累，甚至背朝着网也能知晓网上的动静。我就观察过一只胖大的角形蛛，它在两棵月桂树中间编织了一张直径有一米的大网。阳光照射在网上，而角形蛛在黎明时分便已离开了网，躲藏在它白天休息的庄园里。我顺着那根电极线查过去，很容易地就发现了它的庄园。那是一个用几股丝连起来的枯叶建成的隐蔽所。此屋极深，角形蛛除了它那圆乎乎的屁股之外，身子全都隐蔽得看不见了，而它那肥臀却把隐蔽所的大门堵了个严严实实。

它把前半身整个儿地藏进隐蔽所里，根本就看不到它的那张大网，即使它视力再好，而非弱视，它也无法看见猎物的。这并不说明，在这阳光普照的时刻，它只顾歇息，不想捕获了，我们再来仔细地观察一下。只见它的一只后步足伸到屋外来，而那根电极线就连在这只足的足尖上。突然间，有只猎物撞到网上，这只步足立刻接收到了震颤的消息，角形蛛睡意顿失，立即惊醒过来，冲了出去。那是我故意放上的一只蝗虫，引得它匆匆地赶来。它见了那只蝗虫后，非常满意，而我则因为刚才所获得的资料，比它更加开心。

第二天，我切断了电极线。然后，我放了两个猎物（一只蜻蜓和一只蝗虫）在那张大网上。蝗虫那带刺儿的长腿拼命地踢蹬着，而蜻蜓的翅膀则一直在颤抖着，几片离蛛网很近的树叶，由于与蛛网框架的丝线连在一起，也跟着摇动个不停。这么大的动静就发生在离角形蛛非常近的地方，却没有引起它的注意来，它根本就没有扭转身子来探看一下发生了什么事情。报警线断了，角形蛛成了睁眼瞎，什么都不知道了，整整一天，它就这么待着，一动不动。晚上八点光景，它爬出隐蔽所来重新织网时，才突然发现这两只天赐猎物。

另外，我也想介绍一下圆网蛛的“洞房花烛夜”的情况。圆形蛛同其他昆虫一样，也要交配，也要繁衍子孙后代。不过，这虽然十分重要，可我也不想赘述，因为圆形蛛野性十足，它们神秘的一夜情，很容易变成悲剧性的葬礼。

说实在的，我只见过一次蜘蛛交尾，这我还得感谢我的胖邻居——角形蛛，是它给了我这次观察的机会，因为我经常要去拜访它。经过情况是这样的：八月的第一个星期，晚上九点来钟，天气晴朗，炎热无风。我的这位胖邻居还没织网，一动不动地待在悬挂丝上。此刻本应是忙着干活儿的时候，它却如此悠闲自在，我好不纳闷儿，觉得必定有什么事情发生。果不其然，我看到一只雄蜘蛛从附近的灌木丛中奔来，爬上了缆绳。来者是个侏儒，矮小瘦弱，却跑来向胖夫人献殷勤。这个小东西，待在偏僻的角落里，怎么会知道这儿会有一只已达适婚年龄的雌蜘蛛呢？夜深人静，没有呼唤，没有信号，它们是怎么了解到的？大孔雀蝶是闻到神秘的气息，才从方圆几千米的地方飞到我的房间里来，拜访被我罩在玻璃罩下的雌性大孔雀蝶的。今晚的这个小家伙也是个夜间朝圣者，它越过乱七八糟的树叶，准确无误地直奔那位走钢丝的女杂技演员。它具有可靠的指南针在为它指引方向，奔向雌蜘蛛。它在悬挂丝缆上小心翼翼地一步一步地向前爬着，爬到一定的距离，它却停了下来。它在犹豫不决？它还会更靠近些吗？时机成熟了吗？不是的，只见雌蜘蛛举起了步足，来者便吓得连忙走下丝缆。过了一会儿，害怕的劲儿过去了，它又爬了上来，走得更近了些。它这么忐忑不安地来来回回地爬来爬去，正是热恋者的一种求爱的表示。

坚持就是胜利。现在，它俩面对面地停住了：胖夫人一动不动，表情严肃凝重，而侏儒则显得十分激动。它竟然胆大包天，竟敢用脚尖去撩拨胖夫人。它也真是太过分了，自己也给吓了一跳，顺着挂在安全带上的垂直线突然坠落下去。这都是顷刻之间发生的事情。现在，侏儒又爬了上来。它心里有数，对方对自己的一再恳求有所让步了。

雌蜘蛛在雄蜘蛛的挑逗下，奇怪地跳了开去，用前跗节抓住一根丝，向后连翻了几个跟斗，如同体操运动员在单杠上向后滚翻一样。胖夫人这么一翻，大肚子的下部便呈现在侏儒的面前，后者便用触须去触碰了一下。就这么一下，事情便宣告结束了。侏儒见目的已经达到，便匆匆地逃走，仿佛有复仇女神在身后穷追不舍似的。

侏儒走了，新娘从悬挂丝缆上下来，织好网，准备捕猎。必须吃点东西才会有丝，有丝才能织网捕猎，才能织出安家的茧。因此，在洞房花烛夜，尽管心情激动，新娘却无暇歇息。

迷宫蛛

诚然，圆网蛛是设置垂直陷阱的好手，是无可比拟的纺织娘。但是，其他的许多种类的蜘蛛则善于运用生物界首要的法则，即想办法填饱肚皮和繁衍后代。这类蜘蛛在这方面久负盛名，其中有一种名为蜢蛛，它仿效纳博讷狼蛛，住在洞穴里，但其洞穴远比咖里哥宇群落里粗俗的狼蛛的洞穴要强得多。狼蛛只是在自己的洞口建起一个简陋的石井栏，而蜢蛛则在洞口安了一个活动的盖子，宛如一扇带铰链半槽边和插销装置的百叶窗。蜢蛛回到家中，盖子便落下来，卡在半槽边里，卡得严丝合缝，令人叫绝。一旦遇有来犯者执意要打开盖子，洞中的蜢蛛便会把门闩插上，也就是说，它把自己的小爪子插入与铰链相对的另一边的一个孔里，把身子紧紧地压在洞壁上，致使那扇门无法启开。

另一种知名的是银蛛，它用丝在水里为自己建造了一个潜水罩，以储存空气。依靠这种呼吸装置，它便能在阴凉的地方窥伺猎物了。可是，我生活的地方没有银蛛，所以无法对它的建筑技艺加以介绍。不过，我们这一带倒是常有深谙制造铰链门技术的蜢蛛出没。我在灌木林中的那条小径上倒是见过它，但只见过这么一回。因为忙于其他方面的观察研究，我只是瞥了它一眼，见它溜走了，也就算了。

现在，我就用一些看似平凡、常见、易于追踪的蜘蛛来补偿这一缺憾吧。不过，话说回来，平凡普通并不等于无足轻重。通过观察，我们会发现，再不起眼的昆虫也是了不起的，值得我们去大书一笔。我在这里想介绍的就是那种极其普通的迷宫蛛。

迷宫蛛并不藏身于牧场或幽静的树篱下，而是出没于光秃秃的荒野之中，主要是那高低起伏的丘陵地带，在那被樵夫砍得光秃无物的山坡上。它们喜欢栖息在荆棘丛中，比如岩蔷薇、薰衣草、不凋花和被羊群啃啮得又短又直的迷迭香丛里。

七月里，我每个星期都要到那种地方去观察几次迷宫蛛。我一般都是在早晨太阳还不太毒的时候，带着孩子们一起去的。他们眼睛尖，腿脚利索，眼明手快，对我帮助很大。很快，孩子们便发现了远处高高悬挂着一张丝网，闪闪发亮，像节日里的彩灯一般美丽，我们全都高兴极了。

经半小时的阳光蒸晒，网上的珠光随着露珠的消失而消失了。这张蛛网张在一大蓬岩蔷薇上，如手帕一般大小。蛛丝不仅仅固定在杂乱的荆棘丛中某一束突出的枝梢上，而且纵横交错地在荆棘丛中绕来绕去，把那簇荆棘给罩住，给它蒙上一层密如细纹布的白色的网。网周围的每个支点都向外突出，支点的距离各不相同，各支点之间是一个圆锥形的深坑，如同一个颈部逐渐变狭窄了的漏斗，垂直地插在茂密的绿色植物中间，深约一拃。迷宫蛛就待在阴暗危险的管口处，看见我们，也不惊慌。它浑身呈灰色，胸廓上有两条黑饰带，饰带正中央杂着微白或棕色的斑点。腹部末端有两个附属器官，会活动，如同尾巴似的，在蜘蛛家族中，这倒是不常见的。

这张似火山口状的丝网，编织方法不一样。边缘较稀疏，往中间去时，渐渐地变成了轻柔的细纹布了，接着又变成了绸缎，在最陡的地方则是粗棱形格状网，最后，在迷宫蛛经常待着的漏斗颈部，变成了一种十分结实的塔夫绸。

迷宫蛛对这张地毯织得十分用心。在它看来，这是它的工作台，每天夜晚，它都要到这儿来，走过地毯，监视它设下的陷阱。它还要用新丝把它再加以扩大。它移动着自己的身体，把始终挂在纺丝器上的丝不停地拉出来。它在这漏斗颈部走动得最多，地毯织得也最厚，而次厚实一些的地毯当属火山口的斜坡，那儿也是它经常走动的地方。辐射丝均匀分布，对准洞口，靠尾部附属器官的晃动与配合加以导向，在辐射线上织出棱形网格。其余不常走动的地方，地毯就显得很薄很薄了。

我们原以为会在插入荆棘丛的走廊尽头发现一个密室——一个分隔开来的小房间，供蜘蛛闲暇时休息之用，可情况并非如此。漏斗颈部底端是开放的，那儿有一扇暗门始终敞开着，蜘蛛可以从那暗门穿出，经由草丛，到达野外。如果想要捉住它而又不被它伤害到，就必须了解这个住所的布局。当遇到正面攻击时，迷宫蜘蛛就会向下跑，从底部的出口逃走。它逃跑的速度极快，待到它一钻入杂乱的荆棘丛中，再去寻觅它，就十分困难了。要捉住它，就必须略施小计。

我发现它待在管口上。待到可以下手时，我便用手抓紧网的底部，也就是漏斗颈部往下延伸的地方。当它发现自己的后路被切断，自然就会一头钻进我为它准备的圆锥形纸袋里去。如果它实在不愿就范，我就用一根麦秸秆伸进网里，刺激它几下，就可以把它逼进纸袋中。我正是采用这一高招，把一些神气活现的迷宫蛛毫发无损地抓住了的。为了捕捉猎物，圆网蛛用的是它那厉害无比的黏网，而荆棘丛中的迷宫蛛用的是它那迷宫，其凶险程度绝不逊于圆网蛛的黏网。

再观察一番这张网的上方，那简直就是绳索交织的密林。如同遇难船只上的缆索。丝索从树枝的每一根小细枝连到每根树枝的顶端，长短不一，有垂直线也有斜向线，有直线也有曲线，所有的线交织在一起，有密有疏，错综复杂，向上延伸大约有一米。这是一个杂乱无章的乱绳套，一个谁也逃不出的迷宫，除非昆虫具有极强的弹跳力，或许可以逃过这一劫难。

这个迷宫与圆网蛛的黏网不同，它没有一点黏性，靠的是它的纵横交错、错综复杂取胜。我把一只小蝗虫扔进了这座迷宫，只见它在晃动不停的蛛网上失去了平衡，拼命地挣扎着，反而把绊索踢蹬乱了，越绊越弄不开。迷宫蛛躲在洞口窥伺着，不去理睬挣扎中的小蝗虫，它不想立即上前去捕捉那个落入陷阱的可怜虫，它要等到被蝗虫弄得越抽越紧的丝绳把猎物给弹到网上来。

小蝗虫终于掉了下来，迷宫蛛一见，立刻爬了出来，向落网猎物扑了上去。向猎物扑上去并不是没有危险的。小蝗虫只是突然中计，有点沮丧，士气低落而已，它并没有被捆绑住，只是腿上拖着几根被它挣断了的丝。然后，迷宫蛛便拍拍猎物，觉得货色挺好，便用牙去咬，嚼而食之。它通常是从猎物的大腿根下嘴，也许是这个部位的肉质尤为鲜嫩的缘故。

我观察了好几张蛛网，看看迷宫蛛究竟吃些什么食物。我发现不少各种双翅目昆虫和小蝴蝶，还有像是并未动过似的蝗虫尸体。这些猎物全都少了前腿，起码少了一条前腿。在蛛网边缘的吊肉钩上，往往可以看到蝗虫类昆虫被掏空之后所剩下的肚皮。

迷宫蛛一旦开始对猎物的大腿根下嘴之后，它是绝对不会松口的。它死咬住不放，喝它的血，吮吸它，通过吮吸来汲取营养，一处伤口吸干之后，再换一个地方。在吮吸第二条腿的时候，吸得更加来劲儿，使得猎物最后只剩下一个保持着原形的空壳了。但是，迷宫蛛与圆网蛛有所不同，它把猎物吸干榨尽之后，就把它撇在蛛网上，弃之而去，而不是再去把它的肉也吃个精光。饭吃得很长，但并无危险，因为在下第一口时，毒液已经要了猎物的命了。

迷宫蛛的网虽说是像一件艺术品，但其结构却没有圆网蛛所编织的网那么对称。它只不过是个没有形状、无一定之规的捕猎器，编织时不讲究章法，比较随意。不过，话虽这么说，它毕竟还是有其审美原则的，它的那个安着漂亮网纱的“火山口”就是一个证明，通常被视作母亲的杰作的卵袋将向我们作出充分的展示。

产卵期临近时，迷宫蛛就要另换住处。它丢弃了它那不很结实的网，不再回去。它需要一个更好更合适的房屋。它的新房建在何处了？我花了好几个早晨，在小树丛中左寻右觅，四下探查，但最终还是一无所获。后来，我终有所悟，便在原先的那张网周围几步远的范围内仔细搜索，在一片茂密的低矮植物丛中发现了它的隐蔽的产卵窝巢。这种窝巢只是用枯树叶和丝线混合而成的一种袋子。这种并不雅致的袋子里，或者说套子里，有一个装着卵的细布袋。整个卵袋显得破破烂烂，因为从荆棘丛中取出来，难免被撕扯得厉害。不过，也不能光凭外表就下断语，认为它一无是处。难道纺织方面的行家里手迷宫蛛在编织婴儿的帐篷时就不知道讲究美观雅致吗？我想，这一定是荆棘丛的恶劣环境造成的。如果把它放在不受束缚的环境之中，它是会表现出自己的高超技艺来的。为了证明这一点，我便进行了实验。

八月中旬，产卵期将至，我把十二只迷宫蛛分别放在装有沙土的罐子里，上面用金属网罩好。纱罩中央插了一根百里香小枝杈，供它们编织卵袋时作支撑物，当然四周的纱网也同样可以作为支撑物的。罐内没再放其他任何的东西，连一片枯树叶也没有，让母亲只能在我所设的支撑物上做卵袋外套。我每天提供一些肉质鲜嫩、个头儿不大的蝗虫，让它们尽情享用。

八月末，我终于获得了十只卵袋，形状优美，色泽雪白光鲜，简直是工整雅致的艺术品。这是一种用精致的白色细纹布编织成的半透明的袋子，迷宫蛛母亲将长期居住于此，监护其卵。卵袋约有一只鸡蛋那么大。小房间两头敞开；前面的洞口延伸成一个宽阔的长廊；后面的洞口变得细长，呈漏颈状。前面比较大的那一头显然是食品供应的门户，后面这个颈状漏斗的功能，我尚不得而知。我看见迷宫蛛不时地在前门停留，窥伺猎物。它通常得出去吃猎物，免得把自己的房间给弄脏。

卵袋的结构与捕猎时期的住所也有相似之处。那个漏斗状的细长的后门厅，通向附近地面，作为紧急关头的出口。前面的那个大厅，敞开成一个大的火山口，四面都绷着丝，让人想到以前用来捕猎的陷阱，老住所的特点在这里可见一斑。这儿甚至也有一个迷宫，只是规模很小很小。火山口的前面，丝索纵横交错，猎物一旦经过此处，必然被捆缠住。

不过，这个纺织的殿堂只是个哨所，在柔和的乳白色丝墙后面，存放卵的"圣物盒"影影绰绰，外表布满着模糊不清的法国荣誉骑士团勋章图案。这是一只漂亮美观的宽大的白色袋子，四周有闪光立柱把它固定在帷幔中央，与外层是隔离着的。立柱中间较细，上端膨胀成圆锥形的柱头，底端与上端形状相同。十二根立柱一一相对，中间形成了走廊；走廊与四面相通，连接房间周围的任何地方。迷宫蛛母亲在内院拱廊内认真仔细地巡视着，这儿停一会儿，那儿停片刻，长时间地把耳朵贴在卵袋上，看看袋内有何动静。我简直不忍心打扰这位尽心尽职的母亲的工作。

为了进一步地进行观察，我便利用从野外带回来的那些破破烂烂的卵巢。我观察到，卵袋是个倒圆锥体，与圆网蛛的卵袋相似。其布料具有一定的柔韧性，我用镊子使劲儿地拉才把它撕扯开来。卵袋中只有一团极细的白丝棉和卵，卵约有一百个，还比较大，直径约有一点五毫米。看上去，它就像是一粒深黄色的琥珀珍珠。卵与卵互不粘连，当我把丝绒被揭开时，它们便会自由地滚动。我把卵都装进了玻璃试管里去，以观察其孵化的情况。

不过，我还是想再说说迷宫蛛另辟新居的原因。原先的网很好，挂在高处，自投罗网者肯定不少，它为何弃之不用，非要不怕麻烦地在僻静处另设新巢呢？

我想，个中原委也不难理解，旧居虽有诸多优点，猎物会很多，但唯其如此，敌人也不在少数。挂在高处的很显眼的那个捕猎器暴露在绿色灌木上，是个标记，必然招来别有用心者。有这个网指路，它们轻易就能发现迷宫蛛视为生命的宝贵袋子的。万一来了条什么虫子，尽情享用破布袋的卵，岂不让迷宫蛛断子绝孙了吗？到底会是什么样的敌人让迷宫蛛这么担心，我因为没有资料，尚不得而知。而我所知道的是，迷宫蛛母亲不仅要到偏僻难寻的地方去做巢产卵，而且，它比其他蜘蛛更有爱心，更加认真负责，所以它产卵时所采取的保护措施还得满足另一个条件，因而更加复杂。它像蟹蛛一样，并不是把卵产下就完事了，它还要守护着自己产下的卵，直到它们孵化出来。但是，迷宫蛛又不像蟹蛛那样，产完卵后就不吃不喝，最后只剩下皮包骨了，等到孩子们出世离去，自己则一命呜呼了。迷宫蛛则不然，它要聪明得多，产完卵之后，非但不会消瘦、干瘪，反而始终保持着丰满富态的样子，肚子微微有点鼓凸。它每天都准备着要捕杀猎物，胃口仍旧很好。因此，在它的新的居所用作护婴房的同时，还得另辟一个捕猎场所。

现在，让我们再回想一下我上面所描述的那只优美雅致的卵袋。卵袋两头延伸成门厅的球形哨所。卵袋悬于中央，十二根立柱把它与周围隔开来，前厅似火山口，如捕猎器，边上竖着一圈圈的紧紧绷着的网，我从这半透明的围墙可以看见迷宫蛛母亲正在忙着做家务。迷宫蛛母亲可以通过带拱顶的回廊走到星形卵袋的任何一点，不知疲倦地来回巡视着，时不时地停下脚步，慈爱地拍拍那只丝绸卵袋，听听这圣物盒里有何动静。我试着用麦秸晃动一下某个地方，它就会立即奔过来，看看究竟发生了什么事。

细心呵护、寸步不离的迷宫蛛母亲并未因此而废寝忘食，不吃不喝。我时不时地要向它提供几只蝗虫，放进它的罩子里，其中有一只刚好被大厅里的丝索给缠住了。只见迷宫蛛母亲飞也似的奔了过来，咬住这个可怜虫，把它的大腿卸下，将其内脏掏空，至于其他没内脏那么可口的部位，根据它当时的胃口如何，或弃之不食，或多少吮吸上几口。它是在其哨所的外面进餐的，就在那门槛上，而不是在里面进食。它的胃口如此之大，让蟹蛛难以望其项背。傻蟹蛛也是个尽心尽职的母亲，却拒绝我为它提供的蜜蜂等猎物，宁肯忍饥挨饿，直至死亡。

迷宫蛛有必要这么大吃大喝吗？有必要，而且是无可厚非的。在开工建房之初，它就已经消耗了许多的丝，也许是把自己的所有库存全都消耗殆尽了。这两套住房，自己的再加孩子的，可以说是工程浩大，材料需要很多。不仅如此，在将近一个月的时间里，我还看见它对这第二套住房不停地扩建，一层层地加大加厚房间与中间的那间小屋的墙壁，以致织出来的布由最初的透明罗纱变成了不透明的绸缎了。它似乎总认为那围墙不够厚实，老是在不停地织呀织的。消耗既然这么大，它就只好不停地进食，增加营养，以补充纺织时所消耗掉的丝。

一个月之后，将近九月中旬，小蜘蛛孵化出来，但尚未离开那只袋子，它们要在那条软软的暖和的丝棉被里过冬。迷宫蛛母亲仍旧守护在一旁，继续在不停地编织，但是，可以明显地看出，它有些心力交瘁，体力不支。它要隔好长一段时间才吃一只蝗虫，对我给它扔进罐子里的猎物并不那么兴奋了。这是它在衰弱的征兆。它的工作节奏慢下来了，到了最后，终于不再纺织。

最后，时值十月末，它终于抓住孩子们酣睡的卧房，幸福地死了。它已尽到了一个母亲所能尽到的责任，小蜘蛛们未来的命运就看它们自己了。春天来临时，小蜘蛛们将从自己那温暖的房间里出来，乘着被风吹走的丝飞行，飞向四面八方，并将在茂密的百里香丛中试着织出第一座迷宫来。

克罗多蛛

克罗多蛛的名字是怎么来的？是因为专业词汇分类学者找不到合适的词来为之冠名，而一时心血来潮采用的吗？这倒不完全是。这种蜘蛛也被称为克罗多德杜朗。德杜朗是最早向人们介绍这种蜘蛛的人里面的一位，为了纪念他，就这么叫开了。而克罗多则是神话中编织命运的女神的名字，故以此来隐喻蜘蛛。神话中的这位女神的名字听起来十分悦耳动听，而且又很适合为一位“纺织姑娘”命名。按照传说中的描绘，克罗多掌管生死大权，掌管着人的命运，是众女神中排行最小的一位。她手中握着人类命运的纺纱杆，纺纱杆上绕着许多下脚毛，一些丝束，偶尔还会有一根金色的线。

我们就不去管这位女神了，还是来观察一下我们的克罗多蛛吧。在橄榄树的故乡，在太阳晒烤着的多岩石的山坡上，不妨掀开一些平平展展的大石头来看一看。说实在的，克罗多蛛并不多见，不是所有的地方都适合它繁衍生长。如果我们坚持不懈，总会有所收获的。往往在翻起来的石头下，看见一个建筑物，外表十分粗糙，状似一个倒置的圆屋顶，有半个橘子那么大，表面镶嵌着或悬挂着小贝壳和小土块，更多的则是干瘪了的昆虫。

圆顶边上有十二个突角，呈放射状分布，扩张开来的尖角固定在石头上。在这些尖角之间，又展现出同样数目的圆拱，形状好似一座驼毛编造的房屋，又像是犹太人的帐篷，不过是倒置的，固定在吊带间紧绷着的平顶从上面封住了的住所上面。它的门开在哪儿呀？边缘上所有的圆拱都是朝着屋顶张开来的，没有一个是通向内部的。我以目搜寻了好久，也没发现一条联系内外的通道。屋主人总得出门进门的呀，那它是从什么地方进屋的呢？只要用一把麦秸一试，就能解开这个谜团。

我用麦秸在每一个圆拱廊口上捅了捅，到处都是硬邦邦的，到处都是严丝合缝的，没有见到什么缺口缝隙。在巧妙地结合成月牙形边饰中只有一处，看上去形状与别处没有什么不同，只不过边缘分成两瓣，如同两片微微张开着的嘴唇。这儿就是门。此门可以依靠自己的弹性自动关闭。不仅如此，每当克罗多蛛回到家中，它还经常要把门闩插上，也就是说，用一些丝把两扇门粘上、固定住。这扇门比猛蛛洞穴上的那个盖子要严实得多，安全系数要大得多。不速之客不了解个中奥妙，是无法进入克罗多蛛家大门的。每当遇有危险，克罗多蛛就会慌急慌忙地往家里跑，用爪子把门一推，门即启开一条缝，克罗多蛛便立刻钻了进去，门自动关上，必要时，它再用几根丝把门给锁上。圆拱廊有那么多，又全都一模一样，不速之客怎么会知道被追踪者到底是怎么消失不见的？

把简单的创造变成了防御系统的克罗多蛛，对生活质量十分讲究，远胜于蜢蛛。你不妨将它的小屋打开瞧一瞧，非常豪华。据传说称，古时候，有一位骄奢淫逸的人，因为床上有一片玫瑰叶，竟然觉得硌得不行，无法安睡。克罗多蛛不逊于此人，它对生活也非常挑剔，被子要比天鹅绒还要柔软舒适，比夏日里孕育着暴雨的云团还要白净，完全是一种非常高级的莫列顿呢。床的上方还有一个同样柔软洁白的华盖，克罗多蛛独自一人在华盖与莫列顿呢间的狭小空间里歇息。它的腿很短，呈灰色，背部饰有五个黄色徽章。

这座优雅小屋必须绝对平稳，否则无法让主人得到很好的休息，特别是在气候多变的日子里，常有穿堂风从石头下面钻进来。这间小屋完全达到了绝对平稳的要求，我们仔细观察一下就会明白了。该住宅的月牙边似围栏一般把屋顶框牢，以其尖端固定在石头上，支撑着建筑物的重量。另外，每个黏接点通过一束散射的丝粘在石头上，因而整条丝都粘在石头上了，而且延伸得还很长，约有一排。这些丝如同锚绳一般，相当于贝都因人用来固定帐篷的小木桩和绳子。这是一个个的支撑点、着力点，非常密集，且排列也非常规则，所以这张吊床是不会被连根拔起的，除非遭到意想不到的灾祸，但这种情况实属罕见。

小屋里干干净净，一尘不染，而外面却是垃圾满地，有小土块、烂木屑、小沙子，更有甚者，有时还有尸体堆——镶嵌着和吊挂着一些奥帕特粉虫和阿西德粉虫的干尸，以及其他一些喜欢藏于岩石下面的粉虫，有赤马陆，断成了一截一截的，被太阳烤干发白，也有生活在石堆里的朴帕虫的贝壳，还有很小很小的隧蜂。这些尸体不言而喻都是克罗多蛛吃过的残羹剩饭。

克罗多蛛不善于捕猎，常常是从一块石头到另一块石块地去寻找食物。若有冒失鬼趁月黑之夜擅自闯入克罗多蛛的石板下面，就会被它掐死。榨干了的尸体并不扔到远处，而是被悬挂于丝墙上，像是在借以吓退其他敢于冒犯者似的，其实并非如此。

吊在帐篷上的贝壳大部分都是空的，少数一些里面会有软体动物，尚好端端地活着。克罗多蛛是如何处置灰色朴帕虫和卡得力当斯朴帕虫，以及其他一些蜷缩在小塔螺里的动物的呢？它既无法敲碎这些小动物那石灰质外壳，又无法从螺口把蜷缩于其中的软体动物掏出来，那干吗还要捡这些玩意儿呢？再说，这种软体动物的肉黏黏糊糊的，未必是其所好。我猜想，它是不是以这些石灰质贝壳作为固沙的沉子？为了不让织在墙角的蛛网因风吹而变形，家蛛往往会往网里装石膏，把旧墙上掉落的粉末积在里面。克罗多蛛是否也在利用这些东西达此目的呀？

为了解开这个疑团，我便动手做了个实验。喂养克罗多蛛并不繁难，不必把它已做了窝的那块沉甸甸的石头搬至家中，只需用一简单的办法就可以了。我用小刀尖把石头上的丝吊索割断，克罗多蛛多半不会逃跑，因为它非常讨厌外出，再说，我在搬动时也加倍小心。我小心翼翼地、平平安安地把这座小屋以及屋主人装入一个纸盒里，托着带回家来。我有时用柳条筐或者废弃的奶酪盒，有时用硬纸板，以代替小屋子下的那块石板，因为那块石板既重又不适合放在桌上，太占地方。我把克罗多蛛的丝吊床分别放在这些石板代用品上，将其吊角全都用黏带粘好，再找三根短棍支撑着。眼前所见即为一个如同石桌坟的仿制品。在整个安装过程中，我一直小心翼翼，绝不使这小屋子受到敲击或晃动，否则克罗多蛛就会因惊吓而跑出屋来。安置完了之后，我便把这些小屋子放进沙罐里去，上面再加上金属纱罩，万无一失。第二天，我就有了答案。如果用柳条或硬纸板做吊顶的小屋子里，有个别的在采掘过程中有所破损或严重变形，克罗多蛛就会在夜里舍弃这个家，到别处去住，有时则干脆就待在丝网上。

它花了几个小时搭建的新帐篷，顶多也就一枚两法郎的硬币那么大。而且，按照老宅建筑风格建造的新帐篷，是由两层重叠的薄网组成的，上面的一层很平展，作为床顶华盖之用，下面一层则呈弧形，这就形成了一个袋状。由于这只小袋子布料十分考究、纤细，稍有不慎，它就会变形，导致空间缩小，无法生存，因为空间本来就不大，仅能容下一只克罗多蛛。

为了使这纤细的薄纱保持紧绷状态，不致变形，克罗多蛛是怎么做的呢？确切地说，它是按照我们人类的平衡定律的要求去做的。

它给其建筑安装压载物，并且尽可能地降低小屋的重心，在袋子突出的部分挂上一长串一长串用丝线串起来的沙粒。这些如钟乳石般悬吊着的用丝粘住的沙串，排得密密的，好似浓密的美髯。沙串末端缀着一块大石子，垂得低低的，起着压载物、平衡器和压力器的作用。

这座建筑物只是一夜之间匆忙完工的，是不久即可居住的新居的雏形，还得不断地给它增加一些压载物。最后，袋子的壁将变成为莫列顿呢，便可保持住其弧形和保留必需的容积。这时候，克罗多蛛便放弃了刚开始编织袋子时所使用的、对加压具有功效的钟乳石沙串，而采用一些较为沉重的东西作为新屋的压载物，主要使用的则是昆虫的尸体。因为这种材料取之较易，每餐饭后，脚下便留下一些昆虫尸体的残骸，把它们当作碎石，而不是当作战利品去炫耀自己的赫赫战功。另外，克罗多蛛还经常利用一些小贝壳和其他长串垂吊物来增强房屋的平衡性。由此，我们可以得出如下的结论：克罗多蛛具有自己的平衡规则，它会利用加重的方法降低建筑物的重心，使之既平稳而又有足够的空间。

房屋建造完毕，克罗多蛛在其如此柔软舒适的屋子里都在干些什么呢？据我的观察，它什么都不干。它吃饱喝足了之后，伸展开手脚，懒洋洋地很惬意地在柔软的地毯上趴着歇息，什么也不干，什么也不想，它既没睡着也没醒着，处于一种似睡非睡似醒非醒的恬适状态之中。这就像我们躺到松软舒适的床上快要入睡时的那分快意劲儿一样。思维与印象开始模糊，即将消失的时刻是非常美好的，人也好，克罗多蛛也好，可能都具有这同样的感觉。

当我把它的房门打开的时候，每每看到克罗多蛛总这么一动不动地趴着，仿佛陷入无尽的思索之中。为了使它从沉思中摆脱出来，我就必须用一根草或麦秸去撩拨它。只有饥肠辘辘时，它才会憋不住，走出舒适的屋子，不过，它善于节制饮食，所以在外面出现的机会并不多。我整整观察了它们有三年之久，而且在我的实验室里，可以说是与它们朝夕相处，却一次也没看见它们大白天在沙罐里的网罩下捕食。只是等到夜深人静之时，它才会壮着胆子，外出冒险，寻觅猎物。

有一天，我耐心地等待着，终于在夜晚十点左右看见它在平坦的房顶上纳凉，也许它是在那儿窥伺着，等待猎物的出现。我把烛光移过去，喜欢黑暗的克罗多蛛立刻飞快地返回屋里，不肯让我看见它是如何捕猎的。到了第二天，我发现它的小屋墙上又多吊出一具尸体来，这就证明我离开之后，它又爬出屋来，而且捕猎有所收获。

克罗多蛛如此羞涩腼腆，昼伏夜出，致使我无法更多地了解它们的习俗。在十月份即将到来时，它们带回家的那窝卵是怎么产下的，我更是不得而知。产下的卵分别装于五六只如透镜般的扁袋子里，占据了克罗多蛛母亲房间的一大半。这些袋状包囊每个都有很高级的白缎子包壁，而包囊与房间的地板以及包囊与包囊之间都粘连在一起，黏得很紧密，根本无法把它们分开来。如果非要获得一个独立的包囊，那就得毁坏其他的包囊。所有包囊里的卵加在一起约有一百粒之多。

克罗多蛛母亲就趴在那堆小袋子上，如同母鸡孵小鸡似的，恪尽职守。母亲并未因分娩而消瘦，只不过块头儿显得小了一点，但看上去仍旧十分健康。它的肚皮仍旧圆乎乎的，皮肤也很紧绷，并不垂坠，这就说明它的任务尚未完成。

卵很快就孵化出来了。还没到十一月，小包囊里已经有小克罗多蛛在往外爬了。它们一个个小模小样的，身着带有五个黄斑点的深色衣服，与成年克罗多蛛长得一模一样。新生儿们并不离开各自的凹室，它们紧紧地挤在一起，就这么度过整个严寒的冬季。克罗多蛛母亲就蹲在包囊上，警惕地看护着自己的孩子，除了通过包囊壁可以感觉得到微小的颤动而外，它还不知道自己的孩子到底长得是个什么模样哩。我们知道，迷宫蛛在自己的观察哨所里会连续待上两个月的时间，保护着自己的那些永远也见不到面的孩子们。可克罗多蛛则要守护近八个月之久，毫无疑问，而且是理所当然，它能够也应该在大房子里见到自己的孩子们，看着它们迈着小碎步在奔来跑去，并且能见到它们最后吊在丝端飞离而去，它也算是很幸福很知足的了。

六月的炎热季节到来时，小克罗多蛛们也许是在母亲的帮助之下，捅破了包囊壁，才从母亲的帐篷里出来的，它们对那扇神秘之门的诀窍十分清楚。它们在大门口连续几个小时地呼吸着新鲜空气，然后便相继地被丝绳厂的第一件产品——丝绳气球带着，飞向了远处。

克罗多蛛母亲仍然留在老宅里，孩子们全都离去了，只剩下它一个孤单单的老太婆了，但它并未因此而沮丧绝望，伤痛难耐，它非但没有形神憔悴，反而显得更加开朗、活泼、年轻了，它的气色红润，充满着活力，简直可以说是神采奕奕，让人看了觉得它仍然还能活很久的，还能再次生育下仔。不过，过了一段时间，它便离开了老宅，在网纱上为自己建造起一座新的房舍来。它为什么要丢弃老宅呢？老宅尚未破损，从外表上看上去，还是一座很好的旧宅子呀。原因何在？我猜想，老宅尽管尚未破损，里面仍旧铺着厚实柔软的地毯，却存在着严重的问题，里面积满了残留下来的孩子们的小卧室。我试图用镊子去夹，想把它们清理出去，但是非常困难，因为它们与房间的其余部分连成了一体。我都做不了的事，小小的克罗多蛛恐怕就更加没法完成这一棘手的清理任务了。这个问题令它伤透脑筋，所以它干脆把这旧宅舍弃，另建新屋。

如果克罗多蛛母亲只是为了独自居住，乱一点、挤一点也算不了什么，凑合一下也就行了，毕竟它只需要不大的一点空间，能够磨开身就可以了。可是，在这些碍手碍脚的婴儿废弃凹室堆旁边生活了七八个月之后，它怎么又突然心血来潮，想盖新屋了呢？我想只有一个原因：它这样做并非为了它自己，而是为了自己的第二批孩子，没有一间大屋子是不行的。

新生儿需要新房间，因为老宅已经被废弃凹室占满了，小卵袋已无处安放。这也许就是克罗多蛛母亲之所以要搬家的原因之所在。它感到自己的卵巢尚未枯竭，所以需要空间，需要新屋，为它的又一批孩子的出世做好准备。我没有像观察狼蛛那样，继续深入地去观察克罗多蛛多次产卵的情况，虽然颇觉遗憾，但也确实是出于无奈，因为我还有其他事情要做。再说，长期饲养克罗多蛛也确有一些困难，所以对它的寿命有多长也没再去研究。

克罗多蛛的孩子、迷宫蛛的孩子，以及其他一些蜘蛛的孩子，也都与狼蛛的孩子一样，能够节食，不吃不喝，它们在运动，却不吃东西。在整个幼年时期，哪怕是时值严寒的冬季，也都如此。我曾在寒冷的冬天，撕开过一只克罗多蛛的小囊袋和一只迷宫蛛的圣物盒，我原以为会看到一群因寒冷和饥饿而冻僵了的、没有一点生气的婴儿，但是，我所看到的完全不是这个样子。关在小囊袋里的小家伙们，一见屋门洞开，赶忙往外跑，四下逃窜，如同适逢迁移期这个最佳时期一样地活跃。它们的逃跑速度简直是快得不可思议，甚至比被狗惊飞的小山鹑逃得都快。

不吃不喝的小克罗多蛛到底是怎么活过来的呢？我们从狼蛛、迷宫蛛、圆网蛛的情况，都已经看到，它们确实是不吃不喝的，绝不是它们的母亲有什么诀窍，在喂养它们，而我们却没有观察到。我猜想，只有借助于非物质的，特别是来自外界的热辐射，通过小家伙们的身体器官把非物质转化为动力这一种解释。这是压缩到最简单形式的营养：这种热动力并不是从食物中释放出来的，而是能直接利用，如同一切生命物质的热能源泉——阳光一样。天然的物质具有令人感到困惑的秘密，镭就是一个明证。生物也有着自己的秘密，而且更加带有神秘色彩，没有人能够说得准，由蜘蛛而引发的这种猜测，是不是有一天会被科学验证，并因此而产生生理学基础。

天　牛

年轻时，我曾经面对著名的肯迪拉克的雕像顶礼膜拜。肯迪拉克认为天牛具有很强的嗅觉，它嗅着一朵玫瑰花，然后仅仅依靠所闻到的香气，便能产生各种各样的念头。对于这种推理，整整二十年来我一直深信不疑，对于这位富有哲学思想的教士的神奇说教佩服得五体投地。我以为，只要嗅一下这个伟人的雕塑他就会活过来，能使我增强视觉、记忆、判断等方面的能力。然而，经我的良师们——昆虫们的耐心教导，我抛弃了这种幻想。昆虫们所提出的问题比起教士的说教来，更加深奥，更加使我受益匪浅。天牛将要告诉我的就是这种颇有教益的知识。

冬天即将来临，天老是灰蒙蒙的，这是冬日的明显前兆。我开始储备树段、木头，以备过冬取暖之用。我还向樵夫们订购了一些被蛀虫蛀得千疮百孔的朽木树段。樵夫们以为我是个傻子，暗地里在嘲讽我。我当然知道好木头更经烧，但我自有用处，他们也就按照我的要求去做了。

我有了一些满是虫眼的树干，有的是一条条伤痕，有的是一道道深沟，树枝被咬烂，树干遭啃啮。我观察到，在干燥的沟痕里，各种要过冬的昆虫都已经做好了宿营的准备。吉丁已经准备好了扁平的长廊；壁蜂用嚼碎的树叶在长廊里为自己修建好了房屋；切叶蜂在前厅和蛹室里用树叶做好了睡袋；我在这一章中要介绍的天牛正在多汁的树干里休憩着，它可是毁坏橡树的罪魁祸首。

天牛的幼虫非常奇特，它们就像是一段蠕动着的小肠子。每年仲秋时节，我都能看到两种年龄段的天牛幼虫：年长些的幼虫有一根手指头那么粗；年幼些的幼虫则粗如粉笔。此外，我也见到过颜色深浅各不相同的天牛蛹，以及一些完全成形了的天牛。它们的腹部都是鼓鼓的。待到春暖花开、天气暖融融的时候，它们就会爬出树干。它们在树干里大约要生活三年时间。天牛是怎么度过这漫长的孤独的囚徒似的生活的呢？它们缓慢地在粗壮的橡树干内爬行，在挖掘通道，以挖掘出来的东西充饥。天牛的上颚如同木匠的半圆凿，黑乎乎的，短短的，却非常坚硬有力，虽无锯齿，却像是一把边缘锋利的汤勺，是天牛用来挖掘通道的有力工具。被凿出来的木屑，经幼虫消化之后被排泄出来，堆积在其身后，留下一条被吞噬过的深痕。幼虫一边在挖掘通道，一边在进食。随着工程的进展，道路开通了；随着残渣不断地阻断了后路，幼虫在不断地向前。就这样，幼虫既获得了食物，又得到了安身之所。

天牛幼虫将肌体的全部力量都集中到身体的前半部，使之成为杵头状，这样，两片半圆凿形的上颚便可顺利地进行工作。上颚既然充当挖掘的工具，就必须有很强的支撑和强劲的力量。天牛幼虫便用围绕其嘴边的黑色角质盔甲来加固它那半圆凿形的上颚。除了这硬硬的上颚以外，其身体的其他部位的皮肤却是非常细腻的，而且白如象牙。皮肤之所以如此细腻与洁白，全都是其体内所含之丰富脂肪导致的。确实也是，幼虫每天唯一要做的事，就是整天都在不停地啃噬；不停地进入幼虫胃里的木屑，在不断地给它补充着营养。

幼虫的足分三个部分：第一部分呈圆球状，最后一部分为细针状，这两部分都是退化了的器官。它的足长只有一毫米，对于爬行并不起什么作用，因为身体肥胖，足够不着支撑面，连支撑身体都不能够，又怎么可以爬行呢？幼虫用来爬行的器官属于另一种类型。它既可以仰面爬行，也可以腹部冲下爬行，灵活自如。它用爬行器官取代了胸部那软弱无力的足。这种爬行器官与众不同，长在背部。

天牛幼虫有七个环节，上下长着一个满是乳突的四边形平面。这些乳突可使幼虫随心所欲地膨胀、突出、下陷、摊平。上面的四边形平面又一分为二，从背部的血管分开来；下面的四边形平面则看不出有两个部分。这就是天牛幼虫的爬行器官。如果幼虫想要往前，它便先把后部的步带鼓起来，也就是说，把背部和腹部的步带鼓起来，压缩前半部的步带。由于表面很粗糙，后面的几个步带便把身体固定在狭窄的通道壁上，以得到支撑。在压缩前面的几个步带的同时，它尽量地把身子伸长开来，缩小身体的直径，使它能够向前滑动，爬行半步。当它走完一步时，它还要在身体伸长之后，把后半部身子拖上前来。为此，幼虫必须让前部步带鼓胀起来，作为支点，同时，又让后部步带放松，让体节自由收缩。

幼虫凭借背部与腹部的双重支撑，交替收缩和放松身体，能够在自己所开凿的隧道里进退自如。但是，假如上方和下方的行走步带只能动用一个时，那么幼虫就无法前进了。假如把幼虫放在表面很光滑的桌面上，它便会慢慢地弯起身子，动弹个不停，一会儿伸长身子，一会儿收缩身子，总也无法向前爬去。等你把它放到有裂痕的橡树干上时，它便神气起来，因为橡树皮很粗糙，凹凸不平，像是被撕裂开来似的，它可以在上面从左往右、从右往左地缓缓地扭动身子的前半部，抬起，放低，一再重复这一动作。这是幼虫最大的行动幅度。幼虫那已经退化了的足一直都没有动，一点作用也起不了。如果说这些残肢废足作为成年天牛的前身而存在的话，成虫那敏锐的眼睛在幼虫身上却未见丝毫雏形。在幼虫身上，看不到任何微弱的视觉器官的痕迹存在。幼虫生活在树干内，黑漆漆的一片，视力又有何用？与此同时，幼虫也没有听觉。在橡树树干那黑暗的深处，没有任何声响，与视觉一样，听觉自然也失去了作用。如果谁对此心存疑惑，我们不妨来做一个实验，以便释疑解惑。我把树干剖开来，留下半截通道，便可以跟踪监视在树干里面正在劳作的居民。环境十分安静，幼虫忽而挖掘前方的长廊，忽而停下活计，歇息一会儿。休息的时候，它便用步带将身子固定在通道的两侧壁上。我趁它休息之机，想测试一下它对声音的反应。我先用硬物互相敲击，继而用金属击打发出回响，最后改用锉刀锉锯子，却未见到天牛幼虫有什么反应。它对这种种声响无动于衷，既不见它的皮肤有任何的颤动，也不见它有何警觉的表现，即使我用尖尖的硬物刮擦它身旁的树干，模仿幼虫啃啮树干发出的声音，也都不能奏效。这就是以证明天牛幼虫毫无听觉。

那么，天牛幼虫是否有嗅觉能力呢？各种情况都在表明它不具有嗅觉能力。嗅觉只是作为寻找食物的辅助功能，但天牛幼虫却用不着费心劳神地去寻找食物。它的住所就是它的食物，它所栖身的木头就在向它提供活命的东西。另外，我也对此做过实验。我找了一段柏树，把树干挖了一条沟痕，直径与天牛幼虫所挖掘的长廊的直径一样大小，然后，我就把幼虫置于其中。柏树的气味浓重，具有大多数针叶植物所具有的那种很浓烈的树脂味。当我把幼虫一放到那条沟痕里去的时候，它很迅速地便爬到了通道的尽头，然后就一动不动了。它的这种静止不动不正是它没有嗅觉能力的证明吗？天牛幼虫长期生活在橡树干里，树脂这种独特的气味应该引起它的不适或厌恶的，它本应通过身体的颤动或逃跑的企图来表现自己的厌恶之感的，但是，它却并没有做出这种反应来。它在找到合适的位置时，便立刻停下脚步，待着歇息，一动不动了。然而，我又做了另外一个实验。我把一小包樟脑放在长廊里，离天牛幼虫很近，仍然未见它有什么反应。然后，我又用萘做了同样的实验，结果依然相同。做了这么多实验之后，我觉得天牛幼虫没有嗅觉能力是毋庸置疑的了。

当然，它肯定是有味觉的。只是这种味觉应该属于“残缺不全”的。天牛幼虫在橡树树干中一直生活了三年，其食物很单一，就是橡树木纤维，别无其他。那么，幼虫对这唯一的食物又会有什么评价呢？顶多也就是吃到新鲜多汁的橡树干时会觉得很鲜美，而吃到干燥无汁的树干时便觉得没太大滋味罢了。

剩下的就是它的触觉了。它的触觉点分布得很散，而且是被动的。任何有生命的肉体都具有触觉，一旦被尖刺儿刺着，就会觉得疼痛，就会抽搐、扭曲。总之，天牛幼虫的感觉只有味觉与触觉，而且还都非常迟钝。

我不禁在想，既然如此，那么天牛幼虫这种消化功能很强但感觉功能却极弱的昆虫，其心理状态又是由什么构成的呢？触觉与味觉会给那些已经退化了的感觉器官带来些什么呢？很少，几乎什么也没有。天牛幼虫只知道，好的木头有一种收敛性的味道，未经精心刨光的通道壁会刺痛皮肤，仅此而已。这就是天牛幼虫的智力所能达到的最大程度。而肯迪拉克却错误地认为，天牛具有很好的嗅觉，这是科学的一个奇迹，一颗灿烂的宝石。它可以回想往事，可以比较，判断，甚至推理。可是，现实中，这个几乎似睡非睡、似醒非醒的大腹便便的昆虫，它真的会回忆、会比较、会推理吗？我就认为天牛幼虫犹如一截会爬行的小肠而已，我觉得我的这一比喻十分贴切，天牛幼虫的全部感觉能力，就是一截小肠所能拥有的能力罢了。

不过，也别小看了这个小家伙，它虽然对自己现在的情况昏昏然，却能预知未来，具有神奇的预测能力。对我的这一奇怪的观点，请读者允许我慢慢地道来。在整整三年的时间里，天牛幼虫在橡树干里过着流浪的生活。它爬上爬下，忽而在这里，忽而又在那里；为了另一处的美味，它会放弃眼下正在吞噬的木块，不过它始终不会远离树干深处，因为这儿温度适宜，环境幽静而安全。当危险的日子来临时，它将被迫离开隐蔽所，去面对外界的种种危险。光吃还不够，它还得离开自己的生活之地。天牛幼虫有着精良的挖掘工具和强健的身体，钻入另一处去躲灾避祸，对它来说并不犯难。但是，未来的成虫天牛，将去外界度过它那短暂的时光，那么，它是否具有这样的能力呢？在橡树干内那幽暗的环境中诞生的长角昆虫，它知道替自己挖掘一条逃离的通道吗？

这就必须依靠天牛幼虫凭借自己的直觉去解决这一难题了。我又做了点实验，以弄清这一问题。在实验中，我发现，成年天牛若想利用幼虫挖掘的通道从树干深处逃逸，是不可能的事。天牛幼虫的通道犹如一座迷宫，十分复杂，非常长，不见尽头，而且还堆满了坚硬的障碍物，另外，其直径又是从尾部往前逐渐地在缩小。幼虫钻入橡树干时，它只有一段麦秸那么长那么细，而此刻它已变得如手指头一般粗细了。它在树干里三年的挖掘工作，始终是根据自己的身体大小进行挖掘的。结果不言自明，幼虫钻入树干的通道和行动路线对于成年天牛的离去已经起不了作用了。成年天牛触角很长，足也不短，而且其甲壳也无法折叠，原先的那条通道对它来说已经是一个无法逾越的障碍了；它若想以这通道为逃逸之路，就必须清除掉坑道内的障碍物，并且还要大大地拓宽通道。这么一来，倒不如另辟蹊径，挖掘一条新的通道来得便当一些。但是，成年天牛有这种能力吗？我们不妨做一实验来观察一番。我把一段橡树干一劈两半，并在其中挖掘出一些适合成年天牛的洞穴。在每一个洞穴中，我都放了一只刚刚变态了的成年天牛。这些天牛是我十月份从冬储木柴中发现的。

然后，我便把两半树干用铁丝紧紧地捆在一起。六月已经来到。只听见树干里传出来敲击的声音。它们能够出来吗？它们是不是没法从里面逃出来呀？我原以为从里面逃出来，对它们来说易如反掌，因为它们只要钻一个两厘米长的通道便可逃生了。可是，竟然未见一只天牛从树干里跑出来。等到树干里面听不见一点动静时，我颇觉蹊跷，便把捆着的树干松开，却发现里面的俘虏们全都死了。洞穴里只有一小撮木屑，还不足抽了一口烟的烟灰量。这就是它们的全部劳动成果。

我对成年天牛的上颚估计过高，以为它是无坚不摧的利器，但是，工具好并不一定就能造就一名好的工匠。尽管良好的挖掘工具在握，但长期隐居者却缺少技艺，只好在洞穴里等死。然后，我又找了一些成年天牛，对它们进行比较缓和点的实验。我把它们拘于直径与天牛的天然通道的直径相同的芦苇管里。我找了一块天然隔膜作为障碍物，这隔膜很薄，只有三四毫米厚，一捅就破。经实验发现，有一些天牛能够从芦苇管里逃生，有一些则死于其中。这就说明，遇到障碍，勇往直前者胜。一个隔膜这么小小的障碍都闯不过去，待在坚硬的橡树干里岂不必死无疑。

从这些实验的结果来看，我相信，天牛成虫徒有其表，外强中干，靠自己的力量竟然无力逃离树干监牢。劈开逃生门，还得仰仗貌不惊人的肠子状的天牛幼虫的智慧。这种情况在告诉我们，幼虫天牛在以另一种方式再现卵蜂的壮举。卵蜂的蛹身上带有钻头，为以后那长翅无能的成虫挖掘通道。天牛幼虫不知是由于何种神秘预感的驱动，离开其安然宁静的隐蔽所，离开其无法攻破的城堡，爬向橡树表面，不顾其正在寻找美味多汁的昆虫的天敌对它的威胁。幼虫就这么冒着生命危险，勇敢无畏地挖掘着通道，一直挖到橡树表层，只留下一层薄薄的阻隔作为窗帘，遮挡自己。有些冒失的幼虫，甚至把这块窗帘捅破，干脆留出了一个洞口。这儿就是天牛成虫的出口，它只需用上颚和额角轻轻地一触，就能把窗帘捅破，得以逃生。刚才已经说了，有的幼虫连窗帘也不留，干脆就留出了一个洞口，天牛成虫无须劳作，便可直接逃离。每到春暖花开，天气转暖时，身披古怪羽饰、笨手笨脚的成虫便从黑暗中出来了。

天牛幼虫在把逃生之路准备完毕之后，又开始忙活起眼前的活计来。

挖好逃生通道，它就退回到长廊中不太深的地方，在出口一侧，凿了一个蛹室。这间蛹室陈设豪华，壁垒森严，前所未见。蛹室为一扁椭圆形的宽敞的窝，长有近百毫米，扁椭圆结构的两条中轴，长度不同，横向轴长二十五到三十毫米，纵向轴则只有十五毫米。这么大的空间，比成虫的体积要大，使成虫的足部可以自由伸展。当打破壁垒，逃出牢笼的时刻到来的时候，这样的蛹室是不会让天牛成虫感到有任何不便的。

这儿所说的壁垒，是指蛹室的封顶，那是天牛幼虫为了防御外敌入侵而建造的。封顶有两层或三层。外层由木屑构成，那是天牛幼虫挖掘树干时留下的残留物；里面的一层是一个矿物质的白色封盖，呈凹半月形。通常，在最内侧还有一层木屑壁垒与前两层连在一起。有了这种多层壁垒的保护，天牛幼虫便可在房间里踏踏实实地为变成蛹做准备工作了。天牛幼虫从房间壁上锉下来一条一条的木屑，这便是细条纹木质纤维的呢绒。天牛幼虫又把这些呢绒贴回到房间四周的墙壁上去，铺成壁毯，厚度几近一毫米。这就是天牛幼虫在自己蛹室墙壁上挂上的精细双面绒挂毯。我们不难看出，天牛幼虫为了变成蛹，在不停地劳作，作了精心的准备。

我们再来看看这间房间布置得最奇特的那个部分——那层堵住入口的矿物质封盖。这个封盖是个椭圆形帽状封盖，呈白石灰色，系坚硬的含钙物质，内部十分光滑，外面呈颗粒状突起，犹如橡栗的外壳。这种颗粒状突起表明，这层封盖是天牛幼虫用糊状物一口一口地筑成的。封盖外部由于无法触碰到，幼虫无法加以修饰，因而凝固成了细小的突起。而内侧的那一面在天牛幼虫力所能及的范围内，所以被抹得光滑平整。这种封盖像钙一样，既坚硬又容易破碎。不用加热，它就能溶于硝酸，并且立即释放出气体来。不过，溶解过程却比较缓慢，一小块封盖往往需要几个小时的时间才能逐渐地溶化掉。溶化之后，剩下一些泛黄的沉淀物质，看上去像是有机物。如果对封盖进行加热，它就会变黑，足见其中含有可以凝结矿物的有机物。如果在溶液中加入草酸，溶液会变得浑浊，并留下白色沉淀。这种情况说明，其中含有碳酸钙。我原想从中发现一些尿酸氨的成分，因为在昆虫变成蛹的过程中，常见有尿酸氨存在，可是，我在封盖的溶液里，并未发现有尿酸氨。因此，我可以认为，封盖仅仅是由碳酸钙和有机凝合剂构成的，这种有机物大概是蛋白质，使钙体变得十分坚硬。

我相信，天牛幼虫的胃部是分泌这些石灰质物质的器官，而这一能乳化的生理器官为它提供了钙质。胃从食物里把钙分离出来，或者直接得到钙，或者通过与草酸氨的化学反应来获得。在幼虫期结束时，它便将所有的异物从钙中剔除，并将钙保存下来，留作构筑壁垒之用。这一点并不令人惊讶，某些芫菁科昆虫，如西塔利芫菁，通过化学反应能在体内产生尿酸氨；飞蝗泥蜂、长腹蜂、土蜂等，就是在自己体内生产茧所需要的生漆的。

通道修筑完工，房间粉刷装饰完毕，用三重壁垒封好之后，灵巧而勤劳的天牛幼虫便完成了自己的使命，挖掘工具也完成了其历史使命，它便进入了蛹期。襁褓状态之下的蛹十分虚弱，躺在柔软的睡垫上，头始终冲着门的方向。这一点看似无关紧要，实际上却是至关重要的。天牛幼虫身子柔软，伸缩翻转，随心所欲，因此，在这间小房间里，头无论朝向何方，都无伤大雅。可是，从蛹中出来的天牛成虫却没有随心所欲地翻来倒去的自由，它浑身披挂着坚硬的角度盔甲，无法在小房间内将身体从一个方向转向另一个方向，甚至因房间太狭小，连弯曲一下身子都办不到。所以，它的头必须始终冲着出口，否则便会在自己所建造的囚室里等死。不过，不必担心有这种意外发生，因为这节小肠素来知晓未雨绸缪，早就为将来做好了准备，不会出此差错，头朝里地进入蛹期的。到了该出洞的时节，向往光明的天牛的面前没有太大的障碍，只不过是一些细碎的木屑，扒拉几下便可以清理掉的。然后，便是那层石质封盖，它也用不着费心乏力地去把它打碎，只要用其坚硬的前额这么一顶，或者用足这么一推，封盖便会整体松动，从框框里脱落。我发现，被弃置的封盖全都完好无损。最后就是那第二层壁垒了，是木屑构成的，这就更不在话下，比第一层更加容易清除。这么一来，通道畅通，天牛成虫只要沿着通道便可准确地爬到出口。如果窗帘没有掀开，它只需用牙一咬，那薄薄的窗帘也就破了，这对它来说，易如反掌。它终于走出了黑暗，见到了光明，长长的触须激动得不停地颤抖着。

萤火虫

在我们这个地区，萤火虫可谓无人不知，无人不晓，没有什么昆虫像它那么家喻户晓的了。这个人见人爱的小东西，为了表达生活的欢乐，竟然在屁股上面挂了一只小小的灯笼。炎热的夏夜里，没有人没见过它的。古代希腊人称它为“朗皮里斯”，意为“屁股上挂灯笼者”；法语中则称它为“发光的蠕虫”。其实，萤火虫绝对不是什么蠕虫，即使是从外表上来看，它也不像蠕虫。它有六只短小的脚，而且十分明白如何使用自己的脚。它是可以用小碎步奔跑的昆虫。雄性萤火虫发育完全后，如同真正的甲虫一样，长着鞘翅。但雌性萤火虫却无此造化，享受不到飞翔的快乐，终身保持着幼虫的形态。不过，雄性萤火虫在尚未到达交尾期之前，形态也是不完全的。即使如此，称它为“蠕虫”也是不恰当的。法国有句通俗语，叫“像蠕虫一样一丝不挂”，用以形容身上未穿任何保护性的衣物，但是，萤火虫可是穿着衣服的，就是说它有略为坚韧的外皮，而且它还有斑斓的色彩，身体呈棕色，胸部呈粉红色，环形服饰的边缘还点缀着两个红红的小斑点。这哪儿会是蠕虫呢？

我们先来看看萤火虫以什么为生吧。萤火虫看上去既小又弱，像是与他人无害，可它却是个最小最小的食肉动物，是猎取野味的猎手，而且，捕猎时还相当狠毒。它的猎物通常是蜗牛。昆虫学家们早已知道萤火虫的这一习性。但是，我从他们书中的介绍中，总感到人们对这一点了解得很不充分，特别是对萤火虫的奇怪的攻击方法，几乎是一无所知。

萤火虫在啃啮猎物之前，先对它施之麻醉，使之失去知觉。它的猎物通常是很小的蜗牛，个头儿还没有樱桃大，是处于变形状态的蜗牛。夏日里，这种蜗牛一大群一大群地聚集在稻子和麦子的茎秆上，或者其他植物的干枯的长茎上，在上面一动不动地要待上整整一个炎热的夏季。正是在这种时候，在猎物处于这种状态中，我不止一次地观察到萤火虫对猎物发动攻击，对之施以灵巧的外科麻醉手术，使猎物在颤动着的茎秆上昏死过去，然后，对之下口，美餐一顿。

萤火虫对其猎物的其他藏身处所也了如指掌。它经常飞到沟渠旁边，因为那儿土地潮湿，杂草丛生，是蜗牛喜爱的栖身之所。在这种情况之下，萤火虫便在地上对蜗牛施以麻醉术。我在家中也饲养了一些萤火虫，它很容易被捕捉到，也很容易喂养，因此，我可以仔细地观察研究这位外科医生做手术的详细过程。

我在一个大玻璃瓶里放上一些草，把捉到的几只萤火虫和几只蜗牛也放了进去。蜗牛个头儿正合适，不大不小，正在等待变形，正符合萤火虫的口味。我寸步不离地监视着玻璃瓶中的情况，因为萤火虫攻击猎物是瞬间的事情，转瞬即逝，不高度集中精力，必然会错过观察的机会。我终于发现是怎么个情况了。萤火虫稍微探了探捕猎对象。蜗牛通常是全身藏于壳内，只有外套膜的软肉露出一点点在壳的外面。萤火虫见状，便立刻打开它那极其简单、用放大镜才能看到的工具。这是两片呈钩状的颚，锋利无比，细若发丝。用显微镜观察之，可见弯钩上有一道细细的小槽沟。这就是它的工具。它用它的这种外科手术器械不停地轻轻击打蜗牛的外膜，其动作不像是在施以手术，而像是在与猎物亲吻。用孩子们的话来说，它像是在与蜗牛“拉钩”。它在“拉钩”时，有条不紊，慢条斯理，不慌不忙，每拉一次，都要稍事休息片刻，似乎是在观察“拉钩”的效果如何。它“拉钩”的次数并不多，顶多五六次，就足以把猎物给制服，使之动弹不得。然后，它就要动嘴进食了，它很可能也是要用弯钩去啄，因为我几次都未观察清楚，所以对这一点我却说不太准。总之，萤火虫在施行麻醉手术时，动作麻利，立竿见影，快如闪电，不用问，它利用带细槽的弯钩已经把毒液注入蜗牛体内，使之昏死过去。

我检查了一下猎物。在萤火虫与蜗牛拉了四五下钩之后，我便立即从它口中夺下它的猎物，用针尖刺蜗牛的前部，亦即缩在壳内的蜗牛所暴露在外的身体。我没看到它有任何反应，仿佛像是一具没了生气的尸体。

我还发现一个令我信服的例子。有一次，我幸运地看到一只蜗牛正在爬行，其足正在蠕动着，突然，萤火虫向它发动了袭击。蜗牛十分惊慌，乱动了几下，然后便一动不动了。它的脚不再爬行，身体的前部也失去了如同天鹅脖颈那种优美的弯曲状，触角软软地耷拉下来，如同一支折断了的手杖。它一直保持着这种状态。

蜗牛是否真的被蜇死了呢？没有，根本没有。我可以让这只表面上看似已死的蜗牛活过来。我把这位处于半死不活状态下的病人隔离开来，给它洗了个澡，尽管这对于取得实验的成功并非绝对必要。

两天过后，这只被萤火虫施以麻醉术的蜗牛终于复活了，它又能动弹了，又有了感觉了。我用针尖刺它，它有反应，它开始蠕动，爬行，伸出触角，仿佛什么危险都没有发生过，像个没事人似的。那种昏昏沉沉、如死一般的全麻状态已经消失，它苏醒过来了。

对于蜗牛这样一个与世无争、平和温顺的对手，萤火虫有何必要先要对之施以麻醉术呢？这使我想起了另一种昆虫，名叫德里尔虫，生活在阿尔及利亚。这种昆虫虽说不会发光，但其身体结构，尤其是在习性方面，与我国的萤火虫却颇为相似。德里尔虫以陆生软体动物为食，它所捕食的是一种圆口类的动物。这种动物有着美丽雅致的陀螺形外壳。一块结实的肌肉把一个石质封盖固定在这种圆口类动物身上。这个石质封盖把甲壳闭合得严严实实。这个封盖是个活动的门。居于甲壳内的隐居者只需缩回身子，封盖便立即盖上。当隐居者想要外出时，此门也很容易打开。德里尔虫被黏附器（我们下面将会看到萤火虫也具有这种同等器具）固定在蜗牛的甲壳表面，耐心地等待着、窥伺着，等着甲壳里面的蜗牛憋不住，露出身子，便立刻冲到门边，把门挡住，关闭不上，自己则进入门内，占领了这个城堡。我并没有经常见到这种德里尔虫，但我认为，它的进攻策略与我们的萤火虫颇为相似。它钻进甲壳内，身子扭动几下，里面的隐居者也就丧失了反抗的能力。

我们还是回过头来谈谈我们的萤火虫吧。如果蜗牛在地上爬行，甚至就龟缩在壳里，萤火虫袭击它是很容易的事，因为蜗牛的壳没有封盖，而且，蜗牛身体的前部暴露在壳外，因此它无法自卫，很容易被伤害。即使蜗牛待在高处，紧贴在一棵禾本植物的茎秆上，或者紧贴在一块光滑的石头上，袭击者无从下手，但是，只要是这个外界的封盖稍有缝隙，它仍然难逃厄运。

萤火虫施以麻醉术时，总是非常小心、轻手轻脚地对待它的猎物，不想引起对方的注意，免得它挣扎、乱动，从高处掉到地上。如果猎物掉到地上，萤火虫也就不会再想方设法地寻找它了，因为它只是依靠运气去捕捉落入口中的猎物，而不想费心劳神地去寻来找去。因此，萤火虫在发动袭击的时候，从不掉以轻心，总是小心谨慎地不让猎物感到疼痛，使其肌肉失去反应，否则猎物便会从高处掉下地来，到嘴的猎物便化为乌有了。由此不难看出，突然对猎物施以深度麻醉，一针见血，是它捕捉猎物的绝招。

萤火虫如何享用其猎物呢？它是不是真的在吃它？也就是说，它是不是把蜗牛切成细小的碎块，然后用自己的所谓的咀嚼器把它们嚼烂、咽到肚子里去？我看并非如此。我所捕捉到的萤火虫，嘴上从未发现有固体食物的碎渣细末什么的。萤火虫的所谓“吃”，并不是真正意义上的那种吃，而是吮吸，如同蛆虫那样，把猎物化为汁液，然后吸入肚里。与双翅目昆虫爱吃肉的幼虫一样，萤火虫也是先把猎物变为流质，对之进行液化处理、加工，然后食之。我把我所见到的萤火虫“吃食”的过程介绍如下：

萤火虫对蜗牛施行了麻醉。它几乎总是单独操作，即使是遇到一只个头很大的蜗牛，它也不找助手。在它施行完麻醉手术后，总会有宾客不请自来，两三位，四五位，甚至更多。众宾客来到餐桌前，与食物的真正主人并无纷争，毫不客气地尽情享用，不分彼此。两天后，主人与食客都离去了，我便把蜗牛壳口冲下翻倒过来，只见壳里的东西如同锅口朝下倒浓汤似的，全流了出来。主客吃饱喝足了之后，不屑一顾地把残羹剩饭给撇下了。

事情很明显，我先前所说的“拉钩”之后，也就是萤火虫东一口西一口地轻轻拍击蜗牛之后，蜗牛昏死过去，然后，众宾客齐上阵，都在用特有的消化素对猎物进行加工，最后，蜗牛肉便变成了蜗牛肉粥了，接着，大家便一起尽情享用，尽兴而去。这样看来，萤火虫嘴上的那两只弯钩外表上看去并无保护层，是其进攻猎物的利器，刺入对方体内，注入麻醉药剂，并使对方的肉质液化，而这麻醉药剂很有可能就是萤火虫的体液。在放大镜下仔细地进行观察，可以很清楚地看到它的这种微型器械，可我感到它们却不像是钩子。它们的中心是空的，与蚁蛉的那对工具颇为相似；蚁蛉就依靠这种工具吸食猎物的肉，而并不把猎物肉切成小细块。不过，萤火虫又与蚁蛉的表现颇为不同：蚁蛉用餐完毕，会从沙地的漏斗状陷阱中抛出大量的丰盛食物；而萤火虫有液化装置，绝不糟蹋食物，或者说，几乎不糟蹋食物。二者掌握着类似的工具，但是，一个是用来吮吸猎物的血液，而另一个则采用液化设备，使食物变成流质，全部食之。

有时候，蜗牛所处的位置不太好，难以保持平衡，但是，萤火虫毕竟是动作敏捷，不以为然，干净利落地就处理完了。我透过喂养着萤火虫的那个大口玻璃瓶，清楚地看到了全过程。大口瓶上盖着一块玻璃，蜗牛沿着玻璃瓶内壁往上爬，一直爬到瓶口边沿，停了下来，用少许黏液把壳体粘挂在那儿。它只是在那作短暂的停留，所以舍不得用太多的软体组织所生产出来的胶黏剂。这样一来，只要稍微地震动一下瓶子，蜗牛壳口就会松脱，从粘黏的地方摔到瓶底上。

我看到瓶子里的那只萤火虫也在不断地往高处爬去，爬到蜗牛暂时停留的地方。它依靠某种攀缘器官在沿着瓶子内壁爬着，这种攀缘器官弥补了萤火虫足爪此刻的功能缺陷。萤火虫已经来到了蜗牛的身旁，找到了一处可以下手的缝隙，便轻轻地拍击了几下躲在缝隙内的蜗牛，使之昏死过去，随即开动其液化装置，使蜗牛肉变为蜗牛肉汤，美美地吮吸起来。

当萤火虫吃饱喝足之后，蜗牛就剩下一个空壳了，肉没有了，汤也没有了。但是，这只空壳虽然只用了少许黏液粘在玻璃上，却并未开胶，仍然牢牢地粘在那里，没有丝毫的移位。壳中的那个隐居者没有挣扎，没有反抗，一点一点地从固态变成了液态，全都从萤火虫开始发起攻击的那个点上流了出来，流得干干净净，只剩下一个空壳了。由此，我们不难看出，萤火虫的麻醉手术之高超、之快速，简直是迅雷不及掩耳，让对方防不胜防。而且，我们还可以看出，萤火虫吃蜗牛的手段之奇妙，让人叫绝，都没有让蜗牛空壳从极其光溜而又垂直的玻璃瓶内壁上掉落下来，甚至都没让只有些许胶黏着的空壳有丝毫的晃动、移位，这真的是不可思议。

蛍火虫要在玻璃上或草茎上攀爬，它的又短又笨的爪子显然是无法承担这一重任的，必须拥有一种特殊的工具。这种特殊工具必须不怕光滑，能攀住无法抓住的物体。萤火虫确实拥有这种特殊工具。它的后腿末端有一个白色的点，用放大镜仔细观察，可以看到那上面约有十二个很短小的肉刺，它们有时收拢起来，缩成一团，有时却又伸展开来，好似玫瑰花瓣。这就是它的吸附并移动的器官。萤火虫想要把自己附着在某个地方，甚至是个极其光滑的表面上，比如固着在禾本植物的茎秆上，它就把这十二个短小的肉刺展开来，呈玫瑰花瓣状，就可以牢牢地铺展在所吸附的物体上了，用自己的身体的黏性，把自己紧紧地黏附在支撑物上。这个特殊器官通过抬高和放低，张开和闭合，帮助萤火虫行走。总而言之，萤火虫可以说是一个双腿残疾者，它在自己的后腿上放上一朵漂亮的白色玫瑰花，一种没有关节、可向四下里活动的有十二个趾肢节的爪子，而这种管状的趾肢节，并非抓住而是黏附着物体。这个器官还有一个用途，它可以当作海绵和刷子来使用。萤火虫在进餐之后，便用这把刷子刷头、背、尾及两侧。它之所以全身上下地刷来刷去，是因为它的脊椎很柔韧，可以弯来弯去，哪儿都能够得着。萤火虫在这儿全身进行擦拭时，非常仔细，一处不漏，足见它对这种运动颇感兴趣，乐此不疲。它这样做的目的究竟是什么呢？很显然，它这是要擦去沾在身上的灰土或者蜗牛肉的残渣剩汤。如果萤火虫只会像亲吻似的轻拍蜗牛，对它施以麻醉术，而没有其他什么本领的话，那它也就不会这么出名，这么家喻户晓了。它真正名扬四海的原因，是它能在尾部亮起一盏红灯。我们来特别仔细地观察一番雌性萤火虫吧。它在达到婚育年龄，在夏季酷热期间发出亮光的过程中，一直保持着幼虫状态。它的发光器是在腹部的最后三节处。其中的前两节的发光器呈宽带状，另外一个组群是最后一个体节的两个斑点。具有那两条宽带的只有发育成熟了的雌性萤火虫；未来的母亲用最绚丽的装束来打扮自己，锃亮了这光亮灿灿的宽带，以庆贺自己的婚礼，而在这之前，自刚孵化的时候起，它只有尾部的那个发光斑点，这种绚丽的彩灯显示着雌性萤火虫那惯常的身体变态。身体的变态使之长出翅膀，能够飞翔，从而宣告其生理演变过程的结束。这盏亮灿灿的灯点亮时，还标志着其交尾期即将来临。这之后，雌性萤火虫就没有翅膀了，不能再飞翔，一直保持着这种幼虫的可怜的卑屈形态，但是，它的那盏明灯却始终点亮着。

雄性萤火虫则有所不同，它得到了充分的发育，改变了形态，拥有着鞘翅和翅膀。与雌性一样，从孵化时起，它的尾部就有这盏明灯。总之，萤火虫不管是雌性还是雄性，不管是处在发育时期的什么阶段，其尾部均可发光，这就是整个萤火虫大家族的一大特点。而且，这个发光点从背部或腹部都可以看见，但只有雌性萤火虫才有的那两条宽带，才在腹部下面发光。

我的手和眼仍然很听使唤，做起解剖来还算得心应手，因此，我便想解剖一下萤火虫的发光器官，以便彻底搞清楚其构造。我终于成功地把一根发光宽带的大部分给剥离开来。我在显微镜下仔细地观察了这条宽带，发现其上有一种白色涂料，系极其细腻的黏性物质构成的。这白色涂料显然就是萤火虫的光化物质。紧靠着这白色涂料，有一根奇异的气管，主干很短却很粗，下面长了不少的细枝，延伸至发光层上，甚或深入到体内去。发光器受到呼吸气管的支配，发光是氧化所导致的。白色涂层提供可氧化的物质，而长有许多细枝的粗气管则把空气分送到这物质上。现在，我很想搞清楚这个涂层的发光物质究竟为何物。起初，人们以为那是磷，还把它加以燃烧，以化验其元素，但是，据我所知，这种办法并没获得理想的效果。显然，磷并非萤火虫发光的原因，尽管人们有时把磷光称为萤光。这个问题的答案肯定不在这里，而是另有原因。

萤火虫能够随意地散布它的光亮吗？它能否随意地增强、减弱、熄灭其亮光吗？它怎么做的呢？它有没有一个不透明的屏幕朝着光源，把光源或遮住或暴露呢？现在，我们对这个问题已很清楚，萤火虫并没有这样的器官，这样的器官对它来说是没有用的，它拥有更好的办法来控制它的明灯。若想增强光的亮度，遍布光化层的光管就会加大空气的流量；如果它把通气量减缓甚至停止供气，光度就变弱，甚至灯会熄灭。总之，这个机理犹如油灯的机理一样，其亮度是由空气进入灯芯的量来加以调节的。

遇到激动的情况，气管就运作起来，灯也就亮了。需要加以区别的是光带和尾灯这两种情况。其一，发光的是那漂亮的宽带，亦即已到婚育年龄的雌性萤火虫的独特的饰物；其二，也就是那盏尾灯，萤火虫无论雌雄，无论长幼，都在其最后一个体节上点着一盏小灯。在这后一种情况下，由于突然的惊恐不安，萤火虫的情绪发生变化，这盏尾灯或完全地或近乎完全地熄灭。我在夜晚曾经捕捉过萤火虫，眼见那盏尾灯在草上发着亮光，可是，只要我稍不留神，碰着了那棵草，草一晃动，灯立即就熄灭了，我想要捕捉的这只昆虫也就不见了踪影。但是，发育完全的雌性萤火虫身上的宽光带，即使受到惊吓，也毫无影响，照样亮着。

我捉了几只雌性萤火虫，把它们关进笼子里，放到屋外，笼子旁边放了一把枪。我放了一枪，但枪声并未产生效果，宽带依旧在发光，与没有放枪前一样明亮。然后，我又用喷雾器把水雾喷洒到它们身上，它们身上的光带依然光亮闪闪，没有一盏灯熄灭的，顶多也就是亮度上有短暂的减弱而已，而且也只是个别的雌性萤火虫这样，并不是每只都如此，我猛抽了一口烟斗，把烟吹进笼子里，光带的亮度倒是更加弱了，甚至灭了一会儿，但时间非常短暂。很快，萤火虫便平静下来，恢复了常态，灯又亮了起来，而且比先前还要明亮。这之后，我又用指头抓住它，把它翻过来掉过去地折腾，又轻轻地摆弄它，只要是捏得不太重，它照旧在发光，亮度也保持不变。即将处于交尾期的萤火虫，对于自己的灯的光亮十分沾沾自喜，没有极其严重的情况发生，它们是不会把自己的灯完全熄灭掉的。

从各种实验的结果来看，极其明显的是，萤火虫是自己在控制着其身上的发光器，它可以随意地使之或亮或灭。不过，在某种情况之下，有无萤火虫的调节都无关紧要。我从其光化层上弄下来一块表皮，把它放进玻璃管里，用湿棉花把管口堵住，免得表皮过快地蒸发干了。只见这块表皮仍在发光，只不过其亮度不如在萤火虫身上那么强而已。在这种情况下，有无生命并不要紧。氧化物质，亦即发光层，是与其周围空气直接接触的，无须通过气管输入氧气，它就像是真正的化学磷一样，与空气接触就会发光。还应该指出的是，这层表皮在含有空气的水中所发出的亮光，与在空气中所发出的亮光的强弱一样。不过，如果把水煮开，沸腾，没了空气，那么，表皮的光就熄灭了。这就更加证明，萤火虫的发光是缓慢氧化的结果。

萤火虫发出来的光呈白色，很柔和，但这光虽然很亮，却不具有较强的照射能力。在黑暗处，我用一只萤火虫在一行印刷文字上移动，可以清楚地看出一个个字母，甚至可以看出一个不太长的词儿来，但是，在这小小的范围之外的一切东西，就看不见了，因此，夜晚，以萤火虫为灯看书，那是不可能的。

如果把一群萤火虫放在一起，彼此紧挨着，每只萤火虫都放着光，那么，它的光就会通过反射而可以照亮旁边的萤火虫，我们似乎也就能够看清一只只的萤火虫了。但是，事实又并非如此。这群萤火虫只是杂乱无章地聚集在一起，就算彼此离得很近很近，我们也无法看清萤火虫的模样来，因为这所有的亮光把萤火虫全都混在了一起，成了模模糊糊的一片。我通过照相技术非常清楚地证实了这种情况。我用钟形金属网罩罩住二十来只充分发光的雌性萤火虫，把它们置于露天地里。罩子里，有一丛百里香插在其中央，形成一片小林子。夜晚时分，那二十来只雌性萤火虫全都爬到罩子顶上去了；它们在竭力地朝着各个方向展示着它们那发光的服饰。因此，沿着百里香小枝形成了一串串的花序。我指望这一串串花序能够对相板和相纸产生作用，但是，我却未能遂愿，只得到了一些不成形的白色斑点，根据萤火虫群体的不同情况，有些地方浓些，有些地方浅些，而萤火虫的模拟斑点却一点也没有显现，连百里香丛的痕迹也没有显现出来。因缺乏充足的光照，美妙如画的光彩只显现出一团模糊不清的黑乎乎的水浆似的东西来。

由此看来，雌性萤火虫的灯光并不是用来照明的。那么，它到底是干什么用的呢？我想，它是用来召唤情郎的。但是，雌性萤火虫的灯是在其肚子下面冲着地面发光的，而雄性萤火虫则是在随意乱飞，它是在上面，在空中，有时是在老远的地方往下看的，应该说它是看不见雌性萤火虫的那盏灯的。但是这种不正常的情况却被巧妙地予以纠正了。雌性萤火虫自有其高明的调情手段。每天晚上，天完全黑下来的时候，被我拘于钟形罩里的囚徒们就去到我用来作为监狱的百里香丛中。到了这个花丛中，它们便爬到显现得很清楚的细枝上，不像在灌木丛下时那样老老实实、安安生生地待着，而是在那儿做着激烈的体操运动，一个个把小屁股扭来扭去，一颠一颠地，朝这边扭一下，再朝那边扭一下，把灯光向各个方向打去，这么一来，寻偶求欢的雄性萤火虫从附近经过时，无论是在地上还是在空中，肯定都能看到这盏随时都在亮着的灯。这一招儿，有点像捕捉云雀的旋转镜子的运作方式。这面旋转小镜静止不动时，云雀对它并无什么反应，但是，它只要一旋转起来，把它的光弄成了迅速闪动的碎裂的光亮，云雀见了就会激动起来。

雌性萤火虫自有其召唤求欢者的绝招，而雄性萤火虫也不甘示弱，它有着一种光学器具，能够老远就看到雌性萤火虫那盏灯所发出的最微弱的光。其护甲胀大成盾形，大大地超出了头部，像帽檐或灯罩似的伸向前去，它的作用就在于缩小视野，把目光集中于需识别的光点上去。而在其颅顶下面，长着两只大眼睛，非常鼓凸，呈球冠形，彼此接近，中间只有一条狭窄的槽沟，以便收放触须。它的这个复眼几乎占据了它的整个面孔，缩在大灯罩所形成的空洞里，真像库克普罗斯①的眼睛。

雌雄交配的时候，那盏灯的灯光会变弱，几近熄灭，只有尾部那盏小灯还亮着。春暖花开、暖意融融时节，田野里，昆虫们都在求欢寻爱，低吟婚庆颂歌，陶醉于男欢女爱之中，萤火虫的这盏尾灯虽能通宵达旦地亮，也没有哪位去注意它的，不会发生任何的危险。待交配完毕，萤火虫便立刻产卵，它们并无夫妻感情，没有什么家庭观念，没有慈母之爱，它把白白的圆圆的卵产在——或者更确切地说是抛撒在——随便什么地方。

有一点却是非常奇怪的：萤火虫的卵，甚至还在其母的体内时，就是发光的。如果我在捕捉时，一不小心，捏破了雌性萤火虫那装满了卵的肚子，就会看到一道道汁液，闪闪发光地流在了我的指头上，好像我把一只装满着磷液的囊给捏破了似的。我用放大镜仔细地进行了观察，确实是被挤出卵巢的虫卵所发出的光亮。此外，将要临产时，卵巢里的萤光已经显现出来了，雌性萤火虫肚皮表面已经在透出一种柔和的乳白色的光。卵产下不久就会孵化。萤火虫幼虫雌与雄的尾部都有一盏小灯。寒冬将至时节，幼虫欲到地下不太深的地方，顶多也就是三四寸深。我在大冬天里，从地下挖出过几只幼虫，发现它们的尾灯一直亮着。四月将要来临，天气转暖，幼

① 库克普罗斯：古希腊传说中的独眼巨人，掌管雷霆。

虫便钻出地面，继续完成其演化过程。

总而言之，我通过观察研究得知，萤火虫自生下来之日起，一直到寿终正寝时止，都一直在发光。它的卵在发光；它的幼虫在发光；雌性萤火虫亮着的是华丽的灯；雄性萤火虫保留着幼年时期的那盏已有的小灯。对于雌性萤火虫的光带的作用，我可以说是已经有所了解了，但是，它的尾灯又是干什么用的呢？我很遗憾地说，我尚不得而知。昆虫物理学要比我们书本上的物理学更加深奥，这个问题可能在很长的时间里，甚至在永远的将来，也都会是个不解之谜。

昆虫与蘑菇

我对牛肝菌和珊瑚菌情有独钟，没少观察研究。但是，只谈菌类，不与昆虫联系起来，就不太合适了。

我们知道，很多菌种都可食用，而且受到人们的青睐，但是，可别忘了，另有一些菌类却是可怕的毒菌。我们如何去区别是有毒的还是无毒的呢？根据人们普遍信奉的一条规律，凡是被昆虫及其幼虫和蠕虫所接受的菌类，就是无毒的，都是可以食用的。反之，连昆虫都不愿或不敢去触碰的菌类，可千万不能去吃，那肯定是有毒的。昆虫的健康食品也应该是我们的健康食品，而能毒害它们的食物自然也能毒害我们。

这是人们依照事物表面上所存在的逻辑关系作出的推理，殊不知不同的动物的胃，对不同的食物是具有不同的消化能力的。上述推理到底站得住脚不？这正是我想研究的。

昆虫，尤其是处于幼虫状态的昆虫，是蘑菇的开发者。昆虫分为两种消费者：其中的一类是在真正地啃啮蘑菇，是一点一点地蚕食、咀嚼、嚼烂了才咽下肚去；另一类昆虫则是先把食物变为流质，然后再吸食，如同食肉的蛆虫那样。前一类比较少，仅就我住处附近的情况而言，属于咀嚼食物类的昆虫有：四种鞘翅目昆虫和衣蛾的毛虫、软体动物、鼻涕虫（或者更确切地说，其棕色外套边缘有一条红色花边的小蛞蝓）。这类昆虫虽为数不多，却十分活跃，侵蚀力很强，尤其是衣蛾。

喜食蘑菇的鞘翅目昆虫中，当数隐翅虫列于首位。隐翅虫身着红、蓝、黑三色搭配的漂亮衣服。隐翅虫及其幼虫利用自己身后的一根“柱子”作为支撑来行走，它常常光顾杨树伞菌，而且是专爱吃一种食物。我经常在春天或秋天，见到它们待在杨树伞菌上。杨树伞菌是上等菌种中的一种，尽管白得让人生畏，外表常常出现裂痕，伞盖下面的褶皱周围附着红棕色的孢子，显得脏兮兮的，但它却不失为一种优质菌种。人不能貌相，植物也同此理，有些外观十分艳丽，惹人喜爱的蘑菇却偏偏是毒蘑菇，而其貌不扬，甚至难看的蘑菇却是上等品种的蘑菇。

还有两种喜食蘑菇的鞘翅目昆虫是，特里普拉克斯虫和桂皮色的球蕈甲，它们个头儿都很小。特里普拉克斯虫的头部和前胸呈棕色，鞘翅为黑色，其幼虫爱吃带刺多孔菌。这种菌类又大又肥实，表面长着直毛，侧贴在老桑树的树干上，有时也长在胡桃树和榆树上。而桂皮色的球蕈甲，其幼虫专门生长在块菰中。最后，最让人感兴趣的喜食蘑菇的鞘翅目昆虫是包尔波赛虫，其叫声如小鸟啁啾，为了寻找其喜食的地下菌，不惜往地下钻洞，而且全都是垂直竖井似的洞穴。它也是块菰的偏好者。我曾从地下挖出过包尔波赛虫，看见它的足爪间夹着一块真真切切的块菰，如同榛子那么大。我尝试着喂养它，想了解它的幼虫的情况。于是，我便把它放进一只装满着新换了的沙子的罐子里，罐口用罩子罩住。因为一时找不到地下菌和块菰，我便以几种较硬的、有点像是块菰的蘑菇来喂它们，其中有马鞍菌、珊瑚菌、鸡油菌、盘菌等，但都遭到它们的拒食。

出于无奈，我转而用一种名为“里佐波贡”的植物喂它们，却得到了它们的首肯。这种植物通常生长在松林里的浅土层甚至地表上，样子挺像土豆，我放了一把在沙罐里。入夜后，我去查看时，多次发现包尔波赛虫已经爬出洞外，在沙地上寻找，欲寻觅一块不太容易抱动的食物，悄悄地带进洞穴中去。它把食物留在洞口，因为里佐波贡太大了，进不了家门，只好把它留在了洞口。第二天，我发现那块里佐波贡仍在原地，只是下方被包尔波赛虫啃咬过了一些。

包尔波赛虫不喜欢在露天地里进食，它必须待在地下室里独自一人用餐。在地下要是寻找不到食物的话，它就会爬出洞外来搜寻。找到合其口味的食物时，要是不太大，可以拉入洞内，它就把食物运抵地下室去；如果食物太大，进不了洞内，它就只好把食物留在洞口，自己则藏在洞中，啃咬食物的底部。总之，包尔波赛虫就是不在公共场合用餐。

到目前为止，我只见过它们吃地下菌、块菰和里佐波贡。但这就说明，包尔波赛虫并不像巨须隐翅甲那样专吃一种食物，它会变化食谱，也许它会吃所有的地下菌，也未可知。

衣蛾的食物范围更广。衣蛾毛虫长五毫米多，身子洁白，头部黑亮，在大部分的菌类中都会发现它们的身影，而且其幼虫是大量地聚集在菌类食物上。幼虫喜食菌类的柄把儿，因为菌柄有着一种说不出来的味道。一般来说，它们都寄居于牛肝菌、珊瑚菌、乳菇和红菇上，除了个别菌科中的个别几种菌以外，它们可以说是什么菌都吃。这种弱小的幼虫是菌类最主要的开采者，并在被其糟蹋过的菌类植物下面编织一个小白丝蚕，然后由此而变成一只不起眼的蛾。

除了蛞蝓以外，贪食的软体动物也值得书上一笔。它们什么蘑菇都吃，而且喜欢挑大个儿的吃。它们往往在蘑菇里建造一个宽敞的窝巢，优哉游哉地在里面进食。与其他的美食家们相比，它们的数量并不算多，通常，它们都喜欢离群索居。它们的颌像刨刀，十分锋利，能很快地把蘑菇掏出一个洞来，造成的破坏十分明显。

根据被啃啮的蘑菇上所留下的咬痕和掉下来的蛀屑，我们很容易就能分辨得出残羹剩饭是哪一位食客所留下的。它们有的会在蘑菇里挖出洞壁清晰的隧道，有的则是无沟挖槽，有的则专门腐蚀食物内部而表面又不留任何的痕迹，有的是专门切割食物。另一类蘑菇食客是液化者，专门靠化学作用腐蚀蘑菇，溶解食物，而这都是双翅目昆虫的幼虫所为；这些幼虫属于蝇科的贱民，品种繁多。我们干脆就把它们统称为蛆虫吧。

我选用撒旦牛肝菌作为蛆虫们的开发物，看看它们到底是如何进行工作的。撒旦牛肝菌是最大的菌种中的一种，我住处附近，可以说是俯拾皆是。这种菌类的菌盖呈白色，盖面上显得脏兮兮的；菌管口呈鲜艳的橘黄色；菌柄肥厚，有如鳞茎，并有美丽的胭脂红筋络。我取出一个长得很好的撒旦牛肝菌，切成均等的两半，放在两个并排放着的盘子里。其中的一半是作为参照物放在盘子里的，而另一半的菌管层上放了二十四条蛆虫，是从一个已完全烂掉了的牛肝菌上弄到的。

当天，这个试验物就显示出来蛆虫的巨大的溶解作用。牛肝菌的表面先是变成了鲜红色，管状层变成了棕色，渗出来的液体像黑色钟乳石似的垂挂在斜面上。接着，菌肉也很快就受到了侵蚀，没几天，就变成了如同沥青似的糊状物，像水似的可以流淌。蛆虫在这糊状物里蠕动着，屁股一拱一拱的，尾部的呼吸孔不时地要露到糊状物的表面上来。这与灰蝇和蓝蝇的蛆虫液化尸体的方法像是同出一辙。

作为参照物的另一半，因为没有放进蛆虫，仍旧好好地放在那只盘子里，与开始一模一样，没有变质，只不过因蒸发作用，失去了水分，表面显得干燥而已。因此，可以说，液化是蛆虫的杰作，是它们的专利。

人们不禁会问，液化是不是一种简单的变化过程？我们一开始看到在蛆虫的作用下，固体很快就变成了液体，自然而然地便会作如是想。尤其是其中有几种菌，液化得很快，譬如担子菌，它会自发地发生液化，变成一种黑色液体，其中的一种名为“墨盒担子菌”的菌种，更是如此，能够自动地液化成墨水。

在某些情况之下，液化确实很快。有一天，我从一个菌托上取下了一个长得很漂亮的担子菌，对它进行素描，但是，我尚未完工，这个刚采下来还不到两个小时的鲜蘑模型就已经不成其形，化为一摊墨汁，摊在了桌子上。

不过，不能以此类推，认为其他菌类的液化过程也很快。其实不然，尤其是牛肝菌，它绝不会转瞬即逝的，它是可以加以储存的。牛肝菌味道鲜美，颇受青睐。我便用可食用的牛肝菌来进行实验。我心里暗想，也许能够从这牛肝菌中提取一种可以用作调味品的李比希味素来吧。因此，我把食用牛肝菌切成了小块，一部分放在清水里煮，另一部分放在加了小苏打的水里去煮。加工过程费时两个钟头，但是，长时间地放在沸水中煮，甚至是放在加了小苏打的沸水中煮，都没有损毁食用牛肝菌。可是，双翅目昆虫的幼虫轻而易举地就迅速地使之变成了流质，如同肉蛆虫把蛋白变成液体一样。这两种液化过程都是悄悄地进行的，也许是依靠特殊的蛋白酶在起作用。不过，在这两种液化过程中，所使用的酶也许是不同的。肉食液化器使用的是一种蛋白酶，而牛肝菌液化器使用的是另一种蛋白酶。

现在，盘子里装满了一种黑乎乎的流质，稀得很，很像沥青。如果任由水分蒸发掉，这稀糊糊就结成硬块，而且一弄就碎，如同甘草提取物一样。幼虫和蛹嵌于这硬块中，无法脱身，悉数死去，化学剂给它们带来了死亡的命运。当侵蚀在地面上发生时，情况就大不相同了。滴在地上的液体被地面吸收，里面的蛆虫们自然而然地也就逃离了厄运，获得了自由。蛆虫在紫色牛肝菌和撒旦牛肝菌上的作用所产生的结果是相同的，也就是说，最终见到的是一种黑色稀糊糊。值得注意的是，这两种菌切割开之后，特别是把它们压碎之后，会变成蓝颜色，而食用牛肝菌切开之后肉色保持不变，仍是白颜色，但被蛆虫液化之后所形成的液汁则是浅褐色的。我又用毒蝇菌做了实验，结果变成了粥状物，像杏酱似的。通过不同的菌类所做的实验，我发现了一条规律，即所有的菌类在蛆虫的液化之下，都会变成糊状物，只是稀稠有所不同而已，而且颜色上也有所区别。

那两种长着红色菌管的牛肝菌——紫牛肝菌和撒旦牛肝菌，为什么会变成黑黑的稀糊糊呢？我好像知道了缘由。这两种菌都变成了蓝色并夹杂着绿色。第三种蓝色牛肝菌颜色的变化尤为明显，稍许受到点磕碰，碰破的地方立即起皱，开始时是纯白的，然后就变成了漂亮的蓝色。我曾把这种牛肝菌置于二氧化碳中，即使我把它弄破，压碎，碾挤成浆，蓝色也不会出现。然后，我把压碎的牛肝菌取出一些来放到空气中，漂亮的蓝色立刻就出现了。由此可见，这些菌中含有着一种在空气中易变的颜料，这可能就是牛肝菌被蛆虫液化后发黑的原因之所在。其他的一些菌类，如肉质呈白色的食用牛肝菌，被蛆虫液化后就不会变成沥青色。所有那些切开后变成蓝色的牛肝菌，恶名远扬，臭名昭著，用撒旦这个名字冠之，听了就让我胆寒。但是，衣蛾与蛆虫却与人类持有不同的看法，它们偏偏十分喜爱令我们恐惧的那些菌类。令我不解的是，它们对那些撒旦牛肝菌情有独钟，但对人们认为极其美味的菌类都绝不食用。譬如最有名的食用红鹅膏菌，那可是古罗马帝国时期的罗马人、古代的美食家所津津乐道的，但它们却对这些被称之为恺撒伞菌的美味嗤之以鼻。在我们所食用的菌中，这种伞菌是最漂亮的一种。当它欲破土而出时，它像是一个卵形小球，整个儿地被菌托包裹着，十分美丽。随后，这个卵形小球缓慢地裂开来，从星形的开口处可看见一部分漂亮的橘黄色球体，如同煮鸡蛋似的。剥去外壳，剩下的囊袋中的伞菌，宛如剥去蛋壳的蛋。初生的伞菌如同一个上端剥去了部分蛋白，露出一点点蛋黄的鸡蛋，因此而被通俗地称之为“卢胡塞迪鸟”，意为“蛋黄”。不久之后，伞盖完全张开，平展展的，手感柔软如丝绸，看着比金苹果还绚丽，在玫瑰色的欧石楠丛中显得尤为美丽动人。

但是，蛆虫却偏偏不吃这种漂亮的恺撒伞菌。我没少在野外观察，却从未发现有被虫子咬过的红鹅膏菌。我还做了实验，把蛆虫关在大口瓶里，只向它们提供捣得如苹果酱似的红鹅膏菌，可是，它们却宁可饿着，也绝不去吃。

尽管如此，这种幼虫害怕去吃的漂亮伞菌还是遭到了损坏，但并不是幼虫所为，而是被一种真菌——红色不完全菌所破坏。这种真菌使蘑菇身上出现紫红色斑点，随即腐烂。至于是否有别的什么昆虫在祸害这种红鹅膏菌，我可从未发现过。

还有一种红鹅膏菌，菌盖边缘有美丽的花纹，也是一种美味食物，几乎与红鹅膏菌并驾齐驱。我把这种菌称为小灰菌，因为它通常呈灰色，无论是蛆虫还是更加胆大的衣蛾，都从不敢碰它。豹皮鹅膏菌、春鹅膏菌和柠檬黄鹅膏菌都是毒菌，也同样被蛆虫和衣蛾所拒绝。

总而言之，无论是有毒的还是无毒的鹅膏菌，所有蛆虫均一概排斥，顶多是蛞蝓偶尔咬上这么一口。为了符合蛆虫的胃口，是不是需要某种介于柔嫩的牛肝菌和坚硬的乳菇之间的中性物呢？我们不妨来看看橄榄树伞菌，这是一种漂亮的枣红色菌。这种菌在老橄榄树下十分常见，故此得名，但是，我在黄杨树下、圣栎树下、李子树下、柏树下、杏树下、绣球树下，也都采到过这种菌。因此，它似乎对赖以生长的树木的性质并无苛求，它与其他菌类的明显区别在于，它会发出磷光。这磷光是从它的底面发出来的，如同萤火虫尾部在发光一样。它之所以闪闪发光，是为了庆贺婚礼和撒播孢子。这与化学家所说的磷无关；这是一种缓慢的燃烧，是一种比正常状态下的呼吸更急促有力些的呼吸。这种光在不适于呼吸的氮气、二氧化碳中就会熄灭，而只有在流通的空气中它才会持续地放光。另外，这种所谓的光极其微弱，只有在很暗很暗的地方才能感觉得出来。夜晚时分，甚至是在白天，在黑暗的地窖里先待上一段时间，再去看这种伞菌，真的是非常好看，它所发出的光犹如皎洁的月色。

蛆虫对这种伞菌会是什么态度呢？它们会不会被这种伞菌的美丽的光所吸引呀？不，绝对不会。蛆虫、衣蛾和鼻涕虫从不去碰发光的蘑菇。看来，蛆虫们是否吃某种蘑菇，与蘑菇是否有毒，是否漂亮，并无关系。我想，我也没有必要继续去做实验了，再做实验，我也无法获得准确的答案。昆虫看来无法告诉我们什么蘑菇有毒，什么蘑菇无毒，哪种蘑菇好吃，哪种蘑菇危险。昆虫的胃并不等同于我们人的胃，我们认为有毒的蘑菇，它们可能认为是美味佳肴，而我们认为鲜美的蘑菇，它们则可能会认为是有毒的。我们经常会到林间去采蘑菇，那么，如何去区分哪种有毒哪种无毒呢？

其实，区分的方法也很简单。我在塞里昂都住了有三十年之久，这儿的人喜食蘑菇，常去林中采摘，可我还从未听到过有谁吃蘑菇中毒的。我有时还在树林中翻看邻居们采摘的蘑菇，经常会看到一些令真菌学家极其反感的蘑菇。有一天，我对一位采摘了紫牛肝菌的邻居指明了这种蘑菇的危险性。他竟然睁大了眼睛，惊讶不已地对我说："您说狼面包①有毒！算了吧，先生，这可是牛精髓呀，是货真价实的牛精髓呀。"他觉得我少见多怪，不以为然地走了。

---

① 当地人把牛肝菌称为"狼面包"。

另外，在有的人的采摘篮里，我还发现了环状伞菌，研究真菌的专家认为这种菌有剧毒。可是，我的邻居们却常常采摘环状伞菌去吃。这种伞菌生长茂盛，尤以桑树下为多。我还在这些采摘者们的篮子里发现过危险的诱惑者撒旦牛肝菌、如羊乳菌一般辛辣的带乳菌和光头鹅膏菌。光头鹅膏菌有一个从菌托中绽开的漂亮的菌盖，边缘镶着一些粉渣，如同蛋白片末似的，有着一股肥皂味，很不好闻，令人起疑。

村民们如此放心大胆地采摘，就一点也不害怕吗？那他们是如何防止中毒的呢？在我们的这个村子以及远处的一些村庄，村民们通常要把采摘回来的蘑菇漂一漂，也就是放入沸水中去焯一下，水中放上一点盐。然后，把焯过的蘑菇浸入冷水中，清洗干净，就算完事大吉了。经过这么热处理和冷处理，即使是毒蘑菇，其有害成分也被去除掉了，有毒变为无毒了。因此，我也仿效了他们。从自己的经验来看，这种农村土方法还是挺有效的，我们一家也喜食蘑菇，也经常食用那种被认为毒性很强的环状伞菌，经过沸水处理，用这种蘑菇做出来的菜肴，鲜美至极。另外，经如此处理而制作成菜的光头鹅膏菌，也经常出现在我家的餐桌上。如果不做如此处理，那要是吃了这种蘑菇，就会有危险了。我还尝试过被那位采蘑菇的邻人称之为牛精髓的蓝色牛肝菌，特别是紫色牛肝菌和撒旦牛肝菌。此外，豹皮鹅膏菌我也尝试过，书中把这种菌说得糟糕透顶，绝不可食用，但我尝试过后，并无不良反应，我的一位学医生的朋友听我介绍了这种加工方法之后，也做了尝试，他选用了与豹皮鹅膏菌同样恶名在外的西特里那鹅膏菌。他一点问题也没有，安然无恙。我还有一位盲人朋友，他也按照我所说的方法，加工了橄榄树伞菌，那可是人人谈之色变的一种菌类，但他吃了也没遇到任何问题。从以上的一些事实可以看出，先用沸水把蘑菇焯一下，是防止食用蘑菇中毒的非常管用的方法。

但是，有人也许会对这种土方法嗤之以鼻，把它斥之为“野蛮烹调法”。

他们会说，把蘑菇放进沸水中，岂不把它煮烂了，都成酱了？起码，经沸水这么一煮，蘑菇的鲜味就全没有了。这种看法荒谬至极，因为蘑菇很经煮。我曾说过，我想从牛肝菌中提取溶液，却无法使之溶化，即使长时间地浸在水中煮，还在水里加了小苏打，都未能遂愿，一无所得。另外的一些个头儿很大，很适合做菜的蘑菇也同样是非常经煮。

关于蘑菇的鲜味问题，我敢保证，一点儿也不会丢失，其香味也没少一丁点儿，而且，煮过的蘑菇更加好消化，对于一种难以消化的菜来说，这一点至关重要。因此，在我们家里，已经习惯于先把采摘来的蘑菇放在水里煮一煮，即使鹅膏菌也被我们做了如此的处理。

我并不讳言，我是个外行，是个野蛮人，不太容易受到美味食物的诱惑。但是，我所关注的并不是美食家，而是普通的人，尤其是农村田间的劳动者，我希望这样简单的烹调方法能得到普及，当普通人学会了这种鉴别蘑菇是否有毒的简单方法，也就是处理有毒蘑菇的简单方法，我想我会因为我的研究得到了运用而倍感欣慰的。

燕子与麻雀

燕子与麻雀属于鸟类，而不是昆虫，但是，在我所生活的这个地区，它们又是最常见的鸟类。我想，在别的地方，它们想必也是最常见的鸟儿。它们与人朝夕相处。所以，我心血来潮，在观察研究昆虫的同时，又想到了它们。每天，我睁开眼来，便会看见它们，听见它们叽叽喳喳的叫声。

在介绍昆虫的时候，我总是不吝笔墨地要讲述它们的窝巢。那么，燕子在哪儿搭窝筑巢呢？特别是在窗户和烟囱发明之前，燕子把自己的巢建于何处？在瓦屋顶和有窟窿的墙壁出现之前，麻雀会为它的家人选择什么地方作为栖息之处呢？

大卫王①早就说过，就这样在屋里孤孤单单地度过。从大卫王的时代起，每年盛夏炎热的季节到来时，麻雀就躲到屋檐瓦片下，悲悲切切地不停地叽叽喳喳个没完，直到如今，它们依然如故，秉性难改。那时候的建筑与我们今天的建筑区别不大，起码对麻雀来说，

① 大卫王（公元前1010—前970）：希伯来人的第二位国王。据传说，他是《圣经》的部分诗篇的作者。

都同样舒适，所以说，麻雀早就以瓦片为栖息藏身之所了。但是，当巴勒斯坦人只是以驼毛来织布、做帐篷的时候，那麻雀又会飞到何处去藏身呢？

大诗人维吉尔向我们讲述了善良的艾万德①，他在其向导——两条高大的牧羊犬——的引导下，来到了他的主人埃涅阿斯②的身旁。维吉尔让我们看到大清早就被鸟儿的歌唱唤醒了的艾万德：

陋室中的艾万德，听到鸟儿欢唱，他高兴地醒来了。

这些鸟儿从曙光初现时起就在拉丁姆③老国王的屋檐下叽叽喳喳的，它们是什么鸟儿？据我所知，只有两种：燕子与麻雀。它们都是我的隐居所的报晓钟，而且十分准。艾万德的宫殿没有一点奢华陈设，诗人维吉尔已经告诉了我们。那是一间陋室，一张小熊皮和一堆叶子就是显赫的客人的睡榻。艾万德的卢浮宫只是一间比其他茅屋陋舍稍许大这么一点的陋室，也许是由树干垒成的，也许是芦苇秆、黏土和泥砌成的，屋顶也就是用一些茅草覆盖着而已。但是，居住条件虽然十分简陋、寒碜，非常原始，燕子和麻雀却并不嫌弃，仍旧在此筑巢搭窝，起码诗人维吉尔为我们证实了这一点。但是，它们在以人类居所为栖息处之前，又住在何处呢？

麻雀、燕子以及其他动物，在筑巢时，不可能依赖于人类的建筑工艺；每一种动物都应该具备一门生命攸关的建筑技艺，以便最大限度地充分利用可使用的场地。

---

① 艾万德：古罗马传说中的英雄，是众神使者墨丘利与一位村中仙子之子，维吉尔在《埃涅阿斯纪》中将他写成埃涅阿斯的盟友。

② 埃涅阿斯：古罗马起源传说中的特洛伊王子，古罗马缔造者的祖先。维吉尔的长篇史诗《埃涅阿斯纪》即以此为蓝本。

③ 拉丁姆：意大利东部地区，在第勒尼安海边。

麻雀首先告诉了我们，在尚未有屋顶和墙壁的年代，它是如何搭窝建巢的。它就是利用树洞来作为其栖息之所的，因为树洞较高，可以避开不速之客的骚扰，而且树洞洞口狭窄，雨水打不进来，但洞中却别有一番洞天，宽敞得很，因此，即使后来有了屋檐和旧墙，它仍旧对树洞情有独钟。中空的大树因而便成为麻雀在利用艾万德的陋室和大卫建在丝隆①岩石上的城堡之前的第一宅第。

更令人惊叹的是它筑巢时所使用的材料。它的那张床垫可谓形状怪异，由一堆乱七八糟的羽毛、绒毛、破棉絮、麦秸秆等组成，这就需要有一个固定而又平展的支撑物来支撑。这种困难对麻雀来说，简直是小事一桩，它会想出一个大胆的方案来：它打算在树梢上，仅用三四根小枝丫作为依托，建窝搭巢。它的这个窝巢悬于半空中，摇摇晃晃的，要想让它不掉下来，可得具有高超的建筑技艺呀！它必须掌握编织技艺中的整经工、篾匠和织布工的绝技，但它成功了，它所搭建的窝巢很牢固，不会掉落下来。

它在几根枝丫的树杈间把所能找到的东西——碎布头、碎纸片、绒线头、羊毛絮、麦秸秆、干草根、枯树叶、干树皮、水果皮等——全都聚拢在一起，做成了一个很大的空心球，一旁有一个小小的出入口。这个球形窝体积庞大，因为它的穹形窝顶需要有足够的厚度来抵御瓦片所阻挡不住的雨水。这个窝布置得很乱，没有一定之规，没有艺术性，却非常结实，能够经受得住一季的风吹雨打。如果找不到合适的树洞，麻雀就只好不辞劳苦地一点一点地搭建自己的窝巢。我家屋前有两棵高大的梧桐树，住所被浓阴遮蔽，树枝垂及屋顶。整个夏季，麻雀都飞到这儿来栖息，生息繁衍。梧桐树交相掩映的碧绿枝叶，是麻雀飞出其家屋的第一站。小麻雀在能够飞翔觅食之前，总是在这第一站叽叽喳喳地叫个不停；吃得肚子滚

① 丝隆：耶路撒冷的一座山丘名，通常用来指耶路撒冷。

圆的大麻雀从田间回来也先在此歇息；成年麻雀经常在这儿开“碰头会”，照管家中刚刚出巢的小麻雀，一边训诫不听话的孩子，一边鼓励胆怯的孩子；麻雀夫妇常在这儿吵嘴；还有一些麻雀常在此议论白天所发生的事情。它们从清晨一直到傍晚，络绎不绝地在梧桐树和屋顶之间飞来飞去。然而，十二年中，我仅见过一次麻雀在树枝间搭窝的。我见到一对麻雀夫妇在忙碌着，辛辛苦苦地在一棵梧桐树上搭建空中巢穴，但是，它们好像对自己的劳动成果并不满意，因为第二年我就没看见它们再搭了。瓦屋顶提供的庇护所既牢固又省力，何必再费心劳神地去搭建什么空中楼阁呢？看来，麻雀们更加偏爱这种省时省力而又牢固的屋檐下的窝巢。

麻雀搭窝的原始艺术我们已有所了解了。现在，我们再来看看燕子是个什么样的情况。经常光临我家的燕子有两种：窗燕（城里的燕子）和烟囱燕（乡间的燕子）。这个名字不知是什么人发明的，简直俗不可耐，而且也很不准确。难道窗子只有城里人家里才有？烟囱只有乡下人家才有？怎么可以用窗子或烟囱来区别城里的燕子和乡间的燕子呢？这是很不准确的。因此，为了符合我所在的地区的燕子的习性，我把前一种燕子称为“墙燕”，后一种燕子称为“家燕”。这两种燕子所搭建的窝巢的外形有明显的区别。墙燕的窝巢呈球形，只留出一个狭窄的小洞作为出入口；家燕则将自己的窝巢筑成一个敞口杯状。

关于筑巢的地方，墙燕因不像家燕那样亲近人，所以从不选择住宅的内部。它喜欢把自己的窝巢搭建在户外，支撑物很高，避免受到不速之客的骚扰，但是，与此同时，这个窝巢又必须能避免被雨水打湿，因为它的泥巢与长腹蜂的巢穴一样地怕潮湿，因此，它更喜欢在屋檐下和建筑物的突饰底下搭窝建巢。每年春天，墙燕都会来我家拜访。它们喜欢我家房屋，因为屋子房檐向前伸出有几排砖那么宽，屋檐拱曲成半圆形。所以，大家可以看到，我家屋檐下有一长串排列成半圆形的燕子窝，屋顶突出的砖石为它们遮挡住了风雨，朝南的一面又可以接受阳光的沐浴。这一长串燕子窝，既整洁又安全，形状全都相同，唯一的缺憾是燕子不知选择哪个隐蔽所栖息为好。

除了我家屋檐以外，就只有教堂那气派的建筑物的突饰底下是它们的隐蔽之所了，我在其他地方再没见到有燕子窝。

另外，陡峭的岩壁就是天然的一堵墙壁，燕子如果发现岩壁上有一些凌空突出的凸岩，可以遮风避雨，它们肯定会在那儿筑巢建窝的，因为这儿与我家屋檐几乎功能相同。鸟类学家知道，在深山老林、人烟稀少的地方，墙燕就会在山岩峭壁上筑巢搭窝的，条件就是它的球形泥巢能在凸岩下保持干燥，不会受潮。

我家前面不远处，就是吉贡达山脉，其形态是我见过的最奇特的。山峦连绵、陡峭、倾斜，在山顶上连站都站不住。只有一面坡度较缓，那也得手足并用，攀缘而上。其中有一处陡峭悬崖，下面有一个裸露着的宽大岩石平台，如同巨人族泰坦人的城墙。平台上是陡直的山脊，如锯齿一般。有一天，我跑到这块巨石底部采集植物标本，突然间，我猛然一抬头，发现裸露的石壁前有一大群的鸟儿在盘旋。我仔细一看，竟然是墙燕。它们在平静地飞来飞去，腹部白白的，岩石上附着有球形的窝巢。我对自己的新发现感到十分欣喜，因为我终于从书本以外的地方了解到，如果没有建筑物的突饰和屋檐可供其栖息，墙燕会在笔直的岩石壁上筑巢的。由此可见，在人类建筑诞生之前，燕子就已经会筑巢建窝了。

至于家燕，则比墙燕更加信赖热情好客的人类。另外，也许是怕冷的缘故，它们往往要把自己的窝巢筑于住宅的房屋内。在迫不得已的情况之下，窗洞和阳台也可凑合当作筑巢地点，不过，它们喜欢库房、谷仓、马厩和废弃的屋子。它们喜欢与人共居一处，它们与长腹蜂一样，不害怕占据人的地盘。它们在农家厨房里安营扎寨，在被农家烟火熏黑了的搁栅上建窝；它们甚至比有些昆虫更具有冒险精神，斗胆地把主人家的客厅、卧室、储藏室，以及一切像模像样、进出方便的处所都变成了自己的家。

为了防止它们肆无忌惮地侵占我的家园，每年春天我都要自觉自愿地把我家的库房、地下室的门廊、犬舍、柴房以及其他一些零散小屋拱手献给它们。有时，它们竟然贪心不足，连我的书房也要侵占。有时候，我连窗户都不敢打开，因为它们会把窝筑在窗帘的金属杆上以及窗子的窗扇边上。有一次，因为窗户开着，它们就飞来筑巢了。当它们铺好第一块草垫时，我毫不客气地把它掀掉了，我是想告诉它们，把窝筑在窗扇上是十分危险的，因为窗扇要经常地开开关关的，会把它们的窝给碾坏，窝里的雏燕会被碾死，但是，它们根本不听我的劝告，一意孤行，我只好整天地关着窗子，不让它们飞进来。

有一次，我因为掉以轻心，让它们乘虚而入了。它们竟然把窝筑在天花板与墙所形成的一个角落里，就在天花板的石膏线上。燕子窝下面正对我的大理石托架，架子上放着我经常需要查阅的书籍。我担心燕子窝里有脏物掉落，弄脏书籍，便把托架上的书挪开了。直到雏燕孵出之前，大家相安无事，太太平平；但是，等雏燕孵出之后，事情就来了。它们的肚子像是无底洞，食物从中穿肠而过，很快就被消化、分解了。孵化出来的一共是六只雏燕，它们一个劲儿地、几乎片刻不停地在拉，粪便似雨点般飞洒到托架上，简直是难以忍受。幸亏我有先见之明，把书都弄到别处去了，否则，这些书就没法查阅了。我又洗又擦，但鸟粪味仍弥漫在书房中，祛之不尽。

另外，书房晚间通常都是关着的，而雄燕晚上在屋外过夜；等到雏燕们渐渐长大一些，雌燕也睡到屋外去了。这么一来，每天清晨，天刚破晓，燕子夫妇便等在窗口，进不了屋，见不着儿女，十分伤心。为了不让这对夫妇如此伤心，我只好强打起精神，揉着眼睛，披上衣服，进书房开窗，放它们进屋探看儿女。

我们不难看出，这种窝巢似半口杯形的燕子完全可以称为“家养的”，可以称之为“家燕”，也就是说，它们是栖息在我们室内的。这么一来，我不禁又要问了，如同对麻雀与墙燕所产生的疑问一样：在入居屋宇之前，它们又是在哪儿栖息的呢？据我孤陋寡闻，它们除了以我们的住所为隐蔽所以外，我还从未见过它们在其他地方筑过窝巢。我查阅过一些书籍，但都没有得到有关这一问题的答案。没有一本书提到过中世纪领主们的小城堡，没有提到过除了平民百姓的住所而外，燕子曾在这些小城堡中栖息繁衍过。是不是燕子与人相处融洽，而且相处日久，在百姓住所寻找到了安逸舒适，忘了自己的古老习惯了。我对此并不相信，因为我觉得，动物习俗一旦养成，是并不会遗忘的，到了必要的时候，它就会记起来的。现在，在一些地方仍然有一些燕子并不依赖于人类，而是独立自主地在生活着，如同它们处于原始时代一样。对于燕子来说，归根结底，我们的住所意味着什么呢？意味着可以抵御风雨严寒，尤其是可以使其泥巢不受雨水浇淋，不致潮湿。天然的岩洞、洞穴和岩石崩塌所形成的坑洞，都可以成为它们的栖息之所，顶多也就是脏一点，舒适程度差一点，但毕竟还是可以栖身的。毫无疑问，在人类居所尚未出现时，它们就是在上述那些地方隐居的。与毛象和驯鹿同属一个时期的人类，过的也曾是岩石下的穴居生活，所以人类与燕子的亲密关系也许就始于那个时期。后来，渐渐地，茅屋代替了洞穴，简陋的小屋又代替了茅屋，最后，瓦宇房舍又代替了茅屋陋舍；而鸟儿的筑巢地点也同样地随之发生了变化，也逐步地升级换代，最后，燕子跟随着人们迁入到十分舒适的屋宇中来。

意大利蟋蟀

我们这儿见不着面包铺和乡间灶屋间的常客的那种家蟋蟀。不过，如果说在我们村子里壁炉石板下面的缝隙里没有蟋蟀的叫声的话，那么作为补偿，夏夜的田野里却响着美妙的歌声，那是北方所不常听到的。春季里，阳光灿烂时，田间地头的蟋蟀便唱起了交响曲；夏日里，在夜阑人静时，则有树蟋蟀，或称意大利蟋蟀在鸣唱。一个是昼间蟋蟀，一个是夜间蟋蟀，它们平分那美妙的季节。在前者停止歌唱期间，后者便开始唱起小夜曲来。

意大利蟋蟀没有黑色外套，而且体形也无一般蟋蟀那种粗笨的特点。恰恰相反，它细长、瘦弱、苍白，几乎全白，正适合夜间活动的习惯要求。你捏在手里都生怕把它捏碎。它在各种小灌木上，在高高的草丛中，跳来蹦去，很少待在地上生活。从七月一直到十月，它们日落时分开始歌唱，一直唱到大半夜，是一场悦耳动听的音乐会。

这儿的人们都非常熟悉这种歌声，因为无论多小的荆棘丛中都有这种交响乐的演唱者。它们甚至还在粮仓里歌唱，那是因为运草料时把它们夹带了来，使它们迷了路径，无法回返。这种苍白的蟋蟀习俗神秘，所以谁也不确切地知晓是什么蟋蟀唱出的这么好听的小夜曲的，人们误以为是普通的蟋蟀唱的，可是这个季节普通蟋蟀尚小，还不会歌唱。

意大利蟋蟀的歌声是“格里—依—依”“格里—依—依”这种缓慢而柔和的声音，唱起来还微微发颤，使歌声更加悦耳动听。你一听就会猜想到它的振动膜是极其细薄而宽大。如果它待在叶丛中无人惊扰的话，它的声音就不会变化，但稍有动静，这位歌手便立即改用腹部发声。你刚才听见它一直在你面前歌唱，可突然间，你听见的是它在那边二十步开外的地方继续鸣唱，但音量减弱了，你还以为是距离使然。

你跑过去，但什么也没发现，声音仍旧是从原来的地方发出来的。还不仅仅如此。这一次声音是从左边传来的，也许是从右边或者是从后面传来的。你完全给弄糊涂了，无法凭借自己的听觉去辨别蟋蟀到底是在何处鸣叫的。你必须提着提灯，而且要极有耐心，还得小心翼翼，不出任何响动，才能在灯光的帮助下捉到这个歌唱家。我就如此这般地捉到了几只，放进笼中，从而多少了解了一点点迷惑我们听觉的演唱家的情况。两片鞘翅都是由一片宽大的半透明干膜构成的，薄如一片白色洋葱片，能够整个儿地震颤。鞘翅状如圆的一端，上端略小。圆的这一端按一条粗重纵翅脉折成直角，再以鞘翅凸边沿体侧往下，在蟋蟀休息时，包住其身体。

右鞘翅覆盖在左鞘翅上。右鞘翅内侧靠翅根处有一块胼胝，辐射出五条翅脉，两条冲上，两条往下，而第五条几乎呈横向，略微泛红，是基本部件，也就是琴弓，这从其上横向的细锯齿一看便知。鞘翅的其他地方还有几条不太粗的翅脉，功用在于绷紧薄膜，但不是摩擦器的组成部件。

左鞘翅，或者说下鞘翅，结构与右鞘翅相同，但区别在于琴弓、胼胝以及由胼胝辐射出去的翅脉位于上部表面。此外，我们还可以看到左右两把琴弓呈斜向交叉。

当蟋蟀放声歌唱时，左右鞘翅高高地竖起，宛如一张薄纱船帆，只是内边缘相互接触。这时候的左右两把琴弓是彼此斜着咬合着的，它们相互摩擦便使得绷得紧紧的薄膜产生强烈的震颤。

根据每把琴弓是在另一个鞘翅的胼胝（其本身也是粗糙的）上还是在四条光滑的辐射翅脉中的一条上摩擦，蟋蟀发出的声音则有所不同。这也许部分地解释了为什么胆小的蟋蟀怀疑遇到危险时会用声音迷惑我们，让人觉得声音发自前后左右，难以捉摸。

声音的强弱、响亮、沉闷变化，使人产生距离上的错觉，这是蟋蟀这个腹语者的高超艺术手段，而这种错觉的产生还有另一个原因，这很容易发现的。声音响亮时，鞘翅是完全竖起的；声音沉闷时，鞘翅则多少有点下垂。当鞘翅处于下垂状态时，其外侧边缘不同程度地压在蟋蟀柔软的侧部，从而减小了振动部分的面积，声音也就随之变小。

用手指触摸敲响的玻璃杯，它便声音发闷，仿佛是从远处传来。灰白色蟋蟀深谙这个声学奥秘。当有人去捉它时，它便把振动片的边缘压在柔软的肚腹上，使人不知它身在何处。我们的乐器有制振器、消音器，意大利蟋蟀的制振器、消音器可与之媲美，而且结构简单，功效奇佳，胜我们一筹。

田间地头的蟋蟀及其同类昆虫也使用这种消音办法，把鞘翅边缘压在肚腹或高或低处，以减轻振动，但是它们中没有谁能像意大利蟋蟀的本事那么大，能产生如此神奇的效果。

我们的脚步声一靠近，哪怕是极轻极轻的，蟋蟀就会用这种办法对付我们，使我们产生错觉。除此而外，它的声音还非常纯正，带有柔和的颤音。仲夏夜，万籁俱寂时，还有哪种昆虫的鸣叫胜过意大利蟋蟀的？那么优美，那么清脆。我不知有多少次，席地躺在迷迭香花丛中躲着，偷听那美妙迷人的音乐演唱会啊！

我的花园里夜间歌唱的蟋蟀非常多。每一簇红花岩蔷薇都有其合唱队员，每一束薰衣草中也都有自己的乐队。那枝繁叶茂的野草莓树丛，那笃耨香树丛，都成了蟋蟀们的演唱场地。这个小天地中的小生物们以自己那优美清亮的声音在彼此探问，相互应答，或者可以说是对别的歌手无动于衷，只是自顾自地抒发自己的情怀。

高处，我头顶上方，天鹅星座在银河中在伸长它那巨大的十字架；下方，就在我的四周，蟋蟀在演唱交响曲，此起彼伏，抑扬顿挫。唱出自己欢乐心声的这些小小的生命使我忘记了群星璀璨。天空中的那些眼睛平静冷漠地眨巴着，在看着我们，可我们对它们却一无所知。

科学告诉我们它们离我们有多远，它们的速度有多快，它们的体积有多大，它们的质量有多重，还告诉我们它们不计其数，令我惊愕不已，但是这并未使我们有一丁点儿的激动。为什么？因为科学缺少了那个巨大的秘密，即生命的秘密。天上有什么？太阳在温暖着什么？理性告诉我们说，有一些类似于我们的世界，有一些生命在其间进行无穷变化的大地。

这种宇宙观可谓宏大无比，但只是一种观念而已，并没有确凿的根据。确凿的事实才是至高无上的，是看得见摸得着的。所谓“可能”，甚至“极其可能”，都不是“明显”，并不是显而易见、无懈可击的。

可我的蟋蟀们却是我的伴侣，它们使我感到了生命的颤动，而生命正是我们的灵魂。正因为如此，我才身子倚着迷迭香树篱，只是心不在焉地随意向天鹅座瞥上一眼，我的全部心思都集中在你们那小夜曲上了。

一小块注入了生命的能感受苦与乐的蛋白质，远远超过庞大的无生命的原料。

田野地头的蟋蟀

谁想观看蟋蟀产卵都用不着做什么准备工作，只要有点耐心就行。布丰①说，耐心是一种天赋，我却谦虚地称之为观察者的优秀品质。四月份，最迟五月份，我们给它们配对，单独放在花盆里，放一层土，压实。食物只是一片莴苣叶，要常常换上新鲜的。花盆上盖上一块玻璃，以防它们跳出来跑掉。

这种装置简单有效，必要时还可以加一个金属网罩，那就更加高级了，这样我们就可以获得一些极其有趣的资料了。我们以后再谈这些。眼下，我们要盯着看它产卵，必须时刻警惕着，不让有利时机溜掉。

我持之以恒的观察有了初步满意的结果是在六月的第一个星期。我突然发现母蟋蟀一动不动，输卵管垂直地插入土层里。它并不在意我这个冒失的观察者，久久地待在那同一个点上。最后，它拔出输卵管，漫不经心地把那小孔洞的痕迹给抹掉，歇息片刻，溜达了

---

① 布丰（1707—1788）：法国博物学家、作家、进化思想的先驱者，著有《自然史》。

一会儿，随即便在其花盆内它的地界儿里继续产卵。它像白额螽斯一样重复干着，但动作要慢得多。二十四小时之后，产卵似乎结束了。为了保险起见，我又继续观察了两天。

于是，我翻动花盆的土。卵呈淡黄色，两端圆圆的，长约三毫米。卵一个一个地垂直排列于土里，每次产卵的数目不等，有多有少，相互靠紧在一起。我在整个花盆的两厘米深的土里都发现有卵。我用放大镜勉为其难地尽量数清土里的卵，我估计一只母蟋蟀一次产卵有五六百个。这么多的卵肯定不久就会被大大地淘汰的。

蟋蟀卵真像是个绝妙的小机械。孵出后，卵壳似一只不透明的白筒子，顶端有一个十分规则的圆孔，圆孔边缘是一个圆帽，作为孔盖用。圆帽并非由新生儿随意顶开或钻破的，而是中间有一条特别线条，闭合不紧，可自动启开。看卵孵出会挺有趣的。

卵产下之后大约半个月，前端出现两个又大又圆的黑黄点，那是蟋蟀的眼睛。在这两个圆点稍高处，在圆筒子的顶端，出现一条细小的环状肉。卵壳将从这儿裂开。很快，半透明的卵就能让我们看到婴儿那孵化中的小样儿。这时候就必须倍加小心，增加观察次数，尤其是早晨。

幸运垂青耐心的人，我的孜孜不倦终于有了报偿。稍稍隆起的肉在不停地变化着，出现了一拱就破的一条细线。卵的顶端被其中的婴儿的额头顶着，顺着那条细肉线抻着，像小香水瓶一样微微启开，分落两旁。蟋蟀便像小魔鬼似的从这个魔盒中钻出来了。

小魔鬼出来之后，壳儿还鼓胀着，光滑而完整，呈纯白色，圆帽挂在孔口。鸟蛋是由雏鸟喙上专门长着的一个硬肉瘤撞破的；蟋蟀的卵则是一个高级小机械，犹如一只象牙盒子似的自动启开。小蟋蟀额头一顶，铰链就启动，壳就张开了。小蟋蟀一脱掉身上的那件精细外套，浑身发灰，几近白色，立刻便与上面压着的土搏斗开来。它用大颚拱土；它蹬踢着，把松软的碍事的土扒拉到身后去。

它终于钻出土层，沐浴着灿烂的阳光，但它如此瘦小，不比一只跳蚤大，在弱肉强食的世界上经历风险。二十四个小时，它体色变化，成了一个漂亮的小黑蟋蟀，乌黑的颜色可与成年蟋蟀一争高下。原先的灰白色只剩下一条白带围着胸前，宛如牵着婴孩学步的背带。

它十分敏捷，用它那颤动着的长触须在探查周围空间；它奔跑，蹦跳，开心得很，以后体态发胖就没这么欢蹦乱跳的了。它年幼胃嫩，该给它吃些什么呢？我全然不知。我像喂成年蟋蟀一样，拿嫩莴苣叶喂它。它不屑吃它，或者也许是吃了点而我没看出来，因为它咬的印迹不明显。

不几天的工夫，我的十对蟋蟀大家庭成了我的一大负担。一下子就是五六千只小蟋蟀，当然是一群漂亮的小家伙，可它们都需要如何照料我却一无所知，这叫我如何是好。啊，我可爱的小家伙们，我将给予你们充分的自由，我将把你们托付给大自然这个至高无上的教育者。

我就这么办了。我找到花园里最好的一些地方，把它们这儿那儿地放生一些。如果它们一个个都活得很好，明年我的门前会有多么美妙动听的音乐会呀！但是，这美景并未出现，可能不会有什么美妙动听的音乐会了，因为母蟋蟀虽然大量产仔，但随之而来的是凶残的杀戮。幸存下来的很可能只有几对蟋蟀。

首先奔来抢掠这天赐美味、大开杀戒的是小灰壁虎和蚂蚁。尤其是蚂蚁这个可恶的强徒恐怕不会在我的花园里给我留下一只蟋蟀的。它抓住可怜的小家伙们，咬破它们的肚皮，疯狂地大嚼一通。啊！该死的恶虫！可我们一直把它视为第一流的昆虫呢！书本上在赞扬，对它还赞不绝口；博物学家们把它们捧上了天，每天都在为它们锦上添花；动物界同人类一样，让自己威声远扬的办法有千万种，但最可靠的办法则是损人利己，这是千真万确的道理。

谁都不了解弥足珍贵的清洁工食粪虫和埋葬虫，可吸血的蚊虫、长毒刺的凶狠好斗的黄蜂以及专干坏事的蚂蚁却无人不知无人不晓。在南方的村子里，蚂蚁毁坏房屋椽子的热情如同它们掏空一棵无花果树一样。我无须赘述，每个人都能从人类的档案馆中找到类似的例证：好人无人知晓，恶人声名远扬。

由于蚂蚁以及别的一些杀戮者的屠杀之无情，我花园中开始时数量多多的蟋蟀日渐稀少，使我的研究难以为继。我只好跑到花园以外的地方去进行观察了。

八月里，在尚未被三伏天的烈日烤干的草地上的小块绿洲的落叶中，我发现了已经长大了的小蟋蟀，与成年蟋蟀一样全身墨黑，初生时的白带子已经全褪去了。它居无定所，一片枯叶、一片砖瓦足可以遮风避雨，犹如不考虑何处歇足的流浪民族的帐篷一样。

直到十月末，初寒来临，它才开始筑巢做窝。据我对囚于钟形罩中的蟋蟀的观察，这个活儿非常简单。蟋蟀从不在其中的一个裸露地点筑巢，而总是在吃剩的莴苣叶遮盖着的地方做窝，莴苣叶代替了草丛作为隐藏时不可或缺的遮檐。

蟋蟀工兵用前爪挖掘，利用其颚钳挖掉大沙砾。我看见它用它那有两排锯齿的有力的后腿在蹬踢，把挖出的土踹到身后，呈一斜面。这就是它筑巢做窝的全部工艺。

一开始活儿干得挺快。在我的囚室的松软土层里，两个小时的工夫，挖掘者便消失在地下了。它还不时地边后退边扫土地回到洞口。如果干累了，它便在尚未完工的屋门口停下来，头伸在外面，触须微微地颤动着。休息片刻之后，它又返回去，边挖边扫地又继续干起来。不一会儿，它又干干歇歇，歇息的时间也越来越长，我观察的劲头儿也随之减低了。

最紧迫的活计完成了。洞深两寸，目前已够用了，余下的活计费时费力，得抽空去做，每天干点。天气日渐转凉，自己的身体在渐渐长大，巢穴得逐渐加深加宽。即使到了大冬天，只要天气暖和，洞口有太阳，也能常常看见蟋蟀在往外弄土，说明它在修整扩建巢穴。到了春光明媚时，巢穴仍在继续维修，不停地修复，直至屋主去世为止。

四月过完，蟋蟀开始歌唱，先是一只两只，羞答答地在独鸣，不久便响起交响乐来，每个草丛里都有一只在歌唱。我很喜欢把蟋蟀列为万象更新时的歌唱家之首。在我家乡的灌木丛中，在百里香和薰衣草盛开之时，蟋蟀不乏其应和者：百灵鸟飞向蓝天，展放歌喉，从云端把其美妙的歌声传到人间。地上的蟋蟀虽歌声单调，缺乏艺术修养，但其纯朴的声音与万象更新的质朴欢快又是多么的和谐呀！它那是万物复苏的赞歌，是萌芽的种子和嫩绿的小草能听懂的歌。在这二重唱中，优胜奖将授予谁？我将把它授予蟋蟀。它以歌手之多和歌声不断占了上风。当田野里青蓝色的薰衣草如同散发青烟的香炉，在迎风摇曳时，百灵鸟就不再歌唱了，人们只能听见蟋蟀仍在继续低声地唱着，仍在庄重地歌颂着。

现在，解剖家跑来粗暴地对蟋蟀说："把你那唱歌的玩意儿让我们瞧瞧。"它的乐器极其简单，如同真正有价值的一切东西一样；它与螽斯的乐器原理相同：带齿条的琴弓和振动膜。

蟋蟀的右鞘翅除了裹住侧面的皱襞而外，几乎全部覆盖在左鞘翅上。这与我们所见到的绿蚱蜢、螽斯、距螽以及它们的近亲完全相反。蟋蟀是右撇子，而其他的则是左撇子。

两个鞘翅结构完全一样，知道一个也就了解了另一个。我们来看看右鞘翅吧。它几乎平贴在背上，但在侧面突呈直角斜下，以翼端紧裹着身体，翼上有一些斜向平行细脉。背脊上有一些粗壮的翅脉，呈深黑色，整体构成一幅复杂而奇特的图画，形同阿拉伯文似的天书。

鞘翅透明，呈淡淡的棕红色，只是两个连接处不是如此，一个连接处大些，三角形，位于前部，另一个小些，椭圆形，位于后部。

这两个连接处都由一条粗翅脉围着，并有一些细小的皱纹。第一处还有四五条加固的人字形条纹；后一处只是一条弓形的曲线。这两处就是这类昆虫的镜膜，构成其发声部位。其皮膜的确比别处的细薄，是透明的，尽管略呈黑色。

那确实是精巧的乐器，比螽斯的要高级得多。弓上的一百五十个三棱柱齿与左鞘翅的梯级互相啮合，使四个扬琴同时振动，下方的两个扬琴靠直接摩擦发音，上方的两个则由摩擦工具振动发声。所以，它发出的声音是多么雄浑有力啊！螽斯只有一个不起眼的镜膜，声音只能传到几步远的地方，而蟋蟀有四个振动器，歌声可以传到数百米以外。

蟋蟀声音亮度可与蝉匹敌，而且还不像蝉的叫声那么沙哑，令人讨厌。更妙的是，蟋蟀的叫声抑扬顿挫。我们说过，蟋蟀的鞘翅各自在体侧伸出，形成一个阔边，这就是制振器；阔边多少往下一点，即可改变声音的强弱，使之根据与腹部软体部分接触的面积大小，时而是轻声低吟，时而是歌声嘹亮。

只要是不爆发交尾期间本能的争斗，蟋蟀们便会在一起和平相处。但求欢者们之间，打斗是家常便饭，而且互不相让，但结局倒并不严重。两个情敌相互头顶着头，互相咬脑袋，但它们的脑壳是一顶坚硬的头盔，能够顶住对方铁钳的夹掐，只见它俩你顶我拱，扭在一起，然后复又挺立，随即各自离去。战败者逃之夭夭；得胜者放开歌喉羞辱对方，然后转而柔声低吟，围着情人轻唱求欢。

求欢者很会搔首弄姿。它手指一勾，把一根触须拽回到大颚下面，把它蜷曲起来，用其唾液作为美发霜在其上涂抹。它那尖钩、镶着红饰带的长长的后腿，焦急地跺着，向空中蹬踢着。它因激动而唱不出声来。它的鞘翅在急速地颤动着，却不再发出声响，或者只是发出一阵零乱的摩擦声。

求爱无果。母蟋蟀跑到一片生菜叶下躲藏起来。但是，它还是微微撩起门帘在偷看，而且也想被那只公蟋蟀看见。

它向柳树丛中逃去，
却在偷窥着求欢者。

两千年前的一首牧歌就是这么温情地唱颂的。情人间打情骂俏到处都一个样儿！

朗格多克蝎的家庭

在解决生活中的问题时求助于科学书籍收获是不大的；这时候，应孜孜不倦地与事实进行探讨，这比藏书丰富的书橱有用得多。在许多情况下，无知反倒更好，脑子可以自由思考，无先入为主，不致陷入书本所提供的绝境。我刚刚再一次地体会到这一点。

一篇解剖学论文，而且还出自大师之手，告诉我说，朗格多克蝎九月份有家庭之累。唉！我要是没翻阅这篇论文该多好！至少在我们地区的气候条件下，朗格多克蝎的繁殖期要大大地早于论文中所说的月份。不过，好在我没太受这篇论文的影响，要不然我傻等到九月份，那就什么也看不到了。我苦苦地观察了三年，简直等得人困马乏，心灰意冷，但还是没有看到我预想会是非常有意思的那个场景。环境并无异常，可我却莫名其妙地坐失良机，白白地浪费了一年时间，而且我也许都想放弃对这个问题的研究。

没错儿，无知可能有益；抛开老路，可以发现新东西。我们的著名大师之一从前曾这么教导过我，他就不怎么相信已知的课本知识。有一天，巴斯德①未事先通知，突然按响我家的门铃，就是那位很快就将名闻遐迩的巴斯德本人。我当时已深知其名了。我早就拜读过这位学者的有关酒石酸不对称结构的大作了；我也怀有浓厚的兴趣一直关注着他对纤毛虫纲生殖问题的研究。

每个时代都有其科学的奇思妙想。我们今天有进化论，而那个时代却有自生论。巴斯德凭借自己人为决定其有菌无菌的烧瓶，按照自己那严谨而简单的绝妙实验，把一个无理的谬论给彻底推翻了，依据这一谬论，腐败物内部的一种冲突性化学反应可以激发出生命来。

我知道那个被巴斯德成功地予以澄清的有争论的问题，所以我极其热情地欢迎了这位著名的来访者。他跑来找我最主要的是想请教我几个问题。我能享有这分实不敢当的荣幸，应归功于我乃物理和化学上的同行身份。唉！我只不过是他的一个小小的、默默无闻的同行罢了！

巴斯德巡视阿维尼翁地区的目的是了解养蚕业。几年来，各个养蚕场一片惶恐，被一些搞不清的灾害弄得凋敝不堪。蚕宝宝们无缘无故地就发生溃烂，继而变硬，成了一些石灰膏壳的蚕仁硬皮豆了。蚕农们手足无措，眼看着自己的一项主要收成化为乌有，付出这么多心血和钱财，落得个把一屋一屋的蚕扔进肥料堆里去。

我们就猖獗的灾害进行了一番交谈，谈话开门见山。“我想看看蚕茧，”来访者说，“我还从来没见过蚕茧，只是知道其名而已。您能帮我弄一些来看看吗？”“这很好办。我的房东就是经营蚕茧生意的，我们门对门。请您稍等片刻，我去给您弄一些来。”我三步两步地就跑到邻居家里。我衣服口袋里装满了蚕茧后回来了，把蚕茧拿出来给大学者看。他拿起一个，在手指间翻过来掉过去地观看，那

① 巴斯德（1822—1895）：法国著名的化学家、微生物学的奠基人。

份好奇劲儿，犹如我们在看一件来自天涯海角的奇异物品似的。他在耳边摇了摇。

“还响哩，”他极为惊讶地说，“里面有东西。”

“当然有。”

“什么东西呀？”

“蚕蛹。”

“什么，蚕蛹？”

“是一种木乃伊似的东西，幼虫在里面逐渐变化，最后变成蝴蝶。”

“在所有的蚕茧里面都有这个东西吗？”

“当然，蚕吐丝结茧就是要保护蛹的。”

“啊！”

他没再说什么，就把蚕茧装进衣兜里去了，大概留待空闲时去探究蚕蛹这个重大的新生事物。他的这种胸有成竹的非凡自信令我惊叹。巴斯德不了解蚕、茧、蛹变形的知识，却前来为蚕谋求新生。古代的体育教师们出场表演时是一丝不挂的。我们的这位与养蚕业灾害做斗争的神奇勇士同他们一样，奔向角斗场时也是赤身裸体的，也就是说他对欲救其出灾难的那种昆虫连最起码的常识都没有。我为之惊讶不已，而且远胜于此，我感到为之叹服。对下面的问题我就不怎么惊奇了。巴斯德当时还关心一个问题，就是通过加温提高酒的质量的问题。他突然转换话题说道：“带我看看您的酒窖。”带他看我的酒窖？我那寒酸的酒窖？凭我那当教师的微薄薪水我连喝点酒都喝不起，所以我常常抓把红糖和苹果丝放进一只坛子里发酵，为自己弄点酸不溜丢的劣质苹果酒喝喝！我的酒窖！要看我的酒窖！何不看看我的一桶桶陈年佳酿呀！我的酒窖！那还能叫酒窖吗？！

我感到狼狈不堪，一再地支吾躲闪，试图转换话题。但是他却不肯罢休，说道：“请您带我看看您的酒窖。”

他这么一个劲儿地坚持，我也就没法拒绝了。我用手指指厨房角落里的一把没有椅垫的椅子，上面放着一只容量有十二升左右的大肚坛子。

“我的酒窖，那就是，先生。”

“这就是您的酒窖？”

“我没别的酒窖了。”

“都在这儿了？”

“唉！是的，都在这儿了。”

“啊！”

他没再说什么。学者没有发表任何看法。看得出来，巴斯德并不了解这种平民百姓称之为“疯奶牛”的口味重的菜肴。如果说我的酒窖——那把旧椅子和拍着空空响的大肚坛子——没就利用加热来抑制发酵的问题发表看法的话，那它却雄辩地谈到了我那位赫赫有名的来访者似乎并不懂得的另一件事情。一种微生物逃过了他的眼睛，而且是最可怕的微生物中的一种：扼杀坚强意志的厄运这种微生物。

尽管出现了酒窖这令人扫兴的插曲，但我仍对他那镇定自若的自信深为叹服。他一点儿也不了解昆虫的蜕变；他这是生平头一次刚刚看到一只蚕茧，并获知这只茧里有点东西，那是未来蝴蝶的雏形；我们南方农村小学一年级的小学生都知道的事他却全然不知；然而，这个问了一些莫名其妙的问题的大专家，不久即将让养蚕场的卫生状况发生了翻天覆地的变化；同样，他也将使医药和公共卫生产生革命性的变化。

他的武器就是思想，不拘泥于细枝末节而凌驾于全局之上的思想。对他来说，变形、幼虫、若虫、蚕茧、蛹壳、蛹虫以及昆虫学的数千种小秘密有什么要紧的！在他思考的问题中，不知道这一切也许更好一些。这样，他的思绪就能更好地保持其独立见解，以及大胆的腾飞；其行动摆脱了已知的东西的羁绊，将会更加自由。

受到巴斯德摇动蚕茧细听后的惊讶神态这绝佳范例的鼓励，我便立下了一个信条，把无知的这种方法运用在我对昆虫本能的研究上。我很少看书。与其用翻阅书本这种我力所不能及的费时耗力的办法，与其向别人讨教，倒不如自己坚持不懈地与我的研究对象亲密地接触，直到让它们开口说话为止。我什么都不清楚。这样反倒更好，我的探询也就更加自由，可以根据已获知的启迪，今天从这个方面去探究，明天则进行反向思维。如果我偶尔翻开一本书，我便有心地在自己的思绪中留下一个向怀疑大大地敞开的空间，因为我所开垦的土地上长满了蒿草和荆棘。

因为未曾这么去做，我已差点儿浪费了一年的时间。当时因过于相信书本，我在九月之前，没想过朗格多克蝎的家庭的出现，可我却在七月里无意之中发现了这个家庭。实际日期与预见的日期之间的这段差距，我把它归之于气候差异造成的：我今天是在普罗旺斯进行观察，而曾为我提供信息的雷翁·迪弗尔则是在西班牙进行观察的。尽管这位大师是个大权威，我还是本应该多存个疑问的。但我没有这么做，以致差点儿坐失良机，幸好，那普通的黑蝎子以前并不是这么告诉我有关它的家庭的。啊！巴斯德不知蚕蛹是怎么回事真是太好了！

普通黑蝎子比朗格多克蝎个头儿小，且比后者安静，我一直把它们养在一些小的大口瓶中，放在我工作室的桌子上，用作参照的蝎子。这些普通的瓶子不占地方，也便于观察，所以我每天都要看看它们。每天早晨，在开始往记录本上记录情况之前，我总要掀起点为它们藏身用的硬纸板，看看头天夜里有什么状况。天天这么观察在大玻璃笼子里就难以办到，因为大玻璃笼子里有许多的小格间，必须颇费周折，大动干戈才能逐一地进行检查，而且检查完之后再恢复原状也不容易。而用小的大口瓶装黑蝎，检查起来就易如反掌了。

有一天，我眼前一亮，突然看到母蝎背着一群小蝎。那是七月二十二日早晨六点钟光景的事。我在掀开硬纸板遮盖物时，竟然发现一只黑蝎妈妈背上背着一群小蝎，仿佛背脊上披着一件白色短披风。我顿感一种温馨、甜蜜、满足，而这种时刻是观察者隔好久好久才能遇上的。我生平头一次亲眼看见黑蝎妈妈背着自己小宝宝们的弥足珍贵的场面。黑蝎妈妈是刚分娩的，大概是头天夜里的事，因为头一天它身上还是光溜溜的。

接二连三的好事在等待着我：第二天，又有一只黑蝎妈妈披上了一件白色短披风；第三天，又有两只黑蝎妈妈同时披上白色短披风。总共是四只，这比我所奢望的要多。有四个黑蝎家庭做伴，再加上几天的安静日子，我可以说是颇觉生活之甜蜜了。

特别是好运接踵而至。当我一发现小的大口瓶中有了重大收获之后，我便立刻想到大玻璃笼子；我在思考朗格多克蝎是否会像黑蝎一样早熟。我顿生感悟，赶紧跑去查看。

笼中的二十五片瓦都翻开来了。大获丰收！我都一副老骨头了，但我此刻却立即觉着硬化的血管里有二十岁的年轻人的热流在涌动。在二十五块瓦片中的三块下面，我发现了有蝎妈妈带着自己全家。有一只的孩子们已经长大了，有约一个星期大了，这是我后来连续观察才弄明白的；另外两只是刚分娩不久，就在头一天的夜里，这从蝎妈妈的大肚子下面还精心地保留着一些残留物就可以看得出来。我们一会儿将要看一看这些残留物是怎么一回事。

七月逝去，八月九月也过去了，我再没有收获到什么。因此，两种蝎子的生育期都在七月下旬。七月份过去之后，一切都结束了。然而，大玻璃笼子里面养的那些蝎子中，还有一些母蝎同已经给我生过蝎宝宝的母蝎一样，肚子大大的。我原指望它们能给我添丁进口，因为种种表象都让我这么期盼着。冬天来了，它们中谁也没有满足我的愿望。看上去马上就要实现的事情却拖到了来年：这再次说明妊娠期很漫长，特别是在低等生物中，这种情况十分罕见。

我把每只母蝎及其蝎宝宝移到能够仔细观察的狭小的容器里。早晨我去查看时，发现头一天夜里分娩的那些蝎妈妈肚子下面又藏着一部分小宝宝。我用一根草尖把蝎妈妈拨开来，在那堆尚未爬上母亲脊背的小宝宝中我发现了一些东西，把我从书本上学到的有关这一问题的那一点点知识彻底地打翻了。据说，蝎子属于胎生，这种说法虽颇有学问却缺乏准确性。实际上蝎子宝宝并非一生下来就是我们所熟知的那个样子。

而这一点是讲得通的。如果小宝宝伸着钳子，张开爪子，蜷起尾巴，你让它怎么能够进入母蝎的通道呢？这种碍手碍脚的小宝宝永远也通不过母亲那狭窄的通道的。所以它出生时必须紧裹着，少占空间才行。

母蝎腹下发现的残留物确实是一些卵，一些与解剖妊娠很长时间的卵巢所见到的卵一模一样。小宝宝紧缩成米粒状，以节省空间，尾巴贴在肚皮上，双钳回收胸前，足爪紧紧地贴于腰侧，这样一来，这椭圆形的小宝宝就可以顺顺当当地滑出来了。它额头上有墨黑的点，那是它的眼睛。小宝宝悬浮于一滴透明的液体中，此刻那液体就是它的天地，它的大气层，外面由一层精巧的薄膜包裹着。

那些残留物确实是一些卵。分娩刚结束时，朗格多克蝎有三四十个卵，而黑蝎的卵则要稍许少一些。我去查看时已经太晚了，只赶上个结尾。

但是，所剩无几的卵也足以坚定我的看法。蝎子实际上是卵生的，只不过其卵孵化得非常之快，母蝎刚一产下卵来，小宝宝便破卵而出了。

那么，小宝宝是如何孵出的呢？我有得天独厚的特权亲眼看见这个过程。我看见蝎妈妈用大颚尖小心翼翼地挑起卵的薄膜，把它撕破，扯下，然后把薄膜吞下。在给小宝宝剥胎衣时蝎妈妈倍加小心，犹如温柔慈爱地舔食胎衣的母羊和母猫。尽管工具很粗糙，但宝宝那细皮嫩肉上没有任何伤痕，也没伤筋动骨。我简直是惊呆了：蝎子是最先把近乎我们人类的母爱传给自己的孩子的。远在植物区系那远古时代，第一只蝎子出现时，生儿育女的那份爱心就已经在酝酿之中了。如同休眠状态的种子的卵，如同当时爬行动物和鱼类已经拥有的、而不久之后又将为鸟类和几乎全部的昆虫所拥有的卵，已经是一种极其微妙的有机体的等同体了，已成为高等动物胎生现象的前兆了。生命的孵化已不在各种事物的危险重重的外部或内部进行，而是在母体的腰间腹下完成了。

生命的进化并非循序渐进的，并非从低级到高级，再从高级往最高级。进化是跳跃形的，有的时候是在进步，有的时候却是在倒退。大海有潮起潮落。生命也是一种大海，比水的大海更加高深莫测，它也有过潮起潮落。

它还将会有潮起潮落吗？谁能说它有？谁又能说它没有？如果母羊不想法用嘴唇把胎衣剥下并吞食掉，羊羔就永远无法从胎盘中出来。同样，蝎宝宝也要母亲的帮助。我就看见过一些蝎宝宝被黏膜粘住，在已经撕破了的卵囊中拼命地扭来扭去，怎么也挣脱不出来。必须有母亲的那一下牙咬才能让宝宝彻底解放。认为宝宝在解放的过程中也起着作用，那是错误的。宝宝软弱无力，虽然它的出生袋子像洋葱片内壁的皮膜一样细薄，但它就是挣脱不开这层细薄的皮膜。

雏鸡喙尖上有一个临时的硬茧，供它破壳而出时啄壳用的。而蝎宝宝为了节省空间，是蜷缩成米粒状的，它死死地等待着外援。一切都得由蝎妈妈去完成。蝎妈妈努力地完成着自己的工作，分娩中附带排出的东西也全部被它清理掉，甚至包括那些随之而出的未受孕的卵也被清理干净了。

一点碎衣破片都见不着了；全都回到蝎妈妈的胃里去了，而产卵时占用的那块地方也都干干净净的。

蝎宝宝现在一个个被收拾得干干净净，欢蹦乱跳的。它们通体雪白。从头至尾，朗格多克蝎长九毫米，黑蝎长四毫米。随着产后清洗完毕，蝎宝宝们一个一个地往蝎妈妈背脊上爬去。它们沿着妈妈的双钳缓缓地往上爬。蝎妈妈把双钳贴地，以利于宝宝们攀登。宝宝们一个个紧紧挨挤着聚在一起，并无队形，却在妈妈背上留下了一条覆盖层。它们凭借自己的小细爪子牢牢地攀附在上面。我用毛笔尖把它们扫下来而又不想碰伤这些细皮嫩肉的小家伙，还颇费了些工夫哩。蝎妈妈背着小宝宝们时，双方谁都一动不动，这正是进行实验的好时机。

身披蝎宝宝们组成的白色短披风的蝎妈妈是值得关注的一景。蝎妈妈一动不动，尾巴高高地翘卷起来。如果我把一根麦秸移近蝎子一家，蝎妈妈立即恶狠狠地竖起双钳，这种凶相只有在自卫时才显现出来。它竖起双臂做拳击状，钳子大张着，随时准备还击。它的尾巴翘着，挥动着，这在平时是难得一见的；尾巴不能突然放平，否则会带动背脊，也许会把背上的小宝宝们甩下一些来。拳头竖起就足以威胁敌人的了，那架势既勇猛，又突然，又威武。

我对此并不觉得好奇。我拨弄下来一个小宝宝，把它移至其母面前，离开有一指宽的距离。蝎妈妈好像并不在意这个事故；它原先一动不动，现在仍纹丝不动。掉下去几个小家伙有什么可大惊小怪的？小家伙会自己想法摆脱困境的。掉下去的小蝎子举手蹬腿，紧张焦急，然后，突然发现妈妈的一只钳子就在自己面前，于是，便迅速爬上去，回到了兄弟姐妹们的中间。它就又骑到妈妈身上，但动作笨拙得要死，与狼蛛的孩子们相去甚远，后者一个个都是高空杂技的好手。

实验又开始了，规模更大。这一次我拨弄下来一部分小蝎子，小家伙们散落一地，但相距并不太远。它们迟疑不决了挺长一会儿。正当它们不知如何是好，在转来转去的时候，蝎妈妈终于害怕会有不测了。它用我称之为胳膊的两只钳式触角合抱成半圆，搂住自己面前的沙子，把迷途的孩子们搂到自己的面前来。它干这种活儿时笨手笨脚，做得很粗糙鲁莽，根本没考虑会不会把宝宝们给压碎了。母鸡轻轻一声召唤，跑开去的鸡雏们就立即回到自己的怀前膝下；母蝎却是用耙子一耙，把孩子们给耙回面前来的。但是，掉下去的小蝎子们全都安然无恙。它们一回到妈妈面前，便立即往它身上爬去，又聚集在妈妈的脊背上了。

即使并非自己的孩子，蝎妈妈也会像是对待自己亲生子女似的接纳它们。如果我用毛笔尖把一只蝎妈妈背上的蝎宝宝全部或部分地扫下来，弄到另一只蝎妈妈伸手可及的地方，后者也会把它们耙到自己面前，如同对待自己的亲生儿女似的，而且心甘情愿地让这些新来的小宝宝爬到自己的背上去。它好像把它们“收养”下来了，如果“收养”一词不算过分野心勃勃的话。“收养”谈不上。那是狼蛛的事，因为它分不清自己的孩子和别人家的孩子，所以凡是在自己爪子前面爬动的小狼蛛它都全部接受下来。我经常看到在地中海一带的常绿灌木丛中有母狼蛛背驮着小狼蛛们在散步，我一直也期盼着看到母蝎也这样驮着小蝎子们溜达。然而，母蝎并不了解这种消遣方法。一旦当了妈妈，母蝎有一段时间就不再外出了，即使晚上，其他人都外出嬉耍的时候，它也不出门。它把自己禁锢在自己的小屋里，不吃不喝，一心想着扶养子女。小宝宝们也确实弱不禁风：可以说它们必须经历第二次出生。它们正一动不动地在准备着第二次诞生，它们对此已经熟悉，就像由幼虫蜕变为成虫一样。尽管小蝎与成年蝎外貌挺相像，但轮廓线条却不够清晰，仿佛是透过雾气看到的似的。我怀疑它们得脱去身上的衣服才能变得矫健，变得威武。

它们第二次出生必须一动不动地待在母蝎背上一个星期。这时，“弃皮”（我不敢称之为“蜕皮”）完成了。之所以称之为“弃皮”，是因为这与真正的蜕皮有所不同，真正的蜕皮以后还要经历许多次的。真正意义上的那几次蜕皮，是在胸廓上裂开一道缝，成虫从这唯一的一道裂缝中脱颖而出，把原先的空壳旧衣裳扔掉。这空壳的形状与刚从中爬出来的蝎子一模一样，二者惟妙惟肖，难分伯仲。我们现在所看到的则完全是另一码事。我在一块玻璃片上放上几只正在弃皮的小蝎子。它们一动不动地待着，好像颇受煎熬，几乎支持不住了。外皮破裂，无特殊的破裂线，是同时在左右前后破裂的；足爪从护腿套中伸出，双钳抛开护手甲，尾巴抽出尾鞘。浑身的碎皮同时纷纷落下，像一堆破衣烂衫。这是一种杂乱无章的斑驳脱落。这之后，小蝎才有了蝎子的正常外貌。此外，它们的行动也敏捷灵活了。尽管仍旧呈苍白色，但它们已蹦跳自如，急忙下地，跑到蝎妈妈跟前跑动，玩耍。最让人惊讶的进步是它们突然间长大了。朗格多克蝎的小蝎子通常身长九毫米，可它们现在就已经有十四毫米长了。黑蝎的小蝎身长从四毫米达到六七毫米。身长增加了半倍，体积增加了将近两倍。

在对这种突然增长感到惊讶之余，我就在寻思这种突然增长的原因何在，因为小蝎子尚未吃过任何食物。体重却并未增长，反而下降了，因为扔掉了一层外皮。体积增大，但质量未增。因此，这是一种产生一定程度的膨胀，与热处理的毛坯物体的膨胀相仿。体内产生了一种变化，把生命分子聚集成空间更大的结构体，所以虽无新的物质加入，体积却增大了。

我想，谁如果有极大的耐心并配备有一套合适的器械，就能够观察到这种结构的急速变化，从而获得某些有价值的材料。我才疏学浅，无此能耐，我把这道难题留给他人吧。

小蝎弃掉的外皮是一些白色条状物，一些上了光似的碎布片，它们并不掉落地上，而是紧贴在蝎妈妈的背部，特别是附着在足爪根部附近，缠成一块柔软的毯子，刚弃皮的小蝎子就栖息其上。坐骑现在已披上马衣，骑手们坐在马上无须害怕身体摇晃。这层破衣烂衫做成的结实鞍辔为骑手们提供了把手足镫，任由它们上上下下，动作敏捷灵活。

当我用毛笔轻轻一拨，小蝎子们便纷纷落马，好玩的是它们又非常迅速地纵身上马，稳坐其上。它们抓住马衣垂条，尾巴做杆，纵身一跃，上得马来。这种奇异的马衣是真正的攀登绳梯，方便了小蝎们迅速上马。它很结实，不会破裂，差不多可以使用一个星期，也就是说用到小蝎脱离蝎妈妈的保护为止。

这时，小蝎体色显现：肚腹和尾巴染上了金黄，钳子呈半透明的琥珀色的晶莹。青春使一切变得美丽。小朗格多克蝎确确实实非常美丽动人。如果它们一直像现在这种样子的话，如果它们不很快就配备上咄咄逼人的毒刺的话，它们就会是稀罕宠物，大家都会乐意喂养它们的。它们心中很快便升起了摆脱母亲监护的强烈愿望。它们很乐意爬下母亲的脊背，在附近疯玩乱耍。如果它们跑得太远，蝎妈妈便要呵斥它们，用双臂耙在沙土上划拉，把它们聚拢起来。

在小憩之时，蝎妈妈与宝宝们的那副架势犹如母鸡带着鸡雏们憩息一样。大多数小蝎子都在地上，紧挨着蝎妈妈；有几只待在白马衣那舒适的坐垫上。有的小蝎子在蝎妈妈尾巴上爬高，攀上螺旋峰的高处，像是在饶有兴趣地居高临下地观看脚下的小蝎子群。突然间，又有新的杂技演员登场，把它们赶下高峰，取而代之。每个小蝎子都想看看这观景台到底是怎么回事。

大部分家庭成员都围在蝎妈妈的身边；一个个不停地拱动着，钻在妈妈肚子底下，蜷缩着，额头露在外面，两只小黑眼睛闪烁着。最爱动弹的小家伙则喜欢妈妈的足爪，那是它们的体育器材，在上面做高空杂技训练。然后，歇下来时，大家便又往妈妈背脊上爬去，找好位置，坐定下来，不再动弹，妈妈及孩子们全都不动了。

小蝎子成熟和准备离开妈妈的监护的这个时期持续一个星期，正好是不进食体积扩大两倍那奇特增长期的时间。一窝小蝎子待在蝎妈妈背上半个来月。母狼蛛驮着自己的小宝宝们长达六七个月，而小宝宝们虽然不吃不喝，却精神头儿十足，动弹个不停。蝎妈妈的小宝宝们至少在获得新生与灵活的蜕变之后，要吃点什么呢？蝎妈妈是否会邀请它们与它一道用餐？它是不是给它们留着自己的美食中更软嫩的佳肴？蝎妈妈谁也不邀请，它什么也没留着。

我给蝎妈妈放进一只蚱蜢，是我从我觉得适合小蝎子们的稚嫩的胃的小野味中挑选出来的。当母蝎毫不关照自己的孩子们，自己独个儿地在细嚼慢咽那只蚱蜢时，一只小蝎子从其背上爬下来，伸出头去往下探看，想弄明白妈妈在干什么。它用爪尖触及妈妈的下颌；突然，它吓得连忙后退。它走开了，这是明智之举。正在津津有味地咀嚼的妈妈根本不会给它留下一口的，也许反倒会一把抓住它，毫不心疼地把它吞食掉。

蝎妈妈在吃蚱蜢脑袋，又一只小蝎子已经吊在了蚱蜢的尾部。小蝎子在轻咬轻拽蚱蜢，想吃上一点。最后，它未能如愿，因为这个部位太硬了。我也见过一些这样的情景：如果蝎妈妈稍加关心，给小宝宝们一点吃的，那小宝宝们会很高兴享受一下的，特别是给的食物很适合它们那稚嫩的胃的话，然而，蝎妈妈只顾自个儿吃，其他的一概不管。啊，我那让我度过美妙时刻的漂亮的小宝宝们呀，你们可怎么办呢？

你们是想离家出走，去远处寻觅一些很不起眼的小虫子。我从你们在焦急地乱窜便看出这一点来了。你们要逃离自己的母亲，而它也不再认你们了。你们长得已很健壮，是该各奔东西了。

如果我十分了解你们适合吃什么样的小活食，如果我时间充裕，可以为你们去寻找，我会很高兴地继续喂养你们的，但不是把你们继续养在你们出生的玻璃笼子里的瓦片下，跟大人们混在一起。我了解那些老家伙，它们容不下别人。那些老妖怪会把你们吃掉的，我的小宝宝们。甚至你们的母亲们也不会放过你们的。在你们母亲们的眼里，从今往后，你们就被视作陌路人了。来年，婚俗季节，你们的嫉妒成性的母亲们在干完好事之后，就会把你们吃掉的。该离去了，小宝宝们，三十六计走为上。

否则，我让你们住在哪儿？怎么喂养你们？我们最好还是分手吧！尽管我心中不免有点惆怅。过几天，我把你们送到你们的领地撒放出去，就是那个多石的山坡地，那里太阳可暖和啦。你们在那儿会找到一些伴儿的，它们同你们一样刚刚开始成长，但它们已经在自己的小石块下独立生活了，那些小石块有时只有指甲盖儿那么点大。在那里，你们比在我家里更能学会如何为生存而进行艰难的抗争。

朗格多克蝎

这种蝎子沉默不语，其习性蒙着神秘色彩，与之接触无趣味可言，因此除了通过解剖所得到的一些资料之外，对它的历史几乎一无所知。老师们的解剖刀向我揭示了它的机体结构，但是，据我所知，还没有任何一位观察者打定主意要持之以恒地研究它的隐秘习性。用酒精浸泡后开膛破肚的朗格多克蝎已清楚地为人所知，但是它在其本能范围内的活动情况却几乎鲜为人知。在节肢动物中，没有谁比它更应当就生物学方面详加介绍的了。世世代代以来，它都让平民百姓浮想联翩，竟成为黄道十二宫的标志中的一个。卢克莱修①曾说：“恐惧造就神明。”蝎子通过恐惧让人们给神化了，被尊为天上的一个星座，而且成为历书上十月的象征。我们试试让蝎子开口讲话。

在安排蝎子的住宿问题之前，我们先给它们做一个简单的体貌特征的描述。普通的黑蝎在南欧许多地方都有，大家都很熟悉。它经常出没于我们住处附近的阴暗角落。一到秋天阴天下雨的日子，

① 卢克莱修（约公元前98—前55）：古罗马哲理诗人和抒情诗人。

它便钻进我们家中，有时候还钻进我们的被子里来。这可恶的昆虫给我们造成的不仅是疼痛，更是恐惧。尽管我现在的住宅中就有不少的黑蝎，但我观察时倒并没有什么意外伤害。这种恶名很大但又很可悲的昆虫更多的是让人厌恶而非危险。

朗格多克蝎生活在地中海沿岸各省，人们对它害怕有余而了解不足。它们并不骚扰我们的住处，而是躲得远远的，藏于荒僻地区。与黑蝎相比，朗格多克蝎可谓一个巨人，发育完全时，身长可达八九厘米。其色泽呈干麦秸的那种金黄。

它的尾巴——实际上就是它的肚腹——系五节相连的状如酒桶的棱柱体，相互间由桶底板连接，形成粗细相同、错落有致的棱状条条，好似一串珍珠。这同样的纹络还遮盖着那举着大钳的大小臂膀，并把臂膀分割成一些条形磨面。还有一些纹络弯弯曲曲地分布在脊背上，好似其护胸甲结合部的绲边，而且是轧花绲边。这些凸出的小颗粒透出了盔甲那粗野厚重的架势，那也是朗格多克蝎的性格特征。就好像这个昆虫是用闪闪刀光砍削出来的似的。

尾端还有一个第六节体，表面光滑，呈泡状，是制作并存储毒汁的小葫芦。蝎毒外表看上去好似水一般，但毒性极强。毒腔终端是一个弯弯的螯针，色暗，尖利。针尖不远处有一细小的孔，用放大镜方能隐约瞥见，毒汁从这细孔流出，渗进被尖头刺破的对方伤口。螯针既硬又尖，我用指头捏住螯针，让它扎一张硬纸片，它就像缝衣针扎衣服似的容易。螯针弯曲度很大，当尾巴平放伸直时，针尖是冲下的。要使用这件兵器时，蝎子就必须把它抬起来，反转过来，从下往上刺出去。这其实是它一成不变的攻击术。蝎尾反卷在背部，突然伸直，攻击被钳子夹住的对手。另外，蝎子平时几乎总是这种姿态，无论是在走动还是在歇息，尾巴都卷贴在背上。尾巴平拖在地上的情况十分罕见。

蝎钳从口中伸出，宛如螯针的大钳子，既是战斗的武器，又是获取信息的器官。蝎子往前爬时，便将钳子前伸，钳上的双指张开着，以了解和对付所遇到的东西。如果必须刺杀对手的话，双钳便先镇住对方，让对方吓得动弹不了，然后螯针从背部伸出来攻击。最后，如果需要长时间地撕咬猎物的话，那对钳子便当作手来使用，把猎物抓送到嘴里。它们从未被当作行走、固定或挖掘的工具使用过。双钳等于是起着真正的爪子的作用。它们好像是被突然截断的指头，指尖生出几只可以活动的弯爪尖，其对面还竖着一根细而短的爪尖尖，几乎可以起到拇指的作用。那张小脸上长着一圈粗糙的睫毛。身体各部件组合而成一个绝妙的攀缘器，这就充分说明蝎子为什么能够在我的钟形罩网纱上爬来爬去，能够久久地仰着身子长时间地停在罩顶上，能够拖着沉重而笨拙的身子沿着垂直的罩壁攀上爬下。

蝎子身下，紧随爪子之后的是像梳子似的东西，那是奇特的器官，是蝎子独有的采邑。梳子的名称源自其结构。它们是一长排的小薄片，相互紧密地排列着，犹如我们日常所用的梳子的排齿。解剖学者们怀疑它们是一部齿轮机，旨在雌雄交尾时双方紧连在一起。为了仔细观察它们亲热时的习俗，我把提到的朗格多克蝎关在有玻璃壁板的大笼子里，并放进一些大陶片块，让它们作为藏身之用。它们一共是十二对。

四月里，当燕子飞来，布谷鸟初鸣时，我的那些此前一直平静地生活着的蝎子掀起了一场革命。在我的花园露天地安置的昆虫小镇子里，不少的蝎子跑出去做夜间朝圣了，而且一去不复返。更加严重的是，在同一块砖头下面，我多次发现两只蝎子待在里面，一只在吞吃另一只。这是不是同类间打家劫舍的案子？美好季节开始了，生性好游荡的蝎子们冒失地闯进邻居家中，因为体弱而被对方吞食，丢了性命？几乎很像是这么个原因，因为闯入者被慢慢地吃了一整天，就像是被捉住的一个猎物似的。

那么，这就值得警惕了。被吃掉的，无一例外，全是中等个头儿的蝎子。它们体色更加金黄，肚腹稍小，证明是雄蝎，而且被吃的总是雄性。其他的那些蝎子体形要大，肚子滚圆，稍有点带暗色，它们的死并不像这么惨。那么，这儿发生的可能并不是邻里之间的斗殴，不是因为太喜欢独居而对任何来访者怀有敌意，随即把它吃掉，以此作为对任何冒失鬼的彻底的解决办法，而是婚俗的成规使然，在交尾之后由女方残忍地把男方干掉完事。

春回大地，我已事先准备好了一个宽敞的玻璃笼子，放了二十五只蝎子，每只蝎子一片瓦。一月到四月中旬，每天晚上，夜幕降临之后，七点至九点之间，玻璃宫中便闹腾开来。白天似乎像是荒漠，此刻却变成了欢乐的景象。刚一吃完晚饭，我们全家便奔向玻璃笼子。我们把一盏提灯挂在笼子前面，便可看见事件的全过程了。

我们经过一天的繁乱之后，现在有好的消遣了。眼前的是一场好戏。

在这出由天真的演员表演的戏中，一招一式都极其有趣，以致刚把提灯点亮，我们全家老少全都在池边就座了，连爱犬汤姆也前来观看。不过，汤姆对蝎子的事并不关心，坦然地躺在我们面前打盹儿，但只是一只眼睛闭着，另一只眼睛始终睁着，盯住它的朋友——我的孩子们。

让我想法给读者们描述一下所发生的事情。靠近玻璃壁板的提灯照得不太亮的那个区域，很快便聚集起不少的蝎子来。其他所有的地方，这儿那儿地游荡着一些孤独者，它们被亮光吸引，离开暗处，奔向光明的欢乐处。夜蛾子扑向灯火的场面也不如它们那么兴冲冲的。后来者混入先前的那些蝎子中去了，而另一些因懒于争抢，退到暗处，歇息片刻，然后激情满怀地回到舞台上去。

这个纷乱狂热的可怕场面犹如一场狂欢舞会，颇为引人入胜。有一些从老远跑来，它们端庄严肃地从暗处爬出来，突然像滑行似的迅疾而轻快地冲向亮处的蝎子群。它们的灵活劲儿犹如碎步疾走的小耗子。蝎子们在相互寻找着，但指尖稍一接触便像是彼此都被烫着了似的赶紧逃走。另有一些与同伴稍稍抱滚在一起，又赶紧分开，茫然不知所措，跑到暗处稳一稳神儿，又卷土重来。

不时地会有一阵激烈的喧闹：爪子相互缠绕，钳子又抓又夹，尾巴你钩我击，不知是威吓还是爱抚，谁也弄不清楚。在混乱之中，找到一个合适的视觉，就可以发现一对对的小亮点，像红宝石似的在闪烁。你会以为那是闪闪发光的眼睛，实际上那是两个小棱面，像反光镜似的光亮，长在蝎子的头上。蝎子们无论大小胖瘦全都参加了混战，那就像是一场你死我活的战斗，一场大屠杀，然而那却是一场疯狂的嬉戏，就像是小猫咪们扭缠在一起一样。不一会儿，大家四散开来，每一只蝎子都在向自己的方向散去，没有丝毫的伤痕，没有一点伤筋动骨。

现在，四散而去的逃跑者们又聚集到灯光前面来。它们爬过来荡过去，离开了又回来，常常是头撞头脸碰脸的。最性急的常常从别人的背上爬过去，后者只是动动屁股算是在抗议。现在还没到大打出手的时候，顶多只是两人相遇，几个小耳光罢了，也就是说用尾巴拍打一下而已。在蝎子群中，这种不使用毒针的敲敲打打是它们常见的拳击方式。

还有比爪子相缠、尾巴互击更精彩的；有的时候，会有一种极其新颖别致的打斗架势。两强相遇，头顶头，双钳回收，后身竖起，来个大倒立，以致胸脯上的八个呼吸小气囊全部展现。这时，它俩垂直竖立的尾巴相互磨蹭，上下滑动，而两个尾梢相互微微钩住，并多次反复地钩住，解开，解开，钩住。突然间，这友谊的金字塔坍塌了，双方便没有任何寒暄地急匆匆溜掉。

这两位摆出新颖别致的姿势意欲何为？是不是两个情敌在肉搏？看来不是，因为二人相遇时并非怒目而视。我从随后的观察中得知，它俩这是在眉目传情，私订终身。蝎子倒立起来是在倾吐自己的热情爱恋。

如果继续像我刚开始的那样，逐日观察并把逐日积累的材料汇集在一起，是会有益处的，而且叙述起来也比较快，但是，这么一来，那各有特色且难以融会贯通的一幕幕细节就省略掉了，叙述的趣味性也就丧失了。在介绍如此奇特而且又鲜为人知的昆虫习性时，什么都不应该忽略不提。最好是参照编年法，并把观察到的新情况分段叙述出来，尽管这样做有重复累赘之嫌。从这种无序必然产生有序，因为每天晚上的那些引人入胜的情况都能提供一种联系，对先前的情况予以验证与补充。我现在就进行抽样叙述。

啊！那是怎么了？我还从未曾见过。我一直没放松警惕，但这还是头一回让我亲眼看到了这番情景。两只蝎子面对面，钳子伸出，钳指互夹。这是友好的握手，而非搏杀的前奏，因为双方都以最平和友善的态度对待对方。这是一雌一雄的两只蝎子。一个肚子大，颜色发暗，是雌蝎；另一只相对瘦小，色泽苍白，是雄蝎。它俩都把长尾卷成漂亮的螺旋花形，有板有眼地在沿着玻璃墙边踱着步。雄蝎在前倒退着走，步伐平稳，根本不像是拖不动对方的样子。雌蝎被抓住爪尖，与雄蝎面对面，驯服地跟着走。

1904年4月25日

它们走走停停，但始终这么绞在一起。它们歇歇停停，然后又走动起来，忽而从这儿走，忽而从那儿走，从围墙的一头转到另一头。看不出它们到底要走到哪里去。它们闲逛着，开始发情，眉来眼去的。此情此景让我想到在我们村镇，每个星期日晚祷之后，年轻人一对一对地手挽手，肩搂肩地沿着藩篱墙散步。

它们常常掉转回头。总是雄蝎在决定往哪个方向走。雄蝎没有松开对方的手，亲切地转个半圆，与雌蝎肩并着肩。这时候，雄蝎展开尾巴轻轻抚摩雌蝎片刻。雌蝎一动不动，声色不露。

我一直兴趣不减地观察着这没完没了的来去往返，足足有一个钟头。家中有人帮我一起观察这番奇情妙景，世上还没有人见过这种场面，至少是没有以善于观察的目光看过这种表演。尽管天色已晚，而我们又是习惯早睡的，但是我们始终注意力高度集中，一点重要情节都没有逃过我们的眼睛。

最后，十点钟光景，雌雄要有结果了。雄蝎爬到一片它觉得合适的瓦片上，松开雌蝎的一只手，只松了一只手，而另一只手却仍旧紧攥着不放，用松开的一只手扒一扒，用尾巴扫一扫。一个洞口张开来了。雄蝎钻了进去，然后，一点一点地，轻而又轻地把在耐心等待着的雌蝎拉进洞内。不一会儿，它们便不见了踪影。一块沙土垫子把洞门封上。这对情侣入了洞房。

打扰它俩的好事是愚蠢的；我如果想要马上看到洞内所发生的情况的话，那就可能操之过急，不合时宜。耳鬓厮磨，准备入港也许就要持续个大半夜，而我已年近八旬，熬长夜已开始让我力不能支。双腿酸痛，眼睛发涩，先去睡上一觉再说吧。我整整一宿都梦见蝎子。我梦见它们钻进被窝，爬到我脸上，但我并没太惊恐不安，因为我脑子里满是蝎子的奇情异事。第二天天一亮，我便去揭开那块瓦片。只有雌蝎独自待在那儿。雄蝎没了踪影，那个洞里没有，附近也没见。这是我的第一个失望，后面的失望大概会一个接一个的。

5月10日

已是晚上将近七点钟的时候，天上乌云翻滚，大雨将至。在玻璃笼子的一块瓦片下面，有一对蝎子正脸朝脸，手指钩住手指，一动不动地待着。我小心翼翼地揭开瓦片，让这对居民暴露出来，我好随意观察它俩这种脸对脸后的一举一动。天渐渐地黑下来，我觉

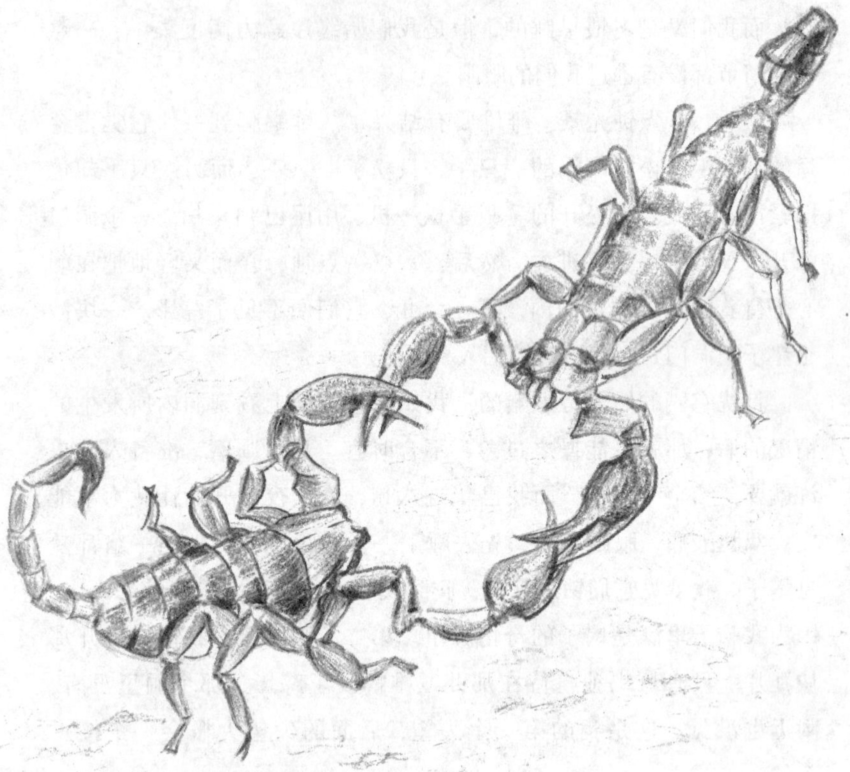

得不会有什么去搅扰没了屋顶的住所的安宁的。倾盆大雨哗哗泻下，我只好抽身回屋避雨。蝎子们有玻璃笼子防护，无惧雨之袭击。它们的凹室被揭去华盖，就这么被弃之于那儿干其好事，那它们将如何操作呢？

一小时过后，大雨停了，我又回到蝎子笼前。它俩走了。它俩选了旁边的一所有瓦顶的屋子住下了。雌蝎在外面等待着，而雄蝎则在里面布置新房，但指头仍旧钩着。家中人每十分钟替换一次，免得错过我觉得随时都会进行的交尾。但这么紧张一点儿用也没有。将近八点钟时，天已经完全黑透了，这对蝎子由于不满意所选的新房，开始踏上朝圣之路，仍旧是手钩着手，往别处寻觅去。雄蝎倒退着引导方向，选择自己合意的住所；雌蝎则跟随着，温驯服帖。这和我 4 月 25 日所看到的一模一样。

终于找到了它俩都中意的瓦屋。雄蝎先闯进去，但这一次它俩的手一会儿都没有松开自己的情侣。它用尾巴这么三扫两划拉，新房便准备停当。雌蝎被雄蝎轻柔和缓地拉着，随其向导之后也进了洞房。

两个钟头过去了，我满以为已经给了它俩足够的时间完成其准备，干成好事，便前去查看。我揭开瓦片。它俩就在里面，仍旧原先的姿势，脸对脸，手拉手。今天看上去是没再多的花样儿可看的了。

第二天，依然未见新鲜玩意儿。一个面对另一个，都若有所思的样子，爪子全都没有动弹，手指仍旧钩住，在瓦顶下继续那没完没了的脉脉含情。日影西斜，暮色已近，经过这么二十四个钟头的你我紧密相连之后，这对情侣总算分手了。雄蝎离开了瓦屋，雌蝎仍留在其中，好事未见一丝进展。

这场戏中有两个情况必须记住。其一，一对情侣相亲相爱地散步之后，必须有一个隐蔽而安静的住所。在露天地里，在熙熙攘攘的环境中，在众目睽睽之下，这等好事是永远也做不成的。屋瓦揭去，无论白天还是黑夜，无论如何小心谨慎，情侣们似乎思考良久，还是离开原地，另觅新居。其二，在瓦屋中停留的时间是很长很长的，我们刚才已经看到，都等了二十四个小时了，但仍未见到决定的一幕。

5月12日

今晚这一幕将告诉我们些什么？天气闷热，无风，很适合于夜间的幽会发情。两只蝎子已经成双配对，但我并未看见它俩是怎么勾搭上的。这一次，雄蝎体形比肚大腰圆的雌蝎要小得多。但雄蝎却是雄风不减。像约定俗成似的，雄蝎倒退着，尾巴卷成喇叭状，领着胖雌蝎在玻璃墙边悠然散步。它们转了一圈又一圈，忽而是向同一方向转圈，忽而回过去转圈。

它们常常停下歇息。停下时，二人头碰头，一个稍偏左，另一个稍偏右，仿佛是在交头接耳，窃窃私语。前头的小爪子磨蹭着，想轻抚对方。它俩在说些什么？那无言的海誓山盟怎么才能翻译出来？

我们全家都跑过来看这种奇特的勾搭景象，而且，我们的在场丝毫没有影响它们。那景象让人看着颇有情趣，这么说毫不夸张。在提灯的光亮下，它俩好像嵌在一块黄色琥珀之中的半透明的、光亮的物体。它们长臂前伸，长尾卷成可爱的螺旋形，动作轻柔，一步一步地开始长途跋涉了。

什么也没有打扰它们。如果有这么一个流浪汉晚间纳凉，正像它俩一样沿着墙边漫步，与它俩途中相遇，它知道它俩是准备干风流勾当，便会闪在一边，让它俩过去。最后，一处瓦片隐蔽所收留了它俩，于是，不言而喻，雄蝎首先倒退着走进去。时间已是晚上九点钟了。

随着这晚间的田园诗之后的是夜间的惨不忍睹的悲剧。第二天早晨，雌蝎仍在头一天晚上的那片瓦屋内，而瘦小的雄蝎就在其身旁，但已被雌蝎吞食了一部分。它的头、一只钳子、一对爪子没有了。我把这具残尸放在瓦屋门口。整整一个白天，隐居的雌蝎没有动过它。夜色重又浓重时，雌蝎出来了，在门口遇上死者，把死者拖至远处，以便隆重安排葬礼，也就是说把死者吃个干净。

这个同类相食的情况与去年我在昆虫小镇上所看到的情景完全一致。当时，我随时都能发现一只胖乎乎的雌蝎在石块下面津津有味地像吃大餐似的把自己的夜间伴侣给吃掉。当时我就在猜想，雄蝎一旦干完好事之后不及时抽身的话，必定被雌蝎或全部地或部分地吃掉，这要看雌蝎当时的食欲如何。现在，事实就摆在我的面前，我的猜想一语成谶。昨天我看见这对情侣在散步中充分准备之后双双入了洞房，可今天早晨，我跑去看时，在同一块瓦片下面，新娘正在消受自己的新郎哩。

毫无疑问，那不幸的雄蝎已经一命呜呼了。但是，由于种的繁衍之需要，雌蝎不会把雄蝎全吃掉的。昨晚的这对情侣处事干净利落，可我还看见其他的一些情侣时针都转了两圈了，可它们仍在耳鬓厮磨，卿卿我我的。一些无法确定的环境因素，诸如气压、气温、个体激情的差异等，会大大地加速或延缓交尾高潮的到来。而这也正是巨大困难之所在，使得一心想要了解至今仍未能为人所知的爪梳的作用的观察者，难以准切无误地捕捉时机。

5月14日

肯定不是饥饿每天晚上都在使我的蝎子们激动不已的。它们每晚狂欢劲舞与寻找食物毫不搭界。我刚往那些忙忙碌碌的蝎群扔进花色繁多的食物，都是从它们看样子很对其胃口的食物中挑选的，其中有幼蝗虫的嫩肉段、有比一般蝗虫肉厚肥美的小飞蝗、有截去翅膀的尺蛾。天渐渐暖和时，我还捉一些蜻蜓来喂它们，那是蝎子极爱吃的食物，我还把同样受它们欢迎的蚁蛉也捉来喂它们，以前我曾在蝎子窝里发现过蚁蛉的残渣、翅膀。

对这么多高级野味蝎子却不为所动，谁都对之不屑一顾。在混乱的笼子里，小飞蝗在蹦跳，尺蛾以残翅拍打地面，蜻蜓在瑟瑟发抖，但蝎子们从这些野味身旁走过时却并不注意它们。蝎子们踩踏它们，撞倒它们，用尾巴把它们扒拉开，总而言之，蝎子们不需要它们，绝对地不需要。它们有别的事情要去忙。

几乎所有的蝎子都在沿着玻璃墙行走。有一些固执者试着在往高处爬，它们用尾巴支撑身子，一滑便倒下来，然后又在别处试着往上爬。它们伸出拳头击打玻璃墙；它们拼死拼活地非要抢在前头。不过，这个玻璃公园挺宽敞的，人人都有地方待着；小径一条又一条，足可供大家久久地散步。这它们不管，它们要往远处去游荡。如果它们获得自由，它们会散布在四面八方。去年，也是这个季节，笼中的蝎子离开了昆虫小镇，我也就再没有见到过它们。

春天交配期要求它们出游。此前一直形单影只地生活着的它们现在要抛开自己的囚牢，去完成爱情朝圣，它们不在乎吃喝，一心只想着去寻找自己的同胞。在它们的领地的砖石堆里，大概也会有一些可以幽会、可以聚集的优选之地。如果我不担心夜间在它们的乱石冈上摔折腿的话，我还真想去看看它们在自由的温馨甜蜜之中的男欢女爱哩。它们在光秃的山坡上干些什么？看上去与在玻璃笼内干的没什么不同。雄蝎选好一位新娘之后，便手牵手地领着新娘穿行于薰衣草丛中，悠然漫步。如果说它们在那儿享受不到我昏暗小灯的暗光的话，它们却有月光那无可比拟的提灯为之照亮。

5月20日

并不是每天晚上都能看到雄蝎邀请雌蝎散步的开头情景的。许多蝎子从各自的瓦屋下出来时都已经成双成对的了。它们就这么手牵着手地度过整个的白昼，一动不动，面面相对，沉思默想。夜晚来临，它们仍不分开，沿着玻璃笼边重又开始头天晚上，甚至更早就开始的散步。我不知道它们是何时和怎样结合在一起的。有一些是在偏僻小道上偶然相遇的，而我们又很难观察到这一点。当我隐约发现它们时，为时已晚，它们已结伴而行了。

今天，我的运气来了。在我的眼前，提灯照得最亮的地方，一对情侣已结合成了。一只喜形于色、生龙活虎的雄蝎在蝎群中横冲直撞，一下子便同一个它中意的过路雌蝎面对面了。后者没有拒绝，好事也就成了。

它俩头碰头，钳子撑着地，尾巴在大幅度地摆动着，然后，尾巴竖直，尾梢相互钩住，温柔亲切地相互抚摸。这对情侣在拿大顶，其方法我们前面已经叙述过了。不一会儿，竖起的尾巴架拆散了；它们的钳指仍旧钩着，没翻其他花样，就这么上路了。金字塔形姿势完全是双双出行的前奏曲。这种姿势说实在的并非罕见，两只同性蝎子相遇也会如此，但同性间的这种姿势没有异性间的正规，特别是不那么郑重其事。同性搭建金字塔时动作急躁，并非友爱的撩拨，其两尾是在互相击打而非彼此抚爱。

我们稍稍跟踪一番那只雄蝎。它在急匆匆地往后退，对征服了对方洋洋得意。它遇到其他的一些雌蝎，它们都好奇地，也许是嫉妒地列于两旁，看着这对情侣走过。其中有一只雌蝎猛地扑向被牵拉着的新娘，用爪子箍紧它，想竭力地拆散这对鸳鸯。那雄蝎拼命地抵抗那个进攻者的巨大拖拽力，它使劲儿地摇晃，拼命地拉拽，但都未能奏效。它终于放弃了，对这个意外事件并不感到遗憾。旁边就有一只雌蝎等着。这一次，它随便商谈几句，三下五除二地就把事情办妥了，它拉住这个新雌蝎的手，邀它一同散步。后者不干，挣脱开来，逃之夭夭。

那队雌蝎中，又有一只被这只雄蝎相中了，于是它又采取了同样的开门见山的方法。这只雌蝎答应了，但是这并不能说明半路上它就不会逃离这个雄性勾引者。对于年轻的雄蝎来说这有什么大不了的！走了一个，还有许多其他的在等着。那它到底要什么样的呢？要第一个投入怀抱的。

这第一个投入怀抱者，它找到了，它正领着它的被征服者散步哩。雄蝎走到了明亮区域。如果对方拒绝往前走，它就拼命地又摇又拉；如果对方温驯服帖，它就温文尔雅。它常常停下歇息，有时候歇息得还挺长。

这时，雄性在进行一些奇怪的操练。它把双钳——更好地说是双臂——收回，然后又直伸出去，强迫雌蝎也交替地做这种动作。它俩变成了一个节肢拉杆机械，形成不断启合的状态。这种灵活性训练结束之后，机械拉杆便静止不动，僵持住了。现在，它俩额头相触；两张嘴相互贴在一起，耳鬓厮磨。这种抚摸亲昵就是我们的接吻和拥抱。只是我不敢这么说而已，因为它们没有头、脸、嘴唇、面颊。仿佛被截肢剪一刀剪去了似的，蝎子甚至都没有鼻子尖。在应该是面庞的部位，它们长的却都是一些丑陋的颌骨平板。

但此时此刻却是蝎子最美好的时刻！它用自己那比其他爪子更敏感、更娇嫩的前爪轻拍着雌蝎的丑脸，可在雄蝎眼里，那可是最美丽最甜润的面庞。它心痒难熬地轻轻咬着，用下颌搔弄对方那同样奇丑无比的嘴。这是温情与天真的最高境界。据说鸽子发明了亲吻，可我却知道早于鸽子的发明者：蝎子。

雌蝎任随雄蝎轻薄，它完全是被动的，心里暗藏着伺机逃跑的计划。

可是如何才能溜掉呢？这很简单。雌蝎以尾做棒，朝着忘乎所以的雄蝎腕子猛然一击，后者立即松开了手。于是，两蝎分开。第二天，气消之后，好事又会开始的。

5月25日

这猛然一棒告诉我们，最初观察所见的温驯的雌蝎伴侣有自己的小性子，会固执地拒绝对方，说翻脸就翻脸。我们来举一个例子。这天晚上，一对俊男美女、雌雄二蝎正在散步。它俩发现一片瓦甚为合意。雄蝎于是便松开一只钳子，仅松开一只，以便活动自如点。它用爪子和尾巴开始扫清入口。然后，它钻了进去。随着洞穴逐渐加宽加深，雌蝎便也跟着钻了进去，看上去是自觉自愿的。

不一会儿，也许是住宅和时间不合其意，雌蝎出现在洞口，半截身子退至洞外。它在努力挣脱雄蝎。后者身在洞内，拼命地在往里拉拽雌蝎。争斗十分激烈，一个在里面拼命拽，另一个在外面使劲儿挣。双方有进有退，不分胜负。最后，雌蝎猛一用力，反把雄蝎给拽了出来。

这两人没有分开，但已到了室外，又开始散起步来。足足一个钟头里，它俩沿着玻璃笼墙根走过来走过去，最后又回到了刚才那片瓦前。穴道本已开通，雄蝎立即钻了进去，然后便疯狂地拉拽雌蝎。后者身在洞外，奋力地抗争着。它挺直足爪，踩住地面，拱起尾巴，顶住屋门，就是不肯进去。我觉得它的反抗并不让人扫兴。如果没有前奏曲进行铺垫，那交尾还有什么劲儿呢?

这时，瓦片内的雄蝎勾引者一再坚持，耍尽花招，雌蝎终于顺从了，进入洞内。钟刚敲十点。我哪怕熬上一整夜，也非要看到剧终不可。我将在合适的时机揭开瓦片，看看下面发生了什么。好机会十分罕见。突然，机会来了，我不敢怠慢。我会看到什么呢?

什么也没看到。刚过不到半个钟头，雌蝎反抗成功，挣脱束缚，爬出洞外，落荒而逃。雄蝎随即从瓦片下深处追了出来，到了门口，左顾右盼。美人儿逃出了它的手心。它只好灰溜溜地回到瓦片下。它上当受骗了。我同它一样也被骗了。

六月开始到来。由于担心光线太强会引起蝎子的惶恐不安，我此前一直都是把提灯挂在玻璃笼子外面，与之保持一定的距离。由于光线不足，我无法看清在散步的蝎子情侣你牵我拽的某些细节。它们彼此手拉手时是否十分主动积极？它们的钳指是否相互咬合着？或者只有一个采取主动？那么是哪一个呢？这一点很重要，必须弄清楚。

我把提灯放在玻璃笼子的正中间。笼子内四处都照得亮堂堂的。蝎子们非但不害怕亮光，而且还乐在其中。它们围着提灯跑来转去；有的甚至还试图爬上提灯好离光源更近一些。它们借助玻璃灯罩倒是爬上去了。它们抓住的铁片的边缘，坚忍不拔，不怕滑落，终于爬到了顶上。它们待在上面一动不动，肚子部分贴在玻璃罩上，部分贴在金属框架上，整个夜晚都在看个没完，为这灯的辉煌而叹服。它们让我想起了以前的那些大孔雀蝶在灯罩上的得意忘形劲儿来。

在灯下的一片光亮处，一对情侣正抓紧在拿大顶。它俩用尾巴温情地撩拨一番，然后便往前走去。只有雄蝎在采取主动。它用每把钳子的双指夹住雌蝎与之相对应的双指。只有雄蝎在努力，在夹紧；只有雄蝎想解套就解套，双钳一松，套就解开了。雌蝎则无法这样；雌蝎是俘虏，勾引者已经为它戴上了拇指铐。

在一些较为罕见的情况中，我们还可以看得更清楚一些。我曾偶然发现过雄蝎抓住其美人儿的两只前臂往前拉拽。我还见过雄蝎抓住雌蝎的尾巴和一只后爪生拉硬扯。雌蝎先是拼命推开雄蝎伸出的爪子，而毫不惜力的雄蝎猛地把美人儿掀翻，顺势伸爪抓住对方。事情是明摆着的：这是货真价实的劫持，是暴力拐带，如同罗慕鲁斯王的部下抢掠萨宾妇女一样①。

---

① 根据传说，罗慕鲁斯系罗马城的创建者和第一位古罗马国王。萨宾人则是意大利境内的古代民族。